网络组建与管理

主 编 王 津 孙 通

副主编 李静森 张 晓 浦凤清 刘永忠 陈贵彬

北京航空航天大学出版社

内 容 简 介

网络的大潮已经席卷了全球,人们的生活方式随着网络的普及而发生了巨大的变化,同时,世界商业模式和企业业务模式也发生了巨大变化,在这一切变化的背后唯一不变的是技术的持续进步和创新的不断突破。

本书旨在介绍网络组建过程中的一些实用的工具方法和必备知识,让读者能够明确网络组建的步骤、流程以及包含在网络组建过程中的一些基本常识。本书在编写的过程中,力求突出重点,以"有用""实用""应用"为主,例如 ARP 病毒现阶段比较猖獗,很多企业、学校都深受其害,从网络的组建和学习角度来看,读者应该有所了解和掌握,所以本书单独用一章的篇幅介绍了这部分的内容。

读者读完本书能够处理常见的计算机故障和网络故障,能配置和部署常见的服务器和网络应用,能胜任企业 Windows 平台下的网络管理工作。本书可以作为大专院校的网络专业的教程,也可以作为企业网络工程人员的参考手册,还可以作为网络爱好者的自学教材。

图书在版编目(CIP)数据

网络组建与管理 / 王津主编. — 北京:北京航空航天大学出版社,2010.8
ISBN 978-7-5124-0133-4

Ⅰ.①网… Ⅱ.①王… Ⅲ.①计算机网络 Ⅳ.①TP393

中国版本图书馆 CIP 数据核字(2010)第 122588 号

© 2010,北京航空航天大学出版社,版权所有。
未经本书出版者书面许可,任何单位和个人不得以任何形式或手段复制或传播本书及其所附光盘内容。
侵权必究。

*

网络组建与管理

主　编　王　津　孙　通
副主编　李静森　张　晓　浦凤清　刘永忠　陈贵彬
责任编辑　韩少甫

*

北京航空航天大学出版社出版发行
北京市海淀区学院路37号(邮编100191)　http://www.buaapress.com.cn
发行部电话:(010)82317024　传真:(010)82328026
读者信箱:bhpress@263.net　邮购电话:(010)82316936
涿州市新华印刷有限公司印装　各地书店经销

*

开本:787×960　1/16　印张:20.75　字数:465千字
2010年8月第1版　2010年8月第1次印刷　印数:3 000册
ISBN 978-7-5124-0133-4　定价:36.00元

前　言

网络信息化时代的到来改变了人们以往的工作方式、生活方式和娱乐方式，网络的应用已经深入到人们工作和生活的每一个角落，因此对于类似中小型企业网络的组建与管理、大型网吧的组建与管理技能的掌握都是非常必要的。无论是网络专业还是非网络专业的大学生对于网络的组建与管理都应该有一个基本的认识，对于网络管理专业技术人员和想学习网络组建与管理的非技术类人员，本书都是一本很好的参考用书。

全书一共四部分，第一部分：网络基础篇；第二部分：网络与系统基础篇；第三部分：服务器配置篇；第四部分：项目案例篇。

第一部分由王津编写；第二部分2、3章由陈贵彬编写，4、5章由李静森编写，6、7章由浦凤清编写，8、9章由刘永忠编写；第三部分10、11章由张晓编写，其余章节及附录部分由孙通编写。

本书的特点是省略了很多不大可能犯的错误提示。比如在安装域控制器的时候，磁盘至少要有200MB的空间来存储AD数据库和50MB的空间来存储日志。因为对于如今都是百G以上的硬盘基本不会碰到这种限制。

本书的另一特点是简化了安装步骤的提示。如在安装域控制器时，有些单击"下一步"按钮或一些默认操作直接省略，我认为能够学到以域为模型的网络的人，这些繁琐的步骤应该尽可能减少，突出重点的选项即可，相信读者应该具有这种领悟能力。

本书的编写以实用、够用、应用为主，如ARP病毒现在非常流行，故单独编写了一章。以基础为重点，但又有前瞻性，比如重点讲解ghost 8.3经典版本，同时也介绍ghost 14。

学完本书，读者应该具备处理一般的计算机故障和常见的网络故障的能力，能够组建和管理中小型企业网和大型网吧，能够利用网络监测与分析工具监测和排除常见的网络故障，能够胜任中大型企业的网络组建与管理维护职位。

目 录

第一部分 网络基础篇

第1章 网络基础知识 ... 3
  1.1 网络的功能和应用 ... 3
    1.1.1 计算机网络的功能 ... 3
    1.1.2 计算机网络的应用 ... 4
  1.2 网络拓扑结构 ... 5
    1.2.1 总线型拓扑结构 ... 5
    1.2.2 星形拓扑结构 ... 6
    1.2.3 环形拓扑结构 ... 6
    1.2.4 树形拓扑结构 ... 7
    1.2.5 混合型拓扑结构 ... 8
    1.2.6 网状拓扑结构 ... 8
  1.3 局域网基础 ... 9
    1.3.1 局域网的技术特点 ... 9
    1.3.2 局域网的种类 ... 12
  1.4 无线局域网 ... 16
    1.4.1 无线局域网的用途 ... 16
    1.4.2 红外线局域网技术 ... 16
    1.4.3 扩展频谱局域网技术 ... 16
  1.5 网络协议 ... 17
  1.6 IP 地址与子网掩码 ... 19
    1.6.1 IP 地址 ... 19
    1.6.2 子网掩码 ... 21
    1.6.3 子网划分与掩码的设置 ... 22
  1.7 局域网常用的操作系统 ... 24
    1.7.1 Windows Server 2003 ... 24
    1.7.2 UNIX 网络操作系统 ... 26

1.7.3　Redhat Linux 27
　　1.7.4　Novell Netware 28
习　题 29

第二部分　网络与系统基础篇

第2章　注册表 33
2.1　注册表的结构 33
2.2　5大根键的作用 33
2.3　注册表实例 34
2.4　注册表管理自启动程序 38

第3章　组策略 40
3.1　工作组模式下的组策略 40
　　3.1.1　组策略中的管理模板 40
　　3.1.2　运行组策略 41
　　3.1.3　组策略实例 41
3.2　活动目录中的组策略 43
　　3.2.1　组策略的作用 44
　　3.2.2　组策略的基本构成 44
　　3.2.3　创建GPO和组策略对象链接 45
　　3.2.4　组策略配置 45
　　3.2.5　组策略对象的属性 47
　　3.2.6　组策略的优先级 48
　　3.2.7　组策略的继承 49
　　3.2.8　组策略的刷新 49
　　3.2.9　执行组策略的注意点 50

第4章　虚拟机 51
4.1　虚拟机概述 51
4.2　虚拟机用途 51
4.3　虚拟机功能和特点 51
4.4　VMware6安装虚拟系统 52

4.5 虚拟机网络模式 ·· 54
　4.5.1 Use bridged networking(桥接模式) ····················· 54
　4.5.2 Use network address translation(NAT 模式) ·········· 55
　4.5.3 Use host-only networking(host-only 模式) ············ 56
4.6 虚拟服务的启动和关闭 ······································ 57

第 5 章 网络、系统和批处理命令 ······································ 58
5.1 常用的系统命令 ··· 58
5.2 常用的网络命令 ··· 59
　5.2.1 IPConfig ··· 59
　5.2.2 Ping ·· 61
　5.2.3 Netstat ·· 62
　5.2.4 nbtstat ·· 65
　5.2.5 tracert ·· 65
　5.2.6 pathping ··· 66
　5.2.7 route ·· 68
　5.2.8 arp ··· 69
5.3 批处理命令 ··· 70
　5.3.1 批处理的介绍 ··· 70
　5.3.2 高级命令 ··· 72
5.4 批处理实例 ··· 74

第 6 章 磁盘阵列 ·· 76
6.1 磁盘阵列简介 ··· 76
6.2 磁盘阵列原理 ··· 76
6.3 磁盘阵列对比 ··· 80
6.4 RAID 5 建立过程 ·· 80

第 7 章 ARP 病毒原理及防范 ·· 83
7.1 ARP 协议工作原理 ·· 83
7.2 ARP 欺骗的原理 ·· 84
7.3 ARP 欺骗的种类及危害 ····································· 85
7.4 360 ARP 防火墙 ··· 87
7.5 Anti ARP Sniffer ·· 88

7.6 瑞星个人防火墙 ·· 89
7.7 快速定位 ARP 病毒源 ·· 90
7.8 交换机防 ARP 攻击 ·· 91
   7.8.1 基于交换机端口 MAC 地址绑定 ·· 91
   7.8.2 基于 MAC 地址的访问列表 ·· 91
   7.8.3 IP 与 MAC 地址同时绑定到 ACL ··· 92

第 8 章 ADSL ·· 93
8.1 ADSL 的真正速率 ·· 93
8.2 ADSL 宽带提速方法 ·· 94
   8.2.1 软件提速 ·· 94
   8.2.2 异地提速 ·· 95
   8.2.3 改造线路 ·· 95
   8.2.4 启用路由中的 UPNP 功能 ··· 95
   8.2.5 消除噪声 ·· 96
8.3 ADSL 断流/断线故障处理 ··· 96
8.4 ADSL 故障分析及处理 ·· 97
8.5 ADSL 共享上网方法 ·· 99
   8.5.1 代理服务器方法 ·· 99
   8.5.2 宽带路由器方法 ·· 99
   8.5.3 其他方法 ·· 99
8.6 ISP 封杀 ADSL 共享技术原理 ·· 100
   8.6.1 IP 轨迹检测法 ··· 100
   8.6.2 时钟偏移检测法 ·· 101
   8.6.3 应用特征检测法 ·· 101

第 9 章 经典网络工具 ··· 102
9.1 网络克隆工具——Ghost ·· 102
   9.1.1 Ghost 8.3 菜单选项介绍 ·· 102
   9.1.2 Ghost 8.3 的使用 ··· 103
   9.1.3 Symantec Norton Ghost 14 ·· 104
   9.1.4 Ghost 14 中的新增功能 ··· 105
9.2 网络嗅探器——Sniffer pro ·· 105
   9.2.1 Sniffer 概述 ·· 105

目录

- 9.2.2 Sniffer pro 的功能简介 ········· 105
- 9.2.3 Sniffer pro 的配置与使用 ········· 106
- 9.2.4 报文捕获解析 ········· 109
- 9.2.5 监控网络的几种模式 ········· 112
- 9.2.6 设置数据过滤包 ········· 115
- 9.3 子网掩码计算——IPSubnetter ········· 117
- 9.4 吞吐率测试——Qcheck ········· 118
- 9.5 局域网查看工具——LanSee ········· 118
- 9.6 思科网络助手——Cisco Network Assistant ········· 119
- 9.7 最经典的模拟器——DynamipsGUI ········· 121
- 9.8 最经典的 telnet 工具——SecureCRT ········· 125
- 9.9 初级思科模拟器——Packet Tracer ········· 128
  - 9.9.1 设备的选择与连接 ········· 128
  - 9.9.2 对设备进行编辑 ········· 130
  - 9.9.3 Realtime mode(实时模式)和 Simulation mode(模拟模式) ········· 130
- 9.10 高级思科模拟器——GNS3 ········· 131
  - 9.10.1 安装和设置 ········· 132
  - 9.10.2 创建复杂的网络拓扑 ········· 134

第三部分 服务器配置篇

第 10 章 DHCP 服务器 ········· 139
- 10.1 DHCP 的工作过程 ········· 139
- 10.2 DHCP 服务器的安装 ········· 140
- 10.3 DHCP 服务器的授权 ········· 141
- 10.4 DHCP 作用域 ········· 142
  - 10.4.1 排除地址 ········· 142
  - 10.4.2 保留地址 ········· 143
  - 10.4.3 租约期限 ········· 143
  - 10.4.4 选　项 ········· 143
- 10.5 DHCP 服务器创建实例 ········· 145

第 11 章 DNS 服务器 ... 147
11.1 DNS 域名解析过程 ... 147
11.2 DNS 的安装 ... 148
11.2.1 安装 DNS 的基本条件 ... 148
11.2.2 DNS 服务组件的安装 ... 150
11.3 区域和资源记录 ... 150
11.3.1 区域(Zone) ... 150
11.3.2 区域文件(Zone file) ... 151
11.3.3 区域类型(Zone types) ... 151
11.3.4 记录类型 ... 151
11.4 创建正向和反向搜索区域 ... 152
11.5 区域属性及 SOA 参数 ... 153
11.6 动态更新 ... 155
11.7 区域委派 ... 156
11.8 根提示和转发 ... 157
11.8.1 DNS 根提示 ... 157
11.8.2 DNS 转发器 ... 157
11.9 测试 DNS 的常用命令 ... 158

第 12 章 FTP 服务器 ... 159
12.1 Serv-U 的安装 ... 159
12.2 Serv-U 的基本设置 ... 160
12.2.1 设置 Serv-U 的域名与 IP 地址 ... 160
12.2.2 创建新账户 ... 163
12.2.3 设置虚拟目录 ... 165
12.2.4 设置访问目录权限 ... 167
12.2.5 新建并管理用户组 ... 167
12.3 Serv-U 高级管理 ... 168
12.3.1 设置最大上载下载速度 ... 168
12.3.2 设置 Serv-U FTP 服务器最大连接数 ... 169
12.3.3 取消 FTP 服务器的 FXP 传输功能 ... 169
12.3.4 设置 FTP 服务器提示信息 ... 169
12.3.5 设置账号使用线程数 ... 169
12.3.6 设置账号的最大上载下载速度 ... 170

12.3.7	合理设置上载/下载率	170
12.3.8	配置账号的磁盘配额	170
12.3.9	远程管理 Serv-U	170

第 13 章 Web 服务器(IIS, Apache) — 172

13.1 Internet 信息服务简介 — 172
13.2 IIS 的安装 — 172
13.3 实例一 — 173
13.4 实例二 — 174
13.5 IIS 站点的高级管理 — 175
    13.5.1 IIS 管理的层次 — 175
    13.5.2 启用 HTTP 压缩和带宽节流设置 — 175
    13.5.3 备份/恢复服务器的设置数据 — 176
    13.5.4 管理 Web 站点 — 176
13.6 Apache 简介 — 180
13.7 Apache 的安装与配置 — 181

第 14 章 邮件服务器 — 184

14.1 Exchange Server 2003 — 184
    14.1.1 安装 Exchange Server 2003 — 184
    14.1.2 Exchange Server 2003 部署工具 — 184
    14.1.3 Exchange Server 2003 的全系统要求 — 185
    14.1.4 安装和启用 IIS 服务 — 185
    14.1.5 运行 Exchange 2003 ForestPrep — 186
    14.1.6 运行 Exchange 2003 DomainPrep — 187
    14.1.7 运行 Exchange 2003 安装程序 — 188
    14.1.8 新建用户电子邮箱 — 190
    14.1.9 收发邮件 — 191
14.2 MDaemon — 191
    14.2.1 软件的安装 — 191
    14.2.2 DNS 的设置 — 192
    14.2.3 测试邮件服务器 — 193
    14.2.4 用 Web 方式收发邮件 — 195
14.3 WinWebMail — 195

第 15 章 影音服务器 ··· 197
15.1 美萍 VOD 点播系统 ··· 197
15.1.1 安装美萍 VOD 点播系统 ··· 197
15.1.2 配置 VOD 点播系统 ··· 197
15.2 Windows Media 服务器 ··· 199
15.2.1 搭建 Media 服务 ··· 199
15.2.2 安装 Media 服务器 ··· 200
15.2.3 点播发布点 ··· 200
15.2.4 广播发布点 ··· 202
15.2.5 播放列表 ··· 204
15.3 Helix server 服务器 ··· 205

第 16 章 打印服务器 ··· 213
16.1 针式打印机 ··· 213
16.2 激光打印机 ··· 213
16.3 喷墨打印机 ··· 214
16.4 打印机典型安装和设置 ··· 214
16.4.1 设置共享打印机 ··· 215
16.4.2 客户端设置 ··· 216
16.5 网络打印机的选购 ··· 216
16.6 打印机故障解决方案精选 ··· 218

第 17 章 代理与网关服务器 ··· 225
17.1 代理服务器简介 ··· 225
17.1.1 SOCK5 代理服务器 ··· 226
17.1.2 HTTP 代理 ··· 226
17.1.3 IE 的代理设置方法 ··· 226
17.2 ICS 共享上网 ··· 226
17.3 Sygate 共享上网 ··· 227
17.4 HomeShare 共享上网 ··· 229
17.4.1 软件简介 ··· 229
17.4.2 软件特点 ··· 229
17.4.3 使用方法 ··· 229

17.5 Windows 2003 的 NAT 服务器 …… 230
  17.5.1 网络地址转换 NAT 的功能 …… 230
  17.5.2 服务器/客户机的 IP 规划 …… 231
  17.5.3 Windows 2003 Server 配置 …… 231
17.6 ISA 服务器 …… 232
  17.6.1 安装 ISA Server 2006 标准版 …… 232
  17.6.2 案 例 …… 234

第 18 章 域控服务器 …… 239
18.1 活动目录的定义 …… 239
18.2 AD 的逻辑结构 …… 239
18.3 AD 的物理结构 …… 240
18.4 活动目录的安装配置 …… 241
  18.4.1 活动目录安装前的准备 …… 242
  18.4.2 域控制器的安装 …… 244
18.5 活动目录的组织和管理 …… 247
  18.5.1 内置容器对象 …… 247
  18.5.2 OU 的建立和配置 …… 247
  18.5.3 OU 的规划 …… 248
  18.5.4 OU 的委托 …… 248
18.6 域中的用户组 …… 248
  18.6.1 域的模式 …… 249
  18.6.2 用户组的建立 …… 249
18.7 全局组、本地组和通用组的意义及转换 …… 250
  18.7.1 全局组和本地组 …… 250
  18.7.2 通用组 …… 251
  18.7.3 组类型的转换 …… 252
  18.7.4 AGDLP 策略 …… 252
  18.7.5 内置的组 …… 252
18.8 用户配置文件 …… 253
18.9 站 点 …… 255
  18.9.1 站点的定义 …… 255
  18.9.2 站点的作用 …… 256
18.10 站点间复制 …… 256

  18.10.1 站点内 …… 256
  18.10.2 站点之间 …… 256
  18.10.3 复制协议 …… 257
 18.11 桥头服务器的管理 …… 257
 18.12 站点 AD 的复制 …… 259
  18.12.1 建立站点(Site) …… 259
  18.12.2 建立子网与站点的联系 …… 260
 18.13 建立和配置站点连接 …… 261
  18.13.1 站点连接的定义 …… 261
  18.13.2 建立和配置站点连接 …… 262
 18.14 站点连接桥 …… 263
 18.15 操作主控 …… 264
  18.15.1 架构操作主控 …… 265
  18.15.2 域命名操作主控 …… 266
  18.15.3 PDC 仿真器 …… 267
  18.15.4 RID 主控 …… 267
  18.15.5 基础结构主控 …… 267

第 19 章　WSUS 补丁服务器 …… 269
 19.1 WSUS 的安装 …… 269
 19.2 WSUS 的设置 …… 271
 19.3 客户端的设置 …… 273

第 20 章　VPN 服务器 …… 274
 20.1 VPN 概述 …… 274
 20.2 VPN 特点 …… 274
 20.3 VPN 应用 …… 276
 20.4 配置 VPN 服务器 …… 276
 20.5 赋予用户拨入的权限 …… 277
 20.6 测试 VPN 连接 …… 278

第四部分　项目案例篇

第21章　10个经典项目案例 ………………………………………………… 283
- 21.1　案例一　禁止玩QQ游戏 ……………………………………………… 283
- 21.2　案例二　忘记管理员密码 ……………………………………………… 284
- 21.3　案例三　数据恢复 ……………………………………………………… 286
- 21.4　案例四　克隆IP-MAC地址 …………………………………………… 289
- 21.5　案例五　杀毒软件的离线升级 ………………………………………… 290
- 21.6　案例六　预防U盘病毒 ………………………………………………… 292
- 21.7　案例七　多网IP地址快速切换 ………………………………………… 292
- 21.8　案例八　禁止IP地址修改 ……………………………………………… 294
- 21.9　案例九　禁用USB口 …………………………………………………… 295
- 21.10　案例十　局域网故障案例 ……………………………………………… 298

附　录 …………………………………………………………………………… 304

参考文献 ………………………………………………………………………… 315

第一部分

网络基础篇

第1章 网络基础知识

1.1 网络的功能和应用

随着科学技术的发展,信息的共享显得越来越重要,计算机网络的出现可以帮助人们完美和便利地实现这一愿望。

1.1.1 计算机网络的功能

计算机网络有许多功能,比如进行数据通信、资源共享等。下面简单介绍一下它的主要功能。

1. 数据通信

数据通信即实现计算机与终端、计算机与计算机间的数据传输,是计算机网络最基本的功能,也是实现其他功能的基础。如传真、电子邮件和远程数据交换等都属于数据通信的范畴。

2. 资源共享

共享资源是实现计算机网络的主要目的。一般情况下,网络中可共享的资源有硬件资源、软件资源和数据资源,其中共享数据资源最为重要。

3. 远程传输

计算机已由科学计算向数据处理方面发展,由单机向网络方面发展,并且发展的速度很快。分布在各地的用户可以互相传输数据信息,相互交流,协同完成一项工作。

4. 集中管理

计算机网络技术的发展和应用,已经使得现代办公、经营管理模式等发生了巨大的变化。目前,已经有很多企业都部署了 MIS 系统、OA 系统等,通过这些系统可以实现对企业日常工作的集中管理,提高工作效率,增加经济效益。

5. 实现分布式处理

网络技术的发展,使得分布式计算成为可能。对于一些大型的项目,可以分为许多小项目,由不同的计算机分别完成,然后再集中起来解决问题。

6. 负载平衡

负载平衡是指工作被均匀地分配给网络上的各台计算机。网络控制中心负责分配和检测,当某台计算机负载过重时,系统会自动转移部分工作到负载较轻的计算机中去处理。这充分体现了计算机网络的智能化发展方向。

1.1.2 计算机网络的应用

计算机网络是信息产业的基础,在各个领域都得到了广泛的应用,下面介绍一些人们比较熟悉的领域。

1. 办公自动化系统(OAS)

办公自动化是以先进的科学技术完成各种办公业务。办公自动化系统的核心是通信和信息。将办公室的计算机和其他办公设备连接起来组成一个网络,可充分有效地利用信息资源,以提高生产效率、工作效率和工作质量,更好地辅助决策。图1-1所示为现代办公室典型网络布局。

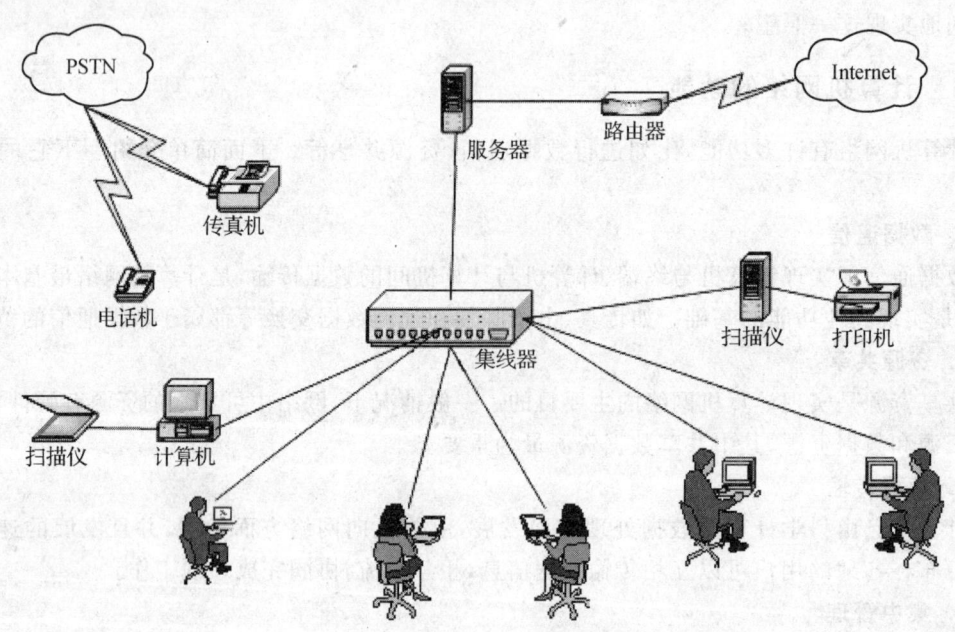

图1-1 现在办公室典型网络布局

2. 管理信息系统(MIS)

MIS是基于数据库的应用系统。它是建立在计算机网络基础之上的管理信息系统,是企业管理信息的基本前提和特征。使用MIS系统,企业可以实现各部门之间动态信息的管理、查询和部门间信息的传递,这样就减少了管理者的工作,提高企业的管理水平和工作效率。

3. 电子数据交换(EDI)

EDI是将金融贸易、货物运输、保险、银行、海关等行业信息用一种国际公认的标准格式,通过计算机网络,实现各企业之间的数据交换,并完成以贸易为中心的业务全过程。电子商务系统就是EDI的进一步发展的产物。

4. 现代远程教育(DE)

远程教育是一种利用在线服务系统,开展学历或非学历教育的全新的教学模式。网络是远程教育的基础设施,其主要作用是向学员提供课程软件及主机系统的使用,支持学员完成在线课程,并负责行政管理、协同合作等。

5. 电子银行

电子银行也是一种在线服务,它是一种由银行提供的基于计算机和计算机网络的新型金融服务系统,其主要功能有:金融交易卡服务、自动存取款服务、销售点自动转账服务、电子汇款与清算等。

6. 企业信息化

随着信息化时代的到来,企业的信息化是企业管理模式变革的必经之路,企业网络系统包括分布式控制系统(DCS)和计算机集成与制造系统。图1-2所示为分布式控制系统。

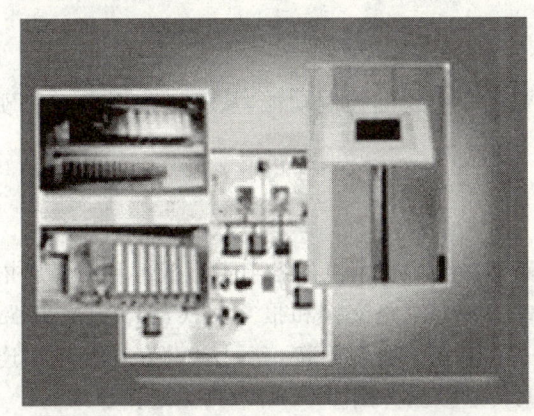

图1-2 分布式控制系统

1.2 网络拓扑结构

网络拓扑是指网络中各个端点相互连接的方法和形式。网络拓扑结构反映了组网的一种几何形式。网络拓扑结构主要有总线型、星形、环形、树形以及混合型结构。

1.2.1 总线型拓扑结构

总线型拓扑结构采用一个广播信道作为通信介质,所有的站点都通过相应的硬件接口直接连接到该通信介质,任何一个站点发送的信号都沿着该介质传播,而且能被所有其他的站点所接收。图1-3所示为总线型拓扑结构。

总线型拓扑结构能在局域网中得到广泛的应用,主要优点有:

- 布线简单容易、电缆需要较少。总线型网络中的节点都连接在一个公共的通信介质上,所需要的电缆长度就随之减少。

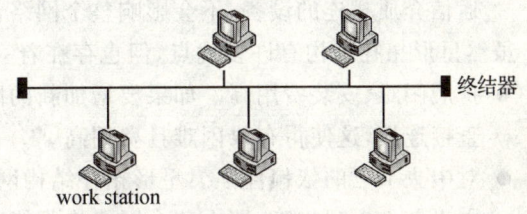

图1-3 总线型拓扑结构

- 可靠性高。总线结构简单,从硬件方面来看,这种网络结构十分可靠。
- 易于扩充。在总线型网络中,如果需要增加新节点,只需要在总线的任何地方将其接入;如果要增加长度,可通过中继器增加。

虽然总线型拓扑结构有许多优点,但也有一些不足:
- 传输距离有限,通信范围受到限制。
- 故障诊断和隔离都比较困难。
- 不具有实时功能。站点必须是智能的,要有介质访问控制功能,从而增加了站点的硬件和软件的开销。

1.2.2 星形拓扑结构

星形拓扑结构是中央节点和通过点到点链路连接到中央节点的各节点组成。利用星形拓扑结构的交换方式主要有电路交换和报文交换,但其中以电路交换更为普遍。一旦建立了通道连接,就可以没有延迟地在连通的两个节点之间传送数据。图1-4所示为星形拓扑结构。

在星形网络拓扑结构中,中央节点为集线器(HUB),其他外围节点为工作站或服务器,通信介质为光纤或双绞线。

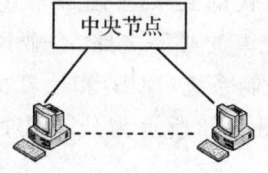

图1-4 星形拓扑结构

星形拓扑结构主要被应用于网络中智能部分主要集中于中央节点的场合。由于所有节点往外传输数据都必须经过中央节点来处理,因此,对中央节点的要求比较高。

星形拓扑结构的优点为:
- 可靠性高。在星形拓扑的结构中,每个节点只与一个设备相连,因此,单个节点的故障只影响一个设备,不会影响到全网。
- 方便服务。中央节点和中间接线都有一批集中点,可以方便地提供服务和进行网络重新配置。
- 故障诊断容易。如果网络中的节点或者通信介质出现问题,只会影响到该节点或者与通信介质相连的设备,不会影响整个网络,从而可以比较容易地判断故障的位置。

虽然星形拓扑结构有许多优点,但也存在着一些缺点:
- 扩展困难、安装费用高。如果要增加新的网络节点时,不管有多远,都需要与中央节点直接连接,这使得布线困难且费用高。
- 对中央节点的依赖性强。星形拓扑结构网络中其他节点对中央节点的依赖性强,一旦中央节点出现故障,那么整个网络将不能正常工作。

1.2.3 环形拓扑结构

环形拓扑结构是一个像环一样的闭合链路,它是由许多中继器和通过中继器连接到链路上的节点连接而成。在环形网中,所有的通信共享一条物理通道,即连接了网中所有节点的点到点链路。图1-5所示为环形拓扑结构。

环形拓扑结构具有以下优点:

- 电缆长度短。环形拓扑结构所需的电缆长度与总线型拓扑网络相当,比星形拓扑网络还要短。
- 适合用光纤。光纤传输速度高,环形拓扑网络是单向传输,适合用光纤作为通信介质,这样可以大大提高网络的速度和加强抗干扰的能力。
- 无差错传输。由于采用点到点通信链路,被传输的信号在每一个节点上都会再生,因此,传输信息的误码率可大大降低。

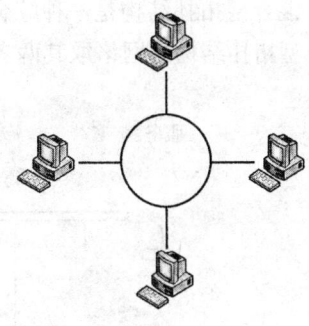

图1-5 环形拓扑结构

环形拓扑结构存在的缺点:

- 可靠性差。在环上传输数据都要通过连接在环上的每个中继器才能得以完成,任何两个节点间的电缆或者中继器发生故障都将会引起全网的故障。
- 故障诊断困难。因为环上的任一节点出现故障都会引起全网的故障,所以对故障很难进行定位。
- 调整网络比较困难。要调整网络中的节点,例如加入或撤出节点都是比较困难。

1.2.4 树形拓扑结构

树形结构是一种分级结构,它的形状像一棵倒置的树,顶端是树根。在树形结构的网络中任意两节点之间不会产生环路,每条通路都支持双向传输。图1-6所示为树形拓扑结构。

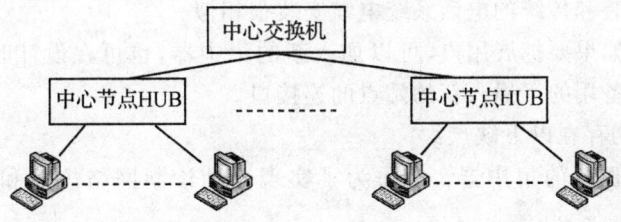

图1-6 树形拓扑结构

树形拓扑结构具有以下优点:

- 易于扩展。这种结构可以扩展很多分支和子分支,并且这些分支可以很容易地加入到网中。
- 故障隔离容易。如果是某一分支的节点或线路发生故障,很容易将故障分支隔离开。

树形拓扑结构的缺点是各节点对根的依赖性太强,一旦根节点发生故障,整个网络都将瘫痪。

1.2.5 混合型拓扑结构

混合型拓扑结构是一种综合性的拓扑结构,它将任两种单一的拓扑结构混合在一起,组建的混合型拓扑结构的网络取其两者的优点,克服各自的不足。图1-7所示为混合型拓扑结构。

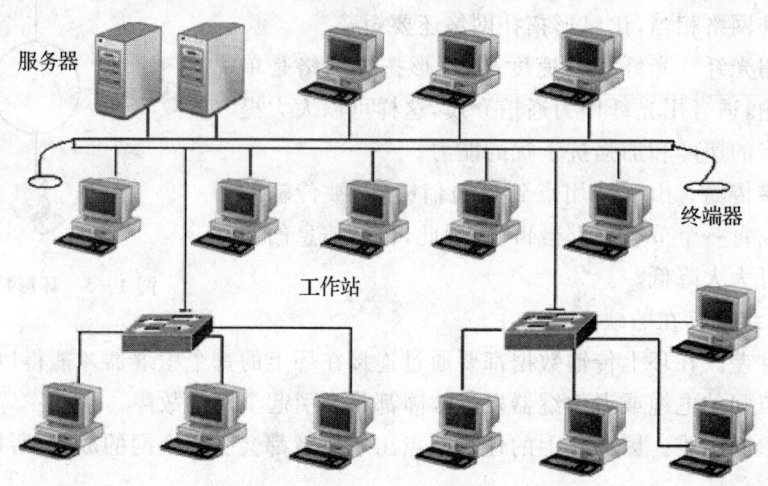

图1-7 混合型拓扑结构

混合型拓扑的优点:
- 故障诊断和隔离较为方便。一旦网络发生故障,首先诊断哪一个集中器有故障,然后,将该集中器与全网隔离。
- 安装方便。网络的主电缆只要连通这些集中器,安装时就不会有电缆管道拥挤的问题。这种安装和传统的电话系统电缆安装很相似。
- 易于扩展。如果要扩展用户,可以加入新的集中器,也可在设计时,在每个集中器上留出一部分备用的可插入新的站点的连接口。

混合型拓扑结构存在以下缺点:
- 需要选用带智能的集中器。这是为了实现自动诊断网络故障和隔离故障节点所必需的。
- 集中器到各个站点的电缆安装会像星形拓扑结构一样,有时会使电缆安装长度增加。

1.2.6 网状拓扑结构

网状拓扑近年来在广域网中得到了广泛应用。它的优点是不受瓶颈问题和失效问题的影响。由于节点之间有多条路径相连,可以为数据传输选择适当的路由,从而绕过失效的部件或繁忙的节点而到达终点。虽然这种结构比较复杂,成本比较高,为实现上述功能,网状拓扑结构的网络协议也较复杂,但由于它的可靠性高,仍然受到客户的欢迎。图1-8所示为网状拓扑结构。

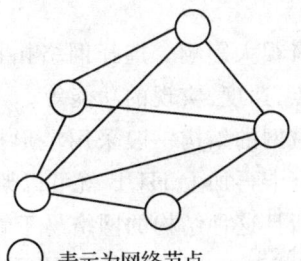

○ 表示为网络节点

图 1-8 网状拓扑结构

1.3 局域网基础

1.3.1 局域网的技术特点

概括地说,局域网有以下特点:

① 覆盖的地理范围小,通常分布在一座办公大楼或集中的建筑群内,例如在一个大学校园。一般在几千米范围之内,最多不超过 25 km。

② 传输率高且误码率低。传输率一般在十到几百兆比特每秒之间,支持高速数据通信,目前已达到 1 000 Mb/s;传输方式通常为基带传输,传输距离短,误码率低。

③ 主要以微型机为建网对象,通常没有中央主机系统,而带有一些共享的各种外设。

④ 为获得最佳的性价比,根据不同的需要,可选用价格低廉的双绞线电缆、同轴电缆或价格较贵的光纤,以及无线电缆作为传输介质。

⑤ LAN 通常属于某一个单位、企业所有,被单位或部门控制、管理和应用。

⑥ 便于安装、维护和扩充,建网成本低、周期短。LAN 的主要技术特性主要取决于拓扑结构、传输介质、介质访问控制三项技术,如表 1-1 所列。

表 1-1 LAN 的技术特征

拓扑结构	总线型、星形、环形	
传输介质	双绞线、光纤、无线通信	
	同轴电缆	基带同轴电缆:50 Ω 的粗缆、50 Ω 的细缆
		宽带同轴电缆:75 Ω CATV 同轴电缆
介质访问控制	CSMA/CD、Token Ring\Token Bus\ FDDI	
LAN 标准化组织	ISO、IEEE802 委员会、NBS、EIA、ECMA	
应用领域	企业园区网、办公自动化、工厂自动化、校园、医院等	

1. 局域网的拓扑结构

网络的拓扑结构对网络性能有很大影响。选择网络拓扑结构是网络建设的基础和前提，网络拓扑结构可以决定网络的特点、速度、实现的功能等。

我们最常见的办公室小型局域网的结构一般采用星形拓扑结构，这是因为星形网络的结构简单，连接容易，使用双绞线和网卡再加上 HUB 就可以架设一个局域网，管理也比较简单，建设费用和管理费用都比较低。而且这种结构的网络易于管理，容易发现、排除故障。但是这种结构不易于改变网络容量，增加和减少计算机都不是很方便，对中央的 HUB 的依赖性很大，一旦中央节点出现问题就会造成整个网络的瘫痪。不适合用在可靠性要求很高的大型网络上。

对于总线型拓扑网络结构简单，易于布线和维护，方便扩充和管理，可靠性高，速率快，但接入的节点有限，发现、排除故障困难，实时性较差。

环形结构也是常用的网络结构之一，经常配合令牌使用，其网络结构很简单，但是网络速度慢，排除故障困难，加入或者撤出计算机也比较困难。

掌握了三种网络结构的特点，就可以根据需要选择适合自己的拓扑结构。

2. 局域网的传输介质

LAN 中使用的传输方式有基带和宽带两种。基带用于数字信号传输，常用的传输介质有双绞线或同轴电缆。宽带用于无线电频率范围内的模拟信号的传输，常用同轴电缆。基带与宽带传输方式的比较如表 1-2 所列。

表 1-2 基带、宽带传输方式比较

基 带	宽 带
数字信号传输	模拟信号的传输（需用 MODEM）
全部带宽用于单路信道传输	使用 FDM 技术，多路信道复用
双向传输	单向传输
总线拓扑	总线或树形拓扑
距离达数公里	距离达数十公里

3. 局域网的介质访问控制方法

传输介质访问控制方式与局域网的拓扑结构、工作过程有密切关系。目前，计算机局域网常用的访问控制方式有三种：带有冲突检测的载波侦听多路访问法（CSMA/CD），令牌环访问控制法（Token Ring），令牌总线访问控制法（Token Bus）。分别用于不同的拓扑结构。

（1）带有冲突检测的载波侦听多路访问法（CSMA/CD）

最早的 CSMA 方法起源于美国夏威夷大学的 ALOHA 广播分组网络，1980 年美国 DEC、Intel 和 Xerox 公司联合宣布 Ethernet 网采用 CSMA 技术，并增加了检测碰撞功能，称之为CSMA/CD。这种方式适用于总线型拓扑结构，主要解决如何共享一条公共广播传输介质。其简单原理是：在网络中，任何一个工作站在发送信息前，都要侦听网络中有无其他工作站在发送信号，如没有就立即发送；如果有，那么这时候信道已经被占用，此工作站就要等一段时间再去争取发送权。等待时间可由两种方法确定，一种是某工作站检测到信道被占用后，继续检测，直到信道出现空闲；另一种是检测到信道被占用后，等待一个随机时间进行检测，直到信道出现空闲后再发送。

CSMA/CD要解决的另一主要问题是如何检测冲突。当网络处于空闲的某一时刻，有两个或两个以上工作站同时发送了信息，这时，同步发送的信号就会引起冲突，现由IEEE 802.3标准确定的CSMA/CD检测冲突的方法是：当一个工作站开始占用信道进行发送信息时，再用碰撞检测器继续对网络检测一段时间，即一边发送，一边监听，将发送的信息与监听的信息进行比较，如结果一致，则说明发送正常，已经抢到了总线，可继续发送。如结果不一致，那么说明有冲突，应立即停止发送。等待一个随机时间后，再重复上述过程进行发送。

CSMA/CD控制方式的优点是：原理比较简单，技术上易实现，网络中各工作站处于平等地位，不需集中控制，不提供优先级控制。但在网络负载增大时，发送时间增长，发送效率会急剧下降。

(2) 令牌环

令牌环只适用于环形拓扑结构的局域网。其主要原理是：使用一个称之为"令牌"的控制标志(令牌是一个二进制数的字节，它由"空闲"与"忙"两种编码标志来实现，既无目的地址，也无源地址)，当无信息在环上传送时，令牌处于"空闲"状态，它沿环从一个工作站到另一个工作站不停地进行传递。当某一工作站准备发送信息时，就必须等待，直到检测并捕获到经过该站的令牌为止，然后，将令牌的控制标志从"空闲"状态改变为"忙"状态，并发送出一帧信息。其他的工作站随时检测经过本站的帧，当发送的帧目的地址与本站地址相符时，就接收该帧，待复制完毕再转发此帧，直到该帧沿环一周返回发送站，并收到接收站指向发送站的肯定应签信息时，才将发送的帧信息进行清除，并使令牌标志又处于"空闲"状态，继续插入环中。当另一个新的工作站需要发送数据时，按前述过程，检测到令牌，修改状态，把信息装配成帧，进行新一轮的发送。

令牌环控制方式的优点是它能提供优先权服务，有很强的实时性，在重负载环路中，"令牌"以循环方式工作，效率较高。其缺点是控制电路较复杂，令牌容易丢失。但IBM在1985年已解决了实用问题，近年来采用令牌环方式的令牌环网实用性已得到大大增强。

(3) 令牌总线

令牌总线主要用于总线型或树形网络结构中。它的访问控制方式类似于令牌环，但它是把总线型或树形网络中的各个工作站按一定顺序如按接口地址大小排列形成一个逻辑环。只有令牌持有者才能控制总线，才有发送信息的权力。信息是双向传送，每个站都可检测到其他站点发出的信息。在令牌传递时，都要加上目的地址，所以只有检测到并得到令牌的工作站，才能发送信息,它不同于 CSMA/CD 方式,可在总线和树形结构中避免冲突。

这种控制方式的优点是各工作站对介质的共享权力是均等的,可以设置优先级,也可以不设;有较好的吞吐能力,吞吐量随数据传输速率增大而加大,连网距离比 CSMA/CD 方式远。缺点是控制电路较复杂、成本高,轻负载时,线路传输效率低。

1.3.2 局域网的种类

局域网 LAN(Local Area Network)是将小区域内的各种通信设备互连在一起所形成的网络,覆盖范围一般局限在房间、大楼或园区内。局域网的特点是:距离短、延迟小,数据速率高,传输可靠。

目前,常见的局域网类型包括以太网(Ethernet)、光纤分布式数据接口(FDDI)、异步传输模式(ATM)、令牌环网(Token Ring)、交换网(Switching)等,它们在拓扑结构、传输介质、传输速率、数据格式等多方面都有许多不同。其中应用最广泛的是以太网——一种总线结构的LAN,它是目前发展最迅速,也是最经济的局域网。下面对以太网(Ethernet)、光纤分布式数据接口(FDDI)、异步传输模式(ATM)进行简单介绍。

1. Ethernet

Ethernet 是 Xerox、Digital Equipment 和 Intel 三家公司开发的局域网组网规范,并于 20 世纪 80 年代初首次出版,称为 DIX 1.0。1982 年修改后的版本为 DIX 2.0。这三家公司将此规范提交给 IEEE(电子电气工程师协会)802 委员会,经过 IEEE 成员的修改并通过,变成了 IEEE 的正式标准,并编号为 IEEE 802.3。Ethernet 和 IEEE 802.3 虽然有很多规定不同,但术语 Ethernet 通常认为与 802.3 是兼容的。IEEE 将 802.3 标准提交国际标准化组织(ISO)第一联合技术委员会(JTC1),再次经过修订变成了国际标准 ISO 8802.3。

早期局域网技术的关键是如何解决连接在同一总线上的多个网络节点有秩序的共享一个信道的问题,而以太网络正是利用载波监听多路访问/碰撞检测(CSMA/CD)技术成功的提高了局域网络共享信道的传输利用率,从而得以发展和流行的。交换式快速以太网及千兆以太网是近几年发展起来的先进的网络技术,使以太网络成为当今局域网应用较为广泛的主流技术之一。随着电子邮件数量的不断增加,以及网络数据库管理系统和多媒体应用的不断普及,迫切需要高速高带宽的网络技术。交换式快速以太网技术便应运而生。快速以太网及千兆以太网从根本上讲还是以太网,只是速度快。它基于现有的标准和技术(IEEE 802.3 标准,CSMA/CD 介质存取协议,总线型或星形拓扑结构,支持细缆、UTP、光纤介质,支持全双工传输),可以使用现有的电缆和软件,因此它是一种简单、经济、安全的选择。然而,以太网络在发展早期所提出的共享带宽、信道争用机制极大的限制了网络后来的发展,即使是近几年发展起来的链路层交换技术(即交换式以太网技术)和提高收发时钟频率(即快速以太网技术)也不能从根本上解决这一问题,具体表现在:

● 以太网提供是一种所谓"无连接"的网络服务,网络本身对所传输的信息包无法进行诸如交付时间、包间延迟、占用带宽等等关于服务质量的控制。因此没有服务质量保证（Quality of Service）。
- 对信道的共享及争用机制导致信道的实际利用带宽远低于物理提供的带宽，因此带宽利用率低。

除以上两点以外，以太网传输机制所固有的对网络半径、冗余拓扑和负载平衡能力的限制以及网络的附加服务能力薄弱等，也都是以太网络的不足之处。但以太网以成熟的技术、广泛的用户基础和较高的性能价格比，仍是传统数据传输网络应用中较为优秀的解决方案。

以太网根据不同的传输介质可分为：10BASE－2、10BASE－5、10BASE－T及10BASE－FL，它们的组网参数及原则如表1－3所列。

表1－3 不同介质组网的参数及原则

10BASE－2	最大的干线段长度：185 m 最大网络干线电缆长度：925 m 每条干线段支持的最大节点数：30 BNC、T型连接器之间的最小距离：0.5 m
10BASE－5	最大的干线长度：500 m 最大网络干线电缆长度：2 500 m 每条干线段支持的最大节点数：100 收发器之间的最小距离：2.5 m 收发器电缆的最大长度：50 m
10BASE－T	允许5个网段，每网段最大长度：100 m 在同一信道上允许连接4个中继器或集线器 在其中的三个网段上可以增加节点 在另外两个网段上，除做中继器链路外，不能接任何节点 上述将组建一个大型的冲突域，最大站点数1 024，网络直径达2 500 m
10BASE－FL	最大段长：2 000 m 每段最大节点(NODE)数：2 每网络最大节点(NODE)数：1 024 每链的最大HUB数：4

交换以太网：其支持的协议仍然是IEEE 802.3以太网，但提供多个单独的10Mb/s端口。它与原来IEEE 802.3以太网完全兼容，并且克服了共享10Mb/s带来的网络效率下降的缺点。

100BASE-T快速以太网：与10BASE-T的区别在于将网络的速率提高了10倍，即100 Mb/s。采用了FDDI的PMD协议，但价格比FDDI便宜。100BASE-T的标准由IEEE 802.3制定。与10BASE-T采用相同的媒体访问技术、类似的步线规则和相同的引出线，易于与10BASE-T集成。每个网段只允许两个中继器，最大网络跨度为210 m。

2. FDDI网络

光纤分布数据接口(FDDI)是目前成熟的LAN技术中传输速率最高的一种。这种传输速率高达100Mb/s的网络技术所依据的标准是ANSIX3T9.5。该网络具有定时令牌协议的特性，支持多种拓扑结构，传输媒体为光纤。使用光纤作为传输媒体具有多种优点：

(1) 较长的传输距离，相邻站间的最大长度可达2 km，最大站间距离为200 km。

(2) 具有较大的带宽，FDDI的设计带宽为100Mb/s。

(3) 具有对电磁和射频干扰抑制能力，在传输过程中不受电磁和射频噪声的影响，也不影响其设备。

(4) 光纤可防止传输过程中被别人偷听，也杜绝了辐射波的窃听，因而是最安全的传输媒体。

光纤分布式数据接口是一种使用光纤作为传输介质的、高速的、通用的环形网络。它能以100 Mb/s的速率跨越长达100 km的距离，连接多达500个设备，既可用于城域网络也可用于小范围局域网。FDDI采用令牌传递的方式解决共享信道冲突问题，与共享式以太网的CSMA/CD的效率相比在理论上要稍高一点(但仍远比不上交换式以太网)，采用双环结构的FDDI还具有链路连接的冗余能力，因而非常适于作为多个局域网络的主干。然而FDDI与以太网一样，其本质仍是介质共享、无连接的网络，这就意味着它仍然不能提供服务质量保证和更高的带宽利用率。在少量站点通信的网络环境中，它可达到比共享以太网稍高的通信效率，但随着站点的增多，效率会急剧下降，这时候无论从性能和价格都无法与交换式以太网、ATM网相比。交换式FDDI会提高介质共享效率，但同交换式以太网一样，这种提高也是有限的，不能解决本质问题。另外，FDDI有两个突出的问题极大的影响了这一技术的进一步推广，一个是建设成本，特别是交换式FDDI的价格甚至会高出某些ATM交换机；另一个是组网技术，由于网络半径和令牌长度的制约，在现有条件下FDDI将不可能出现高出100 Mb/s的带宽。面对与不断降低成本同时在技术上不断发展创新的ATM和快速交换以太网技术的激烈竞争，FDDI的市场占有率逐年降低。根据相关部门统计，现在各大院校、政府机关建立局域网或城域网络的设计倾向较为集中的在ATM和快速以太网这两种技术上，原先建立较早的FDDI网络，也在向星形、交换式的其他网络技术过渡。

3. ATM网络

随着人们对集话音、图像和数据为一体的多媒体通信需求的日益增加，特别是为了适应今后信息高速公路建设的需要，人们又提出了宽带综合业务数字网(B-ISDN)这种全新的通信网络，而B-ISDN的实现需要一种全新的传输模式，即异步传输模式(ATM)。在1990年，国际电报电话咨询委员会(CCITT)正式建议将 ATM 作为实现 B-ISDN 的一项技术基础,这样,以 ATM 为机制的信息传输和交换模式也就成为电信和计算机网络操作的基础和 21 世纪通信的主体之一。ATM 技术是当前国际网络界所注意的焦点,其相关产品的开发也是各厂商想要抢占的网络市场的一个制高点。

ATM 是目前网络发展的最新技术,它采用基于信元的异步传输模式和虚电路结构,根本上解决了多媒体的实时性及带宽问题。实现面向虚链路的点到点传输,它通常提供 155 Mb/s 的带宽。它既汲取了话务通信中电路交换的"有连接"服务和服务质量保证,又保持了以太、FDDI 等传统网络中带宽可变、适于突发性传输的灵活性,从而成为迄今为止适用范围最广、技术最先进、传输效果最理想的网络互联手段。ATM 技术具有如下特点:

- 实现网络传输有连接服务,实现服务质量保证(QoS)。
- 交换吞吐量大、带宽利用率高。
- 具有灵活的组网拓扑结构和负载平衡能力,伸缩性、可靠性极高。
- ATM 是现今唯一可同时应用于局域网、广域网两种网络应用领域的网络技术,它将局域网与广域网技术统一。

4. 其他局域网

令牌环是 IBM 公司于 20 世纪 80 年代初开发成功的一种网络技术。之所以称为环,是因为这种网络的物理结构像环的形状。环上有多个站点与环相连,相邻站之间是一种点对点的链路,因此令牌环与广播方式的 Ethernet 不同,它是按顺序向下一站广播的 LAN。与 Ethernet 不同的另一个特点是,即使负载很重,仍具有确定的响应时间。令牌环所遵循的标准是 IEEE 802.5,它规定了三种操作速率:1 Mb/s、4 Mb/s 和 16 Mb/s。开始时,UTP 电缆只能在 1 Mb/s 的速率下操作,STP 电缆可操作在 4 Mb/s 和 16 Mb/s,现已许多厂商的产品已经突破了这种限制。

交换网是随着多媒体通信以及客户机/服务器(Client/Server)体系结构的发展而产生的,由于网络传输变得越来越拥挤,传统的共享 LAN 难以满足用户需要,曾经采用的网络区段化,由于区段越多,路由器等连接设备投资越大,同时众多区段的网络也难于管理。

当网络用户数目增加时,网络交换技术成了保持网络在拓展后的性能及其可管理性的一个新解决方案。

传统的共享媒体局域网依赖桥接、路由选择,交换技术却为终端用户提供专用点对点连接,它可以把一个提供"一次一用户服务"的网络,转变成一个平行系统,同时支持多对通信设备的连接,即每个与网络连接的设备均可独立与交换机连接。

1.4 无线局域网

1.4.1 无线局域网的用途

无线技术给人们带来的影响是无可争议的。如今每天大约有15万人成为新的无线用户，全球范围内的无线用户数量目前已经超过2亿。这些人包括教师、公司老板、医院护士、学生、公司员工等。他们使用无线技术的方式因他们自身的工作不同而不同，但这类技术同样在不断地更新。

无线局域网的应用范围非常广泛，如果将其应用划分为室内和室外的话，室内应用包括办公室、车间、酒店宾馆、学生寝室、会议室、证券市场等；室外应用包括城市建筑群之间的通信、学校校园网络、整个企业内部厂区自动化控制与管理网络、银行金融证券城区网等。

在以下情况下适合用计算机无线网技术：
- 在不能使用传统走线方式、传统布线方式困难、布线破坏性很大的地方；
- 有水域或有阻碍不易跨过的地方；
- 临时建立设置和安排通信的地方；
- 无权铺设线路或线路铺设环境可能导致线路损坏的地方；
- 时间紧急，需要迅速建立通信，而且使用有线不便、成本高或耗时长；
- 局域网的用户需要大量地进行移动计算机的地方。

1.4.2 红外线局域网技术

红外线局域网采用小于 1 μm 波长的红外线作为传输媒体，有较强的方向性，由于它采用低于可见光的部分频谱作为传输介质，使用不受无线电管理部门的限制。红外信号要求视距传输，并且窃听困难，对邻近区域的类似系统也不会产生干扰。在实际应用中，由于红外线具有很高的背景噪声，受日光、环境照明等影响较大，一般要求的发射功率较高，而采用现行技术，特别是LED，很难获得高的比特速率（$>10Mb/s$），尽管如此，红外无线 LAN 仍是目前"100Mb/s 以上,性能价格比高的网络"可行的选择。

1.4.3 扩展频谱局域网技术

扩展频谱(Spread Spectrum)技术是一种常用的无线通讯技术，简称展频技术。展频技术的无线局域网络产品是依据 FCC（Federal Communications Committee，美国联邦通信委员会）规定的 ISM（Industrial，Scientific and Medical，工业、科学、医疗），频率范围开放在 902～928 MHz 及 2.4～2.484 GHz 两个频段，所以并没有所谓使用授权的限制。展频技术主要又分为跳频技术和直接序列两种方式。

1. 跳频技术（FHSS）

跳频技术（Frequency-Hopping Spread Spectrum，FHSS）在同步且同时的情况下，接受两端以特定形式的窄频载波来传送信号，对于一个非特定的接受器，FHSS 所产生的跳动信号对它而言，也只算是脉冲噪声。FHSS 所展开的信号可依特别设计来规避噪声或 One-to-Many 的非重复的频道，并且这些跳频信号必须遵守 FCC 的要求，使用 75 个以上的跳频信号、且跳频至下一个频率的最大时间间隔(Dwell Time)为 400ms。

2. 直接序列展频技术（DSSS）

直接序列展频技术（Direct Sequence Spread Spectrum，DSSS）是将原来的信号 1 或 0，利用 10 个以上的 chips 来代表 1 或 0 位，使得原来较高功率、较窄的频率变成具有较宽频的低功率频率。而每个比特使用多少个 chips 称做 Spreading chips，一个较高的 Spreading chips 可以增加抗噪声干扰，而一个较低 Spreading Ration 可以增加用户的使用人数。基本上，在 DSSS 的 Spreading Ration 是相当少的。例如，在几乎所有 2.4GHz 的无线局域网络产品所使用的 Spreading Ration 皆少于 20；而在 IEEE 802.11 的标准内，其 Spreading Ration 大约在 100 左右。

无线局域网络在性能上的差异，主要取决于所采用的是 FHSS 还是 DSSS 来实现，以及所采用的调变方式。截至目前，若以现有的产品参数详加比较，可以看出 DSSS 技术在需要最佳可靠性的应用中具有较强的优势，而 FHSS 技术在需要低成本的应用中较占优势。我们在选择无线产品时，需要注意的是厂商在 DSSS 和 FHSS 展频技术的选择，必须要审慎端视产品在市场的定位而定，因为它可以解决无线局域网络的传输能力及特性，包括：抗干扰能力、使用距离范围、频宽大小及传输资料的大小。

一般而言，DSSS 由于采用全频带传送资料，速度较快，未来可开发出更高传输频率的潜力也较大。DSSS 技术适用于固定环境或对传输品质要求较高的应用中，因此，无线厂房、无线医院、网络社区、分校连网等应用，大都采用 DSSS 无线技术产品。FHSS 则大都使用于需快速移动的端点，如行动电话在无线传输技术部分即是采用 FHSS 技术，且因 FHSS 传输范围较小，所以往往在相同的传输环境下，所需要的 FHSS 技术设备要比 DSSS 技术设备多，在整体价格上，可能也会比较高。以目前企业需求来说，高速移动端点应用较少，而大多较注重传输速率及传输的稳定性，所以未来无线网络产品发展应会以 DSSS 技术为主流。

用户选购无线局域网络时需要特别注意下列特性，以决定自己合适的产品，如包括：涵盖范围、传输率、受 Multipath 影响程度、提供资料整合程度、和有线的基础设施之间的互操性、和其他无线的基础设施之间的互操性、抗干扰程度、保密能力、电流消耗情况等。

1.5 网络协议

通俗地说，网络协议就是网络之间沟通、交流的桥梁，只有相同网络协议的计算机才能进行信息的沟通与交流。这就好比人与人之间交流所使用的各种语言一样，只有使用相同语言才能正常、顺利地进行交流。从专业角度定义，网络协议是计算机在网络中实现通信时必须遵守的约定，也就是通信协议。主要是对信息传输的速率、传输代码、代码结构、传输控制步骤、出错控制等作出规定并制定出标准。

网络协议是网络上所有设备（网络服务器、计算机及交换机、路由器、防火墙等）之间通信规则的集合，它定义了通信时信息必须采用的格式和这些格式的意义。大多数网络都采用分层的体系结构，每一层都建立在它的下层之上，向它的上一层提供一定的服务，而把如何实现这一服务的细节对上一层加以屏蔽。一台设备上的第 n 层与另一台设备上的第 n 层进行通信的规则就是第 n 层协议。在网络的各层中存在着许多协议，接收方和发送方同层的协议必须一致，否则一方将无法识别另一方发出的信息。网络协议使网络上各种设备能够相互交换信息。常见的协议有：TCP/IP 协议、IPX/SPX 协议、NetBEUI 协议等。在局域网中用得的比较多的是 IPX/SPX。用户如果访问 Internet，则必须在网络协议中添加 TCP/IP 协议。

TCP/IP（Transmission Control Protocol/Internet Protocol，传输控制协议/互联网络协议），是一种网络通信协议，它规范了网络上的所有通信设备，尤其是一个主机与另一个主机之间的数据往来格式以及传送方式。TCP/IP 是 Internet 的基础协议，也是一种电脑数据打包和寻址的标准方法。在数据传送中，可以形象地理解为有两个信封，TCP 和 IP 就像是信封，要传递的信息被划分成若干段，每一段塞入一个 TCP 信封，并在该信封封面上记录有分段号的信息，再将 TCP 信封塞入 IP 大信封，发送上网。在接收端，一个 TCP 软件包收集信封，抽出数据，按发送前的顺序还原，并加以校验，若发现差错，TCP 将会要求重发。因此，TCP/IP 在 Internet 中几乎可以无差错地传送数据。对普通用户来说，并不需要了解网络协议的整个结构，仅需了解 IP 的地址格式，即可与世界各地进行网络通信。

IPX 协议是 Novell NetWore 自带的最底层网络协议，主要用来控制局域网内或局域网之间数据包的寻址和路由，只负责数据包在局域网中的传送，并不保证消息的完整性，也不提供纠错服务。而 SPX 是基于施乐的 Xerox SPP（Sequenced Packet Protocol，顺序包协议），也是由 Novell 公司开发出来应用于局域网的一种协议，在局域网中，SPX 协议主要负责对整个传输的数据进行无差错处理，即纠错。它和 TCP/IP 的一个显著不同就是它不使用 IP 地址，而是使用网卡的物理地址即 MAC 地址。在实际使用中，它基本不需要什么设置，装上就可以使用了。由于其在网络普及初期发挥了巨大的作用，所以得到了很多厂商的支持，包括 microsoft 等，到现在很多软件和硬件也均支持这种协议。

NetBEUI（NetBios Enhanced User Interface，NetBios 增强用户接口）。它是 NetBios 协议的增强版本，曾被许多操作系统采用，例如 Windows for Workgroup、Windows 9x 系列、Windows NT 等。NeTBEUI 协议在许多情形下很有用，是 Windows 98 之前的操作系统的默认协议。总之 NetBEUI 协议是一种短小精悍、通信效率高的广播型协议，安装后不需要进行设置，特别适合于在"网络邻居"传送数据。所以建议除了 TCP/IP 协议之外，局域网的计算机最好也安装上 NetBEUI 协议。另外还有一点要注意,如果一台只装了 TCP/IP 协议的 Windows 98 计算机要想加入到 WINNT 域,也必须安装 NetBEUI 协议。

一个网络协议至少包括三要素:
- 语法　确定协议元素的类型,即规定通信双方彼此"讲什么",如规定通信双方要发出的控制信息、执行的动作和相应的响应等。
- 语义　确定协议元素的格式,即通信双方彼此"如何讲",如确定数据和控制信息的格式。
- 时序　规定了信息交流的次序。

1.6　IP 地址与子网掩码

1.6.1　IP 地址

在因特网中有无数台网络主机,而每台主机都会被分配一个全球范围内唯一的地址来标识。在 TCP/IP 结构体系中为每台主机分配的是一个 32 位的标识符,这一标识符便称为 IP 地址。

1. IP 地址的组成

每个 IP 地址分成两部分:网络 ID(也称网络地址)和主机 ID(也叫做主机地址),目前主流的 IP 地址共占 4 个字节(称为 IPv4),即 32 位。

为了使 32 位二进制位的 IP 地址形式更容易书写和阅读,通常将每 8 位二进制数写成十进制形式,中间用小圆点分隔,这种方法叫做点分十进制法。由于每个十进制数占一个字节,因此一个十进制数的取值范围为 0~255,例如某一个 IP 地址为 192.168.1.56。

2. IP 地址的分类

在实际网络中,有的网络拥有很多主机,而有的网络上的主机则很少,为了便于识别与管理,TCP/IP 对 IP 地址进行了分类,如图 1-9 所示。

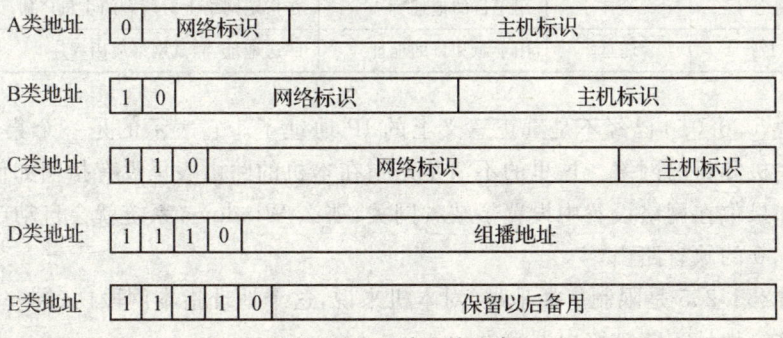

图 1-9　IP 地址的分类

(1) A 类地址

A 类地址的第一位二进制位为 0,第一个字节段表示网络标识,后三个字节段表示主机标识。它允许 126 个网络(2^7-2),每个网络大约有 1 670($2^{24}-2$)多万台主机。编址范围为 0.0.0.1~126.255.255.254。

(2) B 类地址

B 类地址的前两位二进制位为 10,前两个字节段表示网络标识,后两个字节段表示主机标识。它允许 16 384($2^{14}-2$)个网络,每个网络大约有 65 000($2^{16}-2$)台主机。编址范围为 128.0.0.1~191.255.255.254。

(3) C 类地址

C 类地址的前三位二进制位为 110,前三个字节段表示网络标识,后一个字节段表示主机标识。它允许 200($2^{21}-2$)多万个网络,每个网络大约有 254(2^8-2)个主机。编址范围为 192.0.0.1~223.255.255.254。

(4) D 类地址

D 类地址的前 4 位二进制位为 1110,剩下的字节为组播地址。

(5) E 类地址

E 类地址的前 5 位二进制位为 11110,剩下的字节为保留部分,以备日后扩充使用。

3. 特殊 IP 地址

在 IP 地址中还有一些特殊地址,这些地址有着特殊的意义,如表 1-4 所列。

表 1-4 特殊 IP 地址

网络标识	主机标识	使用方法	意义
全 0	全 0	用于源地址	代表本网络的本主机
全 0	主机号	用于源地址	代表本网络的某主机
网络号	全 0	用于源地址	代表指定的某网络
全 1	全 1	用于目的地址	在本网络上对所有主机广播
网络号	全 1	用于目的地址	在指定网络上对所有的主机广播
127	任意	用于源和目的地址	回送地址,测试网络应用程序

严格来说,0.0.0.0 已经不是真正意义上的 IP 地址了。它表示的是一个集合,包括了所有不清楚的主机和目的网络。这里的不清楚是指在本机的路由表里没有指明如何到达的主机或者网络。如果你在网络设置中设置了缺省网关,那么 Windows 系统就会自动产生一个目的地址为 0.0.0.0 的缺省路由。

255.255.255.255 是限制广播地址,对本机来说,这个地址指本网段内(同一个广播域)的所有主机。这个地址不能被路由器转发。

127.0.0.1 是指本机地址,主要用于测试。在 Windows 系统中,这个地址还有种说法为"localhost"。这样一个地址是不能把它发到网络接口的,除非发生了差错,否则在传输介质上永远不应该出现目的地址为 127.0.0.1 的数据包。

224.0.0.1 是组播地址,注意它和广播地址的区别。从 224.0.0.0～239.255.255.255 都是这样的地址。224.0.0.1 特指所有主机,224.0.0.2 特指所有路由器。这类地址是用于一些特定的应用程序以及多媒体程序。如果主机开启了 IRDP(Internet 路由发现协议)功能,那么主机路由表中应该有这样一条路由。

169.254.*.* 如果主机使用了 DHCP 功能自动获得一个 IP 地址,那么当 DHCP 服务器发生故障或响应时间太长而超出系统规定的时间时,Windows 系统会为该主机分配这样一个地址。如果发现主机 IP 地址是这类地址,那么这个网络已经不能正常运行了。

10.*.*.*,172.16.*.*～172.31.*.*,192.168.*.* 是私有地址,这些地址被大量用于企业内部网络中。一些宽带路由器,也往往使用 192.168.1.1 作为缺省地址。私有网络由于不与外部互连,因而可能使用随意的 IP 地址。保留这样的 IP 地址用来使用是为了避免以后接入公网时引起地址混乱。如果私有地址想接入 Internet 时,就要使用网络地址转换(NAT),将私有地址转换成公用合法的地址。而在 Internet 上,是不会出现这类地址的。

对一台网络上的主机来说,它可以正常接收的合法地址有三种:本机的 IP 地址,广播地址以及组播地址。

1.6.2 子网掩码

子网掩码是一个 32 位二进制数,用于屏蔽 IP 地址的一部分以区别网络地址和主机地址。

Internet 组织机构定义了 5 种 IP 地址,用于主机的有 A、B、C 三类地址。其中 A 类网络有 126 个,每个 A 类网络可能有 1 670 多万台主机,它们处于同一广播域。而在同一广播域中有这么多结点是不可能的,网络会因为广播通信而饱和,结果造成 1 670 多万个地址大部分没有分配出去,从而形成了浪费。而另一方面,随着互连网应用的不断扩大,IP 地址资源越来越少。为了实现更小的广播域并更好地利用主机地址中的每一位,可以把基于类的 IP 网络进一步分成更小的网络,每个子网由路由器界定并分配一个新的子网网络地址,子网地址是借用基于类的网络地址的主机部分创建的。划分子网后,通过使用掩码,把子网隐藏起来,使得从外部看网络没有变化,这就是子网掩码。

RFC 950 定义了子网掩码的使用,子网掩码是一个 32 位的二进制数,其对应网络地址的所有位置为 1,对应于主机地址的所有位都置为 0。由此可知,A 类网络的缺省的子网掩码是 255.0.0.0,B 类网络的缺省的子网掩码是 255.255.0.0,C 类网络的缺省的子网掩码是 255.255.255.0。将子网掩码和 IP 地址按位进行逻辑"与"运算,得到 IP 地址的网络地址,剩下的部分就是主机地址,从而区分出任意 IP 地址中的网络地址和主机地址。子网掩码常用点分十进制表示,我们还可以用网络前缀法表示子网掩码,即"/<网络地址位数>"。如

156.56.0.0/16 表示 B 类网络 156.56.0.0 的子网掩码为 255.255.0.0。

子网掩码告知路由器,地址中的哪一部分是网络地址,哪一部分是主机地址,使路由器正确判断任意 IP 地址是否是本网段的,从而正确地进行路由。例如,有两台主机,主机一的 IP 地址为 222.22.161.7,子网掩码为 255.255.255.192,主机二的 IP 地址为 222.22.161.74,子网掩码为 255.255.255.192。现在主机一要给主机二发送数据,先要判断两个主机是否在同一网段。

主机一
222.22.161.7 即：11011110.00010110.10100001.00000111
255.255.255.192 即：11111111.11111111.11111111.11000000
按位逻辑与运算结果为：11011110.00010110.10100001.00000000

主机二
222.22.161.74 即：11011110.00010110.10100001.01001010
255.255.255.192 即：11111111.11111111.11111111.11000000
按位逻辑与运算结果为：11011110.00010110.10100001.01000000

两个结果不同,也就是说,两台主机不在同一网络中,主机一的数据需先发送给默认网关,然后再发送给主机二所在的网络。那么,假设主机二的子网掩码误设为 255.255.255.128,会发生什么情况呢？

让我们将主机二的 IP 地址与错误的子网掩码相"与"：
222.22.161.74 即：11011110.00010110.10100001.01001010
255.255.255.128 即：11111111.11111111.11111111.10000000
结果为：11011110.00010110.10100001.00000000

这个结果与主机一的网络地址相同,主机一与主机二将被认为处于同一网络中,数据不再发送给默认网关,而是直接在本网内传送。由于两台主机实际并不在同一网络中,数据包将在本子网内循环,直到超时并抛弃。数据不能正确到达目的主机,导致网络传输错误。

反过来,如果两台主机的子网掩码原来都是 255.255.255.128,误将主机二的设为 255.255.255.192,主机一向主机二发送数据时,由于 IP 地址与错误的子网掩码相与,误认网两台主机处于不同网络,则会将本来属于同一子网内的机器之间的通信当作是跨网传输,数据包都交给缺省网关处理,这样势必增加缺省网关的负担,造成网络效率下降。所以,子网掩码不能任意设置,子网掩码的设置关系到子网的划分。

1.6.3 子网划分与掩码的设置

子网划分是通过借用 IP 地址的若干位主机位来充当子网地址从而将原网络划分为若干子网而实现的。划分子网时,随着子网地址借用主机位数的增多,子网的数目随之增加,而每个子网中的可用主机数逐渐减少。以 C 类网络为例,原有 8bit 主机位,2^8 即 256 个主机地址,默认子网掩码 255.255.255.0。借用 1bit 主机位，产生 2^1 个子网，每个子网有 2^7 个主机地址；借用 2bit 主机位，产生 2^2 个子网，每个子网有 2^6 个主机地址……根据子网 ID 借用的主机位数，我们可以计算出划分的子网数、掩码、每个子网主机数。

需要注意的是，若子网占用 7 位主机位时，主机位只剩一位，无论设为 0 还是 1，都意味着主机位是全 0 或全 1。由于主机位全 0 表示本网络，全 1 留作广播地址，这时子网实际没有可用主机地址，所以主机位至少应保留 2bit。

下面总结一下子网划分的步骤或者说子网掩码的计算步骤：
- 确定要划分的子网数目以及每个子网的主机数目。
- 求出子网数目对应二进制数的位数 N 及主机数目对应二进制数的位数 M。
- 对该 IP 地址的原子网掩码，将其主机地址部分的前 N 位置 1 或后 M 位置 0 即得出该 IP 地址划分子网后的子网掩码。

例如，对 B 类网络 134.40.0.0/16 需要划分为 20 个能容纳 200 台主机的网络。因为 16＜20＜32，即 2^4＜20＜2^5，所以，子网位只须占用 5bit 主机位就可划分成 32 个子网，可以满足划分成 20 个子网的要求。B 类网络的默认子网掩码是 255.255.0.0，转换为二进制为 11111111.11111111.00000000.00000000。现在子网又占用了 5 位主机位，根据子网掩码的定义，划分子网后的子网掩码应该为 11111111.11111111.11111000.00000000，转换为十进制应该为 255.255.248.0。现在我们再来看一看每个子网的主机数。子网中可用主机位还有 11bit，2^{11}＝2048，去掉主机位全 0 和全 1 的情况，还有 2046 个主机 ID 可以分配，而子网能容纳 200 台主机就能满足需求，按照上述方式划分子网，每个子网能容纳的子网数目远大于需求的主机数目，造成了 IP 地址资源的浪费。为了更有效地利用资源，我们也可以根据子网所需主机数来划分子网。还是以上例来说，128＜200＜256，即 2^7＜200＜2^8，也就是说，在 B 类网络的 16 位主机位中，保留 8bit 主机位，其他的 16－8 即 8 位当成子网位，可以将 B 类网络 134.？40.0.0 划分成 256(2^8)个能容纳 256－1－1－1 即 253 台(去掉全 0 全 1 情况和留给路由器的地址)主机的子网。此时的子网掩码为 11111111.11111111.11111111.00000000，转换为十进制为 255.255.255.0。

在上例中，我们分别根据子网数和主机数划分了子网，得到了两种不同的结果，都能满足要求，实际上，子网占用 5～8bit 主机位时所得到的子网都能满足上述要求，那么，在实际工作中，应按照什么原则来决定占用几位主机位呢？

在划分子网时，不仅要考虑目前需要，还应了解将来需要多少子网和主机。对子网掩码使用必须要占用更多的主机位，得到更多的子网，节约了 IP 地址资源，若将来需要更多子网时，不用再重新分配 IP 地址，但每个子网的主机数量有限；反之，子网掩码使用较少的主机位，每个子网的主机数量允许有更大的增长，但可用子网数量有限。一般来说，一个网络中的节点数太多，网络会因为广播通信而饱和，所以，网络中的主机数量的增长是有限的，也就是说，在条件允许的情况下，会将更多的主机位用于子网位。

综上所述,子网掩码的设置关系到子网的划分。子网掩码设置的不同,所得到的子网不同,每个子网能容纳的主机数目也不同。若设置错误,可能导致数据传输错误。

1.7 局域网常用的操作系统

1.7.1 Windows Server 2003

1. Windows Server 2003 功能和版本细分

Microsoft Windows Server 2003 是 Microsoft Windows Server System 的基础。它是 Microsoft 迄今为止推出的最为安全和可靠的服务器操作系统,并且为 IT、应用程序和信息工作者基础结构提供了统一的公共服务层,该产品包括如下服务功能:

- 公共的应用程序编程模型
- 公共的目录和安全性模型
- 公共的数据服务
- 集成化的缓存
- 集成化的分布式事务管理
- 集成化的诊断功能
- 集成化的管理服务
- 集成化的媒体和协作服务

此外,Windows Server 2003 还在简化产品的部署和使用方面进行了显著改进,以降低系统复杂性并因而降低整个 IT 环境的成本。Windows Server 2003 产品家族可以满足从中小型企业到数据中心的各种组织机构的需求,主要分成如下 4 种版本:

- Windows Server 2003,Datacenter Edition,面向最高级别的伸缩性和可靠性。
- Windows Server 2003,Enterprise Edition,面向任务关键级服务器的工作负载。
- Windows Server 2003,Standard Edition,面向部门级和标准的工作负载。
- Windows Server 2003,Web Edition,面向 Web 服务和托管。

2. Windows Server 2003 主要新增功能

(1) ADMT 2.0 版本。ADMT 2.0 现在允许从 Windows NT 4.0 域到 Windows 2000 和 Windows Server 2003 域,或者从 Windows 2000 域到 Windows Server 2003 域的口令的迁移。

(2) 重命名域。支持对当前森林中域的 DNS 名称与 NetBIOS 名称的更改,并且保证了森林仍然是"结构良好"的。管理员在活动目录部署后调整结构时有了更大的灵活性。可以对最初的设计进行修正,这使得企业在发生合并或重组时更容易改变现有的目录结构。

(3) 组策略的改进。微软的组策略管理控制台(GPMC)提供了一个管理所有与组策略相关任务的工具。GPMC 使得管理员可以在一个森林中的多个站点或域中来管理组策略,所有这些操作都通过一个支持拖曳功能的简化的用户界面(UI)进行。它包括一些新的功能比如对于活动目录对象(GPO)的备份、恢复、导入、复制和报告。这些操作是完全脚本化的,从而使管理员可以实现自定义和自动的管理。这些特性也可以使组策略更加易用,帮助你更加经济高效地管理企业。

(4) 跨森林验证。跨森林验证使得在用户账户位于一个森林而计算机账户位于另一个森林的情况下能够安全的访问资源。这个特性允许用户在不牺牲单一登录机制的前提下通过使用 Kerberos 或者 NTLM 来安全地访问另一个森林中的资源,而由于只存在一个需要维护的用户 ID 和口令,管理也被大大简化了。

(5) 支持更大的集群。Windows Server 2003 数据中心版所最大支持的节点数目已从 Windows 2000 的 4 个节点增加到 8 个节点。Windows Server 2003 企业版所最大支持的节点数目已从 Windows 2000 的 2 个节点增加到 8 个节点。通过增加服务器集群的节点数目,管理员在部署应用和提供容错策略时有了更多的选择以匹配商务需求和风险要求。像传统的节点与/或应用失效转移一样,大的服务器集群提供了更高的灵活性以建立多站点、地理分散的集群来提供容错能力。

(6) 64 位服务。服务器集群完全支持运行 64 位 Windows Server 2003 的计算机。其应用可以受益于 64 位 Windows Server 2003 操作系统增加的内存地址,也能够受益于灾难转移所提供的高可用性。

(7) 增强的分布式文件系统(DFS)。DFS 可以帮助你在多重物理系统之外创建逻辑文件系统,便于用户使用。通过 DFS 用户可以创建单一的在组、部门或企业内的包括多重文件服务器的文件共享目录树,使用户能够轻松地寻找分布在网络任何地方的文件或文件夹。使用活动目录服务,DFS 共享可以作为卷对象发布并被委派管理。DFS 通过指定的路径,利用最近的活动目录站点计数发送到距离文件服务器最近的客户端。Windows Server 2003 系统提供了多重的 DFS 根。

(8) 网际协议 version 6(IPv6)。IPv6 是 TCP/IP 协议网络层协议的下一版。IPv6 解决了 IPv4 中的现存的有关地址损耗、安全、自动配置、延展性等问题。Windows Server 2003 提供的 IPv6 协议驱动很高的产品质量、有效性、广泛的 API 支持(Windows Sockets, remote procedure call [RPC], and IPHelper)以及 IPv6 系统元件。同时 IPv6 为 IPv6/IPv4 共存技术例如 6-4 及 Intra-site Automatic Tunnel Addressing Protocol (ISATAP)。

(9) 网际协议安全 over NAT(IPSec)。The difficulty of using 跨越 NAT 使用基于 IPSec 的 VPN 或 IPSec 保护应用程序的困难已经被消除了。Windows Server 2003 允许二层隧道协议(L2TP) over IPSec (L2TP/IPSec)或 IPSec 连接通过 NAT。这种能力基于最新的 IETF 标准作业。管理员也可以使用这个特性在没有向 VPN 服务器要求的情况下,周围网络 Microsoft Exchange 服务器与内部网运行 Exchange 服务器安全的进行交换,以及安全进行周围网络应用服务器与在 Internet 上的伙伴应用服务器交换。

(10) Internet 连接防火墙。Windows Server 2003 将使用基于软件的防火墙以提供 Internet 安全,称其为 Internet 连接防火墙(ICF)。ICF 可为直接连到 Internet 上的计算机和位于 Internet 连接共享主机(ICS)后面的计算机提供保护。

1.7.2 UNIX 网络操作系统

UNIX 从诞生至今已有近 30 年的历史了,它是一个多用户、多任务的网络操作系统。UNIX 系统长期受到计算机界的支持和欢迎。20 世纪 80 年代,它在商业中也获得了成功。UNIX 的确是一种优秀的网络操作系统,其内部采用的是一种层次结构,如图 1-10 所示。

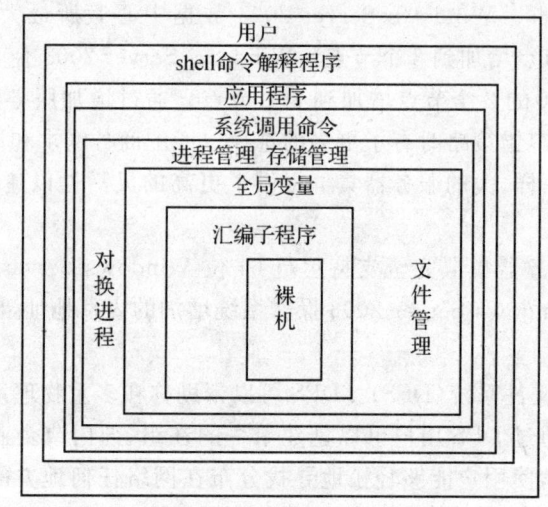

图 1-10 UNIX 系统的层次结构

UNIX 网络操作系统不仅可在微型计算机上运行,而且也支持在大中小型机上运行。在微型计算机上运行主要采用的是 UNIX System V 版本,而在大中小型机上运行主要采用 UNIX BSD 版本。虽然从版本上看,UNIX 只有两个重要的分支,但从实际的 UNIX 产品来看,却有许多类型:Linux、Solaris、SCO UNIX、Digital、UNIX、HP UNIX、IBM AIX、Deliant UNIX 等。

UNIX 系统的功能主要体现在:实现网络内点到点的邮件传送、文件管理、用户程序的分配和执行。正是 UNIX 系统的强大功能和可依赖的稳定性,使得其在市场上一直占有主导地位。虽然 Internet 于 1995 年开始风靡,但是,UNIX 正是 Internet 的起源,所以要建立 Internet/Intranet 应用项目,UNIX 网络操作系统仍是主要的选择对象。

UNIX 支持网络文件系统(NFS),对于熟悉 DOS、Windows 的用户来讲,必须购买并安装相应的 NFS 软件,才能透明、方便地访问 UNIX 服务器上的目录资源。

1.7.3　Redhat Linux

1994年，Young和Mark Ewing创建了Red Hat公司，并创造了全球使用最广泛的Red Hat Linux套件，为Linux的普及奠定了基础。Red Hat取得了辉煌的成绩，甚至许多Linux发行公司还采用了许多Red Hat Linux的代码，如Mandrake、SOT Best、Connectiva、Abit和Kondara。可以说，Red Hat在某种意义上几乎成了Linux的代名词。

近年来，Linux已成为一个强大而又新颖的类UNIX操作系统，其流行性甚至超过了它的前辈UNIX。虽然在许多方面Linux都模仿了UNIX，但在某些重要方面却与UNIX不同。如：Linux内核是独立于BSD和System V实现的；Linux进一步的发展是在世界各地精英的共同努力下进行的；Linux还使得商业人士和个人计算机用户很容易地获得UNIX的功能。

(1) 应用。Linux在实际应用中有着很多的选择，可在免费版和商业版间选择，也可在多种工具中选择，如图形、文字处理、网络、安全、管理、Web服务器等工具。一些较大的软件公司已经发现支持Linux可带来利润，并且雇佣了大量的专职程序员对Linux内核、GNU、KDE等其他一些运行在Linux上的软件进行设计和编码。例如，IBM（www.ibm.com/linux）公司就是其中一个主要的支持商。Linux越来越符合POSIX标准，有些发布版的部分内容与该标准一致。这些事实表明Linux将越来越成为主流，并且与其他流行的操作系统相比，它无疑也是非常具有吸引力的。

(2) 外围设备。Linux另一个吸引用户的方面在于它支持外围设备的范围之广和对新外围设备速度的支持。Linux经常是在其他公司之前提供对外围设备和接口卡的支持。遗憾的是，某些类型的外围设备（尤其是专有显卡）制造商不能及时地发行相关规范和驱动程序源代码，这使得Linux对它们的支持将有所落后。

(3) 软件。此外，大量的可用软件对用户来说是同样重要的。不仅要有这些软件的源代码（需要编译），还要有预先编译好、并且容易安装和运行的二进制文件。只有自由软件是不够的。例如，Netscape最初是在Linux下使用，而且Linux在许多商业卖主之前提供了对Java的支持。现在，作为Netscape的同胞Mozilla，也是一个很好的浏览器，它的邮件客户端、新闻阅读器等功能都不错。

(4) 平台。Linux并不仅仅基于Intel平台，它还可以移植并运行在Power PC上，如Apple机（ppclinux）、基于Alpha的Compaq机（née数字设备公司）、基于MIPS的计算机、基于Motorola 68K的计算机和IBM S/390机。并且Linux不仅仅运行在单处理器的计算机上，版本2.0还可运行在多处理机（SMP）上。Linux的版本2.5.2包括一个O(1)调度器，该调度器可明显增加在SMP计算机上的可伸缩性。

(5) 模拟器。Linux还支持运行在其他操作系统上的程序模拟器。通过使用这些模拟器，能在Linux下运行DOS、Windows和Macintosh程序。Wine（www.winehq.com）是Windows API在X和UNIX/Linux上的开源实现。QEMU是一个仅对CPU模拟的模拟器，它可在非 x86 的 Linux 系统下执行 x86 的 Linux 二进制文件。

1.7.4 Novell Netware

NetWare 是 20 世纪 90 年代最流行的网络操作系统,它属于层次式的网络操作系统,但其霸主的地位正受到 Windows NT 的威胁。NetWare 是 32 位实时、多任务网络系统,是基于模块设计思想的开放式系统结构。

NetWare 由两部分组成:
- NetWare 核心部件运行在文件服务器上,包括内存管理程序、文件系统管理程序、进程调度程序等。
- NetWare Shell——外壳程序,它作为用户的接口,运行在用户工作站上。它对用户命令进行解释,是 DOS 命令则进入 DOS,执行本地 DOS 功能;是网络请求则将其转换后送到文件服务器。同时,它也接收并解释来自网络服务器的信息,并把它变为用户所需要的形式。

NetWare 是一种基于服务器的网络操作系统,采用层次结构模式,侧重于服务器的网络文件系统以及网络管理功能。

NetWare 之所以成为流行的网络操作系统,主要原因是 NetWare 网络操作系统具有如下的功能:
- NetWare 系统的开放性。NetWare 系统对不同的工作平台(如 DOS、OS/2、Macintosh、Windows 等)、不同网络协议环境(如 IPX/SPX、TCP/IP、AppleTalk),以及不同工作站操作系统提供了一致的服务。
- NetWare 系统的安全性。NetWare 系统为用户提供了完善的安全措施。它包括用户密码、目录的权限、文件和目录的属性,以及对用户登录工作站点及时间的限制。
- NetWare 系统的容错性。NetWare 系统提供了可靠的容错措施。可分为以下 5 个级别:
  - ◆ 第 1 级是硬盘目录和文件分配表的保护。
  - ◆ 第 2 级是硬盘表面损坏时的数据保护。
  - ◆ 第 3 级是 SFT。NetWare 采用磁盘镜像的方法实现硬盘驱动器损坏的保护。
  - ◆ 第 4 级是采用磁盘双工,当磁盘通道或硬盘驱动损坏时起保护作用。
  - ◆ 第 5 级是设置事务跟踪系统 TTS(transaction tracking system),用以防止当数据在写到数据库时,因系统故障而造成的数据库损坏。
- NetWare 服务器可提供给主机 4 个网卡所需要的资源,4 个不同的 LAN 在 NetWar 服务器中物理上可以连在一起。对于多个 LAN 的情况,NetWare 服务器中具有一个内部路由器,用来选择路径。
- NetWare 是出色的文件服务系统,它直接对微处理器编程。

- 支持多种硬件。
- 系统中保密、安全性好，支持不同特性的网络互连。

习　题

一、填空题

1. 计算机网络最主要的功能是资源共享，有三类资源可以共享，分别是硬件资源、（　　）和（　　）。
2. 在（　　）的基础上建立管理信息系统，是企业管理的基本前提和特征。
3. 网络拓扑结构主要有（　　）、星形、环形、（　　）、混合型和网状。
4. 展频技术主要又分为（　　）和（　　）两种方式。
5. IP 地址由（　　）和（　　）两部分组成。

二、问答题

1. 计算机网络有哪些主要功能？
2. 计算机网络有哪些资源可以共享？试举例说明？
3. 试列举一些计算机网络的应用案例。
4. 局域网有哪些特点？
5. 描述 CSMA/CD 的简单原理。
6. 以光纤作为传输媒体具有哪些优点？
7. IP 地址的作用是什么？
8. IP 地址分为哪几类？192.168.2.23 是哪类地址？
9. 子网掩码的作用是什么？拥有相同子网掩码的主机在同一个网络中吗？

第二部分

网络与系统基础篇

第2章 注册表

　　从 Windows 95 开始，Microsoft 公司在 Windows 中引入了注册表（Registry）的概念。注册表是 Windows 核心数据库，表中存放着各种参数，直接控制着 Windows 的启动、硬件驱动程序的装载以及一些 Windows 应用程序运行的正常与否。如果该注册表由于某种原因受到了破坏，轻者使 Windows 的启动过程出现异常，重者可能会导致整个 Windows 系统的完全瘫痪。因此正确地认识、修改、及时备份以及有问题时恢复注册表，对 Windows 用户来说就显得非常重要了。

2.1 注册表的结构

　　Windows 的注册表有 5 大根键，相当于一个硬盘被分成了 5 个分区。
　　在"运行"中输入 Regedit，然后单击"确定"按钮，则可以运行注册表编辑器。
　　注册表的根键共 5 个。这些根键都是大写的，并以 HKEY_ 为前缀。这种命令约定是以 Win32 API 的 Registry 函数的关键字的符号变量为基础的。
　　在注册表中，虽然 5 个根键看上去处于一种并列的地位且彼此毫无关系。但事实上，HKEY_CLASSES_ROOT 和 HKEY_CURRENT_CONFIG 中存放的信息都是 HKEY_LOCAL_MACHINE 中存放的信息的一部分，而 HKEY_CURRENT_USER 中存放的信息只是 HKEY_USERS 中存放的信息的一部分。

2.2 5 大根键的作用

　　在注册表中，所有的数据都是通过一种树形结构以键和子键的方式组织起来，十分类似于目录结构。每个键都包含了一组特定的信息，每个键的键名都是和它所包含的信息相关的。如果这个键包含子键，则在注册表编辑器窗口中代表这个键的文件夹的左边将有"＋"符号，以表示在这个文件夹中有更多的内容。

1. HKEY_USERS

　　该根键保存了存放在本地计算机口令列表中的用户标识和密码列表。每个用户的预配置信息都存储在 HKEY_USERS 根键中。HKEY_USERS 是远程计算机中访问的根键之一。

2. HKEY_CURRENT_USER

该根键包含本地工作站中存放的当前登录的用户信息,包括登录用户名和暂存的密码。

3. HKEY_CURRENT_CONFIG

该根键存放着定义当前用户桌面配置的数据,最后使用的文档列表(MRU)和其他有关当前用户的安装信息。

4. HKEY_CLASSES_ROOT

根据系统安装的应用程序的扩展名,该根键指明其文件类型的名称。

5. HKEY_LOCAL_MACHINE

该根键存放本地计算机硬件数据,其下的子关键字包括在 SYSTEM.DAT 中。该根键中的许多子键与 System.ini 文件中的设置项类似。

2.3 注册表实例

★ 在 IE 右下角那个地球的旁边添加广告(时间的上面)

找到[HKEY_CURRENT_USER\Software\Microsoft\Windows\CurrentVersion\Internet Settings\Zones\3]下"DisplayName"="你想写的东西"。

★ 禁止下载

注册表:HKEY_USERS\\DEFAULT\\Software\\Microsoft\\Windows\\CurrentVersion\\Internet Settings\\Zones\\3\\1803,键值为 3 即禁止下载,为 0 是允许下载。

★ 禁止打开任何文件夹

在 HKEY_CLASSES_ROOT\Folder\shell\open\ddeexec 下,在右边的窗口中修改字符串:"(默认)"的值设为"rem [ViewFolder("%1", %I, %S)]";同时在 HKEY_CLASSES_ROOT\Folder\shell\explore\ddeexec 下在右边的窗口中修改字符串:"(默认)"的值设为"rem [ViewFolder("%1", %I, %S)]"。

★ 开机时自动登录系统

在 HKEY_LOCAL_MACHINE\Software\Microsoft\Windows\CurrentVersion\Winlogon 下,在右边的窗口中创建字符串值:"AutoAdminLogon",并将其值设为"1";还创建字符串值"DefaultPassword",其值为登录时的密码;仍创建字符串值:"DefaultUserName",其值为登录时所用的用户名。

★ 添加或删除启动时自动运行的程序

在 HKEY_LOCAL_MACHINE\Software\Microsoft\Windows\CurrentVersion\下,用鼠标单击"RUN"按钮,在右边的窗口中,按相应的方法添加或删除启动时自动运行的程序。

★ 隐藏快捷方式的小箭头

HKEY_LOCAL_MACHINE\SOFTWARE\Microsoft\Windows\CurrentVersion\Explorer\Shell Icons 在右边的窗口中新建字符串值："%WINDIR%\SYSTEM\docprop.dll,1"，设置其值为："29"。

★ 禁止名称有"快捷方式"4个字

HKEY_CURRENT_USER\Software\Microsoft\Windows\CurrentVersion\Explorer 在右边的窗口中新建一个二进制值"link"，并设其值为"00 00 00 00"。

★ "红心接龙"游戏作弊

在 HKEY_USERS\.DEFAULT\Software\Microsoft\Windows\CurrentVersion\Applets\Hearts 下，在右边窗口中新建字符串"zb"，设其值为"42"。

★ 清除"开始"中的"运行"的历史记录

HKEY_CURRENT_USER\Software\Microsoft\Windows\CurrentVersion\Explorer\RunMRU 删除右边窗口中的"a,b,c,d,..."，即可删除历史记录。

★ 给"回收站"改名、改图标

HKEY_CLASSES_ROOT\CLSID\{645FF040-5081-101B-9F08-00AA002F954E} 在右边的窗口中找到字符串值："默认"，把"回收站"改为其他名称。

HKEY_CLASSES_ROOT\CLSID\{645FF040-5081-101B-9F08-00AA002F954E}\DefaultIcon 在右边的窗口中修改图标的路径。

★ 更改"我的文档"目录

HKEY_USERS\.DEFAULT\Software\Microsoft\Windows\CurrentVersion\Explorer\User Shell Folders 在右边窗口中更改字符串"ersonal"的数值为新的目录路径，如 C:\tt，记住要把原目录里的文件复制到新的目录当中。

★ 禁止更改 IE 的连接设置

在 HKEY_CURRENT_USER\Software\Policies\Microsoft\Internet Explorer\Control Panel 下，在右边的窗口中新建一个 DWORD 值"Connection Settings"，并设值为"1"。

★ 使打开 IE 的时候，窗口最大化

在 HKEY_CURRENT_USER\Software\Microsoft\Internet Explorer\Main\下，在右边的窗口中删除 Window_Placement，并且在 HKEY_CURRENT_USER\Software\Microsoft\Internet Explorer\Desktop\Old WorkAreas 下，在右边的窗口中删除 OldWorkAreaRects。

★ 禁止 IE 显示"工具"中的"INTERNET 选项"

在 HKEY_CURRENT_USER\Software\Microsoft\Windows\CurrentVersion\Policies\Explorer 下，在右边的窗口中新建一个二进制值"NoFolderOptions"，并设值为"01 00 00 00"。

★ 清理 IE 网址列表

HKEY_CURRENT_USER\Software\Microsoft\Internet Explorer\TypedURLs 在右边的窗口中删除想要删除的网址。

★ 禁止使用代理服务器

在 HKEY_LOCAL_MACHINE\Config\0001\Software\Microsoft\Windows\CurrentVersion\Internet Settings 下,在右边的窗口中新建二进制值"ProxyEnable"的键值为"00 00 00 00"。

★ 禁止使用网上邻居

在 HKEY_USERS\.DEFAULT\Software\Microsoft\Windows\CurrentVersion\Policies\Explorer 下,在右边窗口中创建 DWORD 值"NoNetHood",并设值为"1"。

★ 禁止在"控制面板"中显示"网络"属性

在 HKEY_USERS\.DEFAULT\Software\Microsoft\Windows\CurrentVersion\Policies\Explorer 下,在右边的窗口中新建 DWORD 值"NoNetSetup",并设其值为"1"。

★ 更改 IE 的缓冲的路径

在 HKEY_USERS\.DEFAULT\Software\Microsoft\Windows\CurrentVersion\Explorer\User Shell Folders 下更改"Cache"的路径即可。

★ 禁止使用鼠标右键

在 HKEY_CURRENT_USER\Software\Microsoft\Windows\CurrentVersion\Policies\Explorer 下在右边的窗口中新建一个二进制值"NoViewContextMenu",并设值为"01 00 00 00"。修改后需重新启动 Windows,启动后,你将不能在桌面,驱动器,文件夹等地方使用鼠标右键。

★ 禁止磁盘空间不足时的警告

在 HKEY_LOCAL_MACHINE\System\CurrentControlSet\Control\FileSystem 下在右边的窗口中新建一个二进制值"DisableLowDiskSpaceBroadcast",并设值为"FF FF FF FF",如果想恢复出现这个警告框,只需删除此键即可。

★ 禁用"打印机"中的"添加打印机"

在 HKEY_USERS\.DEFAULT\Software\Microsoft\Windows\CurrentVersion\Policies\Explorer 下,在右边的窗口中新建 DWORD 值"NoAddPrinter",并设其值为"1"。

★ 禁用"网络"控制面板

在 HKEY_USERS\.DEFAULT\Software\Microsoft\Windows\CurrentVersion\Network\System 下,在右边的窗口中新建 DWORD 值"NoNetSetup",并设其值为"1"。

★ 在退出 WINDOWS 时清除"文档"中的记录

在 HKEY_CURRENT_USER\Software\Microsoft\Windows\CurrentVersion\Policies\Explorer 下在右边的窗口中新建一个二进制"ClearRecentDocsOnExit",并将其值设为"01 00 00 00"。

★ 禁止使用注册表编辑文件 regedit.exe

HKEY_USERS\.DEFAULT\Software\Microsoft\Windows\CurrentVersion\Policies\System 在右边的窗口中创建一个 DOWRD 值:"DisableRegistryTools",并将其值设为"1"。

★ 禁止修改显示属性

HKEY_CURRENT_USER\Software\Microsoft\Windows\CurrentVersion\Policies\System 在右边的窗口中创建一个 DOWRD 值:"NoDispCPL",并将其值设为"1"。

★ 隐藏我的电脑中的驱动器

隐藏所有驱动器:HKEY_CURRENT_USER\Software\Microsoft\Windows\CurrentVersion\Policies\Explorer 在右边的窗口中创建一个 DWORD 值:"NoDrives",并将其值设为"FFFFFFFF";

隐藏 E 盘:HKEY_CURRENT_USER\Software\Microsoft\Windows\CurrentVersion\Policies\Explorer 在右边的窗口中创建一个 DWORD 值:"NoDrives",并将其值设为"10";

隐藏 D 盘:HKEY_CURRENT_USER\Software\Microsoft\Windows\CurrentVersion\Policies\Explorer 在右边的窗口中创建一个 DWORD 值:"NoDrives",并将其值设为"8";

隐藏 C 盘:HKEY_CURRENT_USER\Software\Microsoft\Windows\CurrentVersion\Policies\Explorer 下创建一个 DWORD 值"NoDrives",并将其值设为"4"。

★ 禁用 MS-DOS 方式

在 HKEY_CURRENT_USER\Software\Microsoft\Windows\CurrentVersion\Policies\Explorer 分支下新建主键"WinOlaApp",然后单击该主键,在右边的窗口中创建一个 DWORD 值"Disabled",并设其值为"1"。

★ 禁止改变打印机设置

HKEY_CURRENT_USER\Software\Microsoft\Windows\CurrentVersion\Policies\Explorer 在右边窗口中创建 DWORD 值"NoPrinters",并设值为"1"。

★ 禁止"查找"菜单

HKEY_CURRENT_USER\Software\Microsoft\Windows\CurrentVersion\Policies\Explorer 在右边的窗口中新建一个 DWORD 值"NoFind",并设值为"1"。

★ 禁止"运行"菜单

HKEY_CURRENT_USER\Software\Microsoft\Windows\CurrentVersion\Policies\Explorer 在右边的窗口中新建一个 DWORD 值"NoRun",并设值为"1"。

★ 禁止使用 IE"internet 选项"中的"安全"菜单

在 HKEY_CURRENT_USER\Software\Policies\Microsoft\Internet Explorer\Control Panel 下在右边的窗口中新建一个 DWORD 值"SecurityTab",并设其值为"1"。

★ 禁止在"系统属性"中出现"设备管理器"的菜单

HKEY_CURRENT_USER\Software\Microsoft\Windows\CurrentVersion\Policies\System 在右边的窗口中新建一个 DWORD 值"NoDevMgrPage",并设其值为"1"。

★ 改变"控制面板"中的"添加/删除程序"的"安全/卸载"中的列表内容

在 HKEY_LOCAL_MACHINE\Software\Microsoft\Windows\CurrentVersion\Uninstall 下有许多主键,要删除"安全/卸载"列表中的某条内容,只要删除相对应的主键即可。

2.4 注册表管理自启动程序

Windows 系统启动时通常会有一大堆程序自动启动。不要以为管好了"开始→程序→启动"菜单就万事大吉。实际上,在 Windows XP/2K 中,让 Windows 自动启动程序的办法有很多,下文告诉你最重要的 2 个文件夹和 8 个注册表的键。

(1) 当前用户专有的启动文件夹

一般在:\Documents and Settings\<用户名字>\「开始」菜单\程序\启动,其中"<用户名字>"是当前登录的用户账户名称。

(2) 对所有用户有效的启动文件夹

一般在:\Documents and Settings\All Users\「开始」菜单\程序\启动。

(3) Load 注册键

位置:HKEY_CURRENT_USER\Software\Microsoft\WindowsNT\CurrentVersion\Windows\load。

(4) Userinit 注册键

位置:HKEY_LOCAL_MACHINE\SOFTWARE\Microsoft\WindowsNT\CurrentVersion\Winlogon\Userinit。这里也能够使系统启动时自动初始化程序。通常该注册键下有一个 userinit.exe,这个键允许指定用逗号分隔的多个程序,例如"userinit.exe,OSA.exe"(不含引号)。

(5) Explorer\Run 注册键

和 load、Userinit 不同,Explorer\Run 键在 HKEY_CURRENT_USER 和 HKEY_LOCAL_MACHINE 下都有,具体位置是:HKEY_CURRENT_USER\Software\Microsoft\

Windows\CurrentVersion\Policies\Explorer\Run 和 HKEY_LOCAL_MACHINE\SOFTWARE\Microsoft\Windows\CurrentVersion\Policies\Explorer\Run

（6）RunServicesOnce 注册键

RunServicesOnce 注册键用来启动服务程序，启动时间在用户登录之前，而且先于其他通过注册键启动的程序。RunServicesOnce 注册键的位置是：HKEY_CURRENT_USER\Software\Microsoft\Windows\CurrentVersion\RunServicesOnce 和 HKEY_LOCAL_MACHINE\SOFTWARE\Microsoft\Windows\CurrentVersion\RunServicesOnce。

（7）RunServices 注册键

RunServices 注册键指定的程序紧接 RunServicesOnce 指定的程序之后运行，但两者都在用户登录之前。RunServices 的位置是：HKEY_CURRENT_USER\Software\Microsoft\Windows\CurrentVersion\RunServices 和 HKEY_LOCAL_MACHINE\SOFTWARE\Microsoft\Windows\CurrentVersion\RunServices。

（8）RunOnce\Setup 注册键

RunOnce\Setup 指定了用户登录之后运行的程序，它的位置是：HKEY_CURRENT_USER\Software\Microsoft\Windows\CurrentVersion\RunOnce\Setup 和 HKEY_LOCAL_MACHINE\SOFTWARE\Microsoft\Windows\CurrentVersion\RunOnce\Setup。

（9）RunOnce 注册键

安装程序通常用 RunOnce 键自动运行程序，它的位置在 HKEY_LOCAL_MACHINE\SOFTWARE\Microsoft\Windows\CurrentVersion\RunOnce 和 HKEY_CURRENT_USER\Software\Microsoft\Windows\CurrentVersion\RunOnce。HKEY_LOCAL_MACHINE 下面的 RunOnce 键会在用户登录之后立即运行程序，运行时机在其他 Run 键指定的程序之前。HKEY_CURRENT_USER 下面的 RunOnce 键在操作系统处理其他 Run 键以及"启动"文件夹的内容之后运行。如果是 XP，你还需要检查一下 HKEY_LOCAL_MACHINE\SOFTWARE\Microsoft\Windows\CurrentVersion\RunOnceEx。

（10）Run 注册键

Run 是自动运行程序最常用的注册键，位置在：HKEY_CURRENT_USER\Software\Microsoft\Windows\CurrentVersion\Run 和 HKEY_LOCAL_MACHINE\SOFTWARE\Microsoft\Windows\CurrentVersion\Run。HKEY_CURRENT_USER 下面的 Run 键紧接 HKEY_LOCAL_MACHINE 下面的 Run 键运行，但两者都在处理"启动"文件夹之前。

第3章 组策略

组策略对于大部分网络管理的初学者是一个比较生疏的概念,因为作为初步从事网络管理的人员,对于网络中每一台计算机都是分别管理的,管理工作包括很多方面,例如对于已有系统功能的升档,一般是一台一台地通过人工操作来实现的。这对于一个只有几十台计算机的小型网络是可行的,但是对于有几百台、几千台计算机的中型、大型网络来说,用人工逐台管理计算机的方法就不可取了。本章对组策略的介绍将分工作组模式和以域为模型的活动目录的组策略两部分来介绍。后者可在学完第四部分域控制器后再学习。

3.1 工作组模式下的组策略

说到组策略,就不得不提注册表。注册表是 Windows 系统中保存系统、应用软件配置的数据库,随着 Windows 功能的越来越丰富,注册表里的配置项目也越来越多。很多配置都是可以自定义设置的,但这些配置发布在注册表的各个角落,如果是手工配置,可想而知是多么困难和繁杂。而组策略则将系统重要的配置功能汇集成各种配置模块,供管理人员直接使用,从而达到方便管理计算机的目的。

简单来说,组策略就是修改注册表中的配置。当然,组策略使用自己更完善的管理组织方法,可以对各种对象中的设置进行管理和配置,远比手工修改注册表的方法要方便、灵活,功能也更加强大。

3.1.1 组策略中的管理模板

在 Windows 2000/2003/XP 目录中包含了几个 .adm 文件,这些文件是文本文件,称为"管理模板",它们为组策略管理模板项目提供策略信息。

在 Windows 2000/2003/XP 的系统文件夹的 inf 文件夹中,包含了默认的 4 个模板文件,分别为:
- System.adm:默认情况下安装在"组策略"中,用于系统设置。
- Inetres.adm:默认情况下安装在"组策略"中;用于 Internet Explorer 策略设置。
- Wmplayer.adm:用于 Windows Media Player 设置。
- Conf.adm:用于 NetMeeting 设置。

在 Windows 2000/2003/XP 的组策略控制台中,可以多次添加"策略模板"。下面介绍使用策略模板的方法如下:首先运行"组策略"程序,然后选择"计算机配置"或者"用户配置"下的"管理模板",右击,在弹出的菜单中选择"添加/删除模板",则弹出如图3-1所示的对话框。

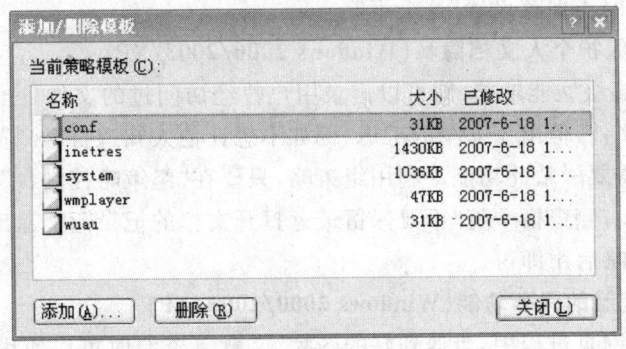

图 3-1 策略模板

然后单击"添加"按钮,在弹出的对话框中选择相应的.adm文件。单击"打开"按钮,则在系统策略编辑器中打开选定的脚本文件,并等待用户执行。返回到"组策略"编辑器主界面后,依次打开目录"本地计算机策略"→"用户配置"→"管理模板",再单击相应的目录树,就会看到新添加的管理模板所产生的配置项目了。

3.1.2 运行组策略

在 Windows 2000/2003/XP 系统中,在"运行"对话框中输入 gpedit.msc 并确定,即可运行组策略。打开的组策略对象就是当前的计算机,而如果需要配置其他的计算机组策略对象,则需要将组策略作为独立的控制台管理程序来打开,具体步骤如下:

(1) 打开管理控制台(可在"开始"菜单的"运行"对话框中直接输入 mmc 并回车)。
(2) 在"文件"菜单上,单击"添加/删除管理单元"菜单命令。
(3) 在"独立"选项卡上,单击"添加"按钮。
(4) 在"可用的独立管理单元"对话框中,单击"组策略",然后单击"添加"按钮。
(5) 在"选择组策略对象"对话框中,单击"本地计算机"编辑本地计算机对象,或通过单击"浏览"查找所需的组策略对象,再单击"完成"按钮。

通过上面的方法,就可以使用 Windows 2000/2003/XP 系统组策略强大的网络配置功能,让管理员的工作更轻松和高效。

在组策略管理控制台有三种状态,分别是已启用、未配置和已禁用。

3.1.3 组策略实例

1. 退出时不保存桌面设置(Windows 2000/2003/XP)

此策略可以防止用户保存对桌面的某些更改。如果启用这个策略,用户仍然可以对桌面做更改,但有些更改,如图标的位置、任务栏的位置及大小,在用户注销后都无法保存,不过任务栏上的快捷方式总可以被保存。其方法是在"组策略控制台"→"用户配置"→"管理模板"→"桌面"中启用"退出时不保存设置"这个策略。

2. 利用组策略保护个人文档隐私（Windows 2000/2003/XP）

Windows 有个高级智能功能，即可以记录用户曾经访问过的文件。虽然这个功能可以方便用户再次打开该文件，但出于安全的考虑（例如不想让他人知道自己浏览过哪些网页和打开过哪些文件），有时需要屏蔽此功能。利用组策略，只要在"组策略控制台"→"用户配置"→"管理模板"→"桌面"的右侧窗格中将"不要保留最近打开文档的记录"和"退出时清除最近打开的文档的记录"两个策略启用即可。

3. 限制 IE 浏览器的保存功能（Windows 2000/2003/XP）

在使用 IE 浏览网页过程中，当遇到好的图片、文章等资源时可以使用"另存为"功能将它保存到本地硬盘中，当多人共用一台计算机时，为了保持硬盘的整洁，需要对浏览器的保存功能进行限制。可以这样操作：选择"组策略控制台"→"用户配置"→"管理模板"→"Windows 组件"→"Internet Explorer"→"浏览器菜单"，然后将右侧窗格中的"'文件'菜单：禁用'另存为...'菜单项"、"'文件'菜单：禁用另存为网页菜单项"、"'查看'菜单：禁用'源文件'菜单项"和"禁用上下文菜单"等策略项目全部启用即可。

4. 禁止修改 IE 浏览器的主页（Windows 2000/2003/XP）

如果不希望他人对自己设定的 IE 浏览器主页进行随意更改，可以打开"组策略控制台"→"用户配置"→"管理模板"→"Windows 组件"→"Internet Explorer"→"工具栏"，然后选择"禁用更改主页设置"组策略并启用即可。如果设置了位于"组策略控制台"→"用户配置"→"管理模板"→"Windows 组件"→"Internet Explorer"→"Internet Explorer 控制面板"中的"禁用常规页"策略，则无须设置该策略，因为"禁用常规页"策略将删除界面上的"常规"选项卡。

5. 禁止使用命令提示符（Windows 2000/2003/XP）

打开"组策略控制台"→"用户配置"→"管理模板"→"系统"中的"阻止访问命令提示符"并启用此策略，并在下面列表框中选择是否"也停用命令提示符脚本处理"，这个设置还决定批处理文件.cmd 和.bat 是否可以在计算机上运行。

6. 禁用注册表编辑器（Windows 2000/2003/XP）

为了防止他人进入电脑后对注册表文件进行修改，可以在组策略中对注册表编辑器做禁止访问设置。具体操作方法是：打开"组策略控制台"→"用户配置"→"系统"中的"阻止访问注册表编辑工具"并启用此策略。

此策略被启用后，用户试图启动注册表编辑器（Regedit.exe 及 Regedt32.exe）的时候，系统会禁止这类操作并弹出警告消息。

7. 彻底禁止访问"控制面板"（Windows 2000/2003/XP）

打开"组策略控制台"→"用户配置"→"管理模板"→"扩展面板"中的"禁止访问控制面板"并启用此策略。此策略启用后可以防止"控制面板"程序文件（Control.exe）的启动。他人将无法启动"控制面板"。另外,这个设置将从"开始"菜单中删除"控制面板"。同时,这个设置还将从"Windows 资源管理器"中删除"控制面板"文件夹。

8. 禁用"添加/删除程序"(Windows 2000/2003/XP)

打开"组策略控制台"→"用户配置"→"管理模板"→"控制面板"→"添加"→"删除程序"中的"删除'添加/删除程序'程序"并启用此策略。当用户再打开"控制面板"中"添加/删除程序"模块的时候,会自动弹出警告窗口,而"添加/删除程序"则无法运行。

此外,在"添加/删除程序"分支中还可以对 Windows"添加/删除程序"项中的"添加新程序"、"从 CD-ROM 或软盘添加程序"、"从 Microsoft 添加程序"、"从网络添加程序"等项进行隐藏,通过这些策略项目的设置,起到了保护计算机中系统文件及应用程序的作用。

9. 限制使用应用程序(Windows 2000/2003/XP)

打开"组策略控制台"→"用户配置"→"管理模板"→"系统"中的"只运行许可的 Windows 应用程序"并启用此策略,然后单击"允许的应用程序列表"的"显示"按钮,弹出一个"显示内容"对话框,在此单击"添加"按钮来添加允许运行的应用程序即可。通过此设置以后一般用户只能运行"允许的应用程序列表"中的程序。

3.2 活动目录中的组策略

活动目录中的组策略,是 Windows 操作系统发展到 Windows 2000 系列后,推出的网络管理技术之一。组策略的英文是 Group Policy。通过应用组策略可以有目的地在活动目录中选定一些对象,包括用户或计算机等,统一地、强制地设置一些限制,而且这些设置可以被应用到这些对象所属的不同层次,这些层次具体包括站点、域和组织单元(OU)。如果一个具体的对象属于对应的 OU,而对应的 OU 又属于对应的域,对应的域又位于对应的站点,那么在这些站点、域和 OU 上设置的组策略,会以适当逻辑组合关系同时体现到这个对象的属性上。

下面列举一个活动目录的组策略应用的例子。某公司来了一批实习生,需要使用计算机练习,因此有可能产生以下两个问题。

第一个问题是,尽管公司网管员已经为每个学员建立了各自的临时用户,由于公司业务繁忙,不可能提供足够的计算机给每个实习生单独使用,只能提供少数几台计算机让学生轮流使用。因此,对于每台计算机,随着上机人员的更换,经常要注销上一个用户,然后登录新的用户。在正常情况下,执行这个注销和登录的过程,需在"开始"菜单中,执行"关机"命令,再选择"注销"选项方可。那么有没有可能,当任何一个学员登录以后,在"开始"菜单中不通过"关机"命令,而直接出现"注销"命令,以便下一个用户的登录呢?

第二个问题是,由于在"开始"菜单中可以进入"运行"对话框,从该对话框中直接输入命令,这样会影响计算机的安全运行,因此网络管理员不希望实习生使用"开始"菜单中的"运行"命令,以免对系统造成威胁。那么有没有可能,以学生身份登录以后,开机后,在"开始"菜单中不出现"运行"菜单呢?

3.2.1 组策略的作用

与微软公司的早期操作系统相比,在 Windows Server 2003 中提供了更多的在网络中控制用户和计算机的管理功能。通过使用组策略,一旦定义了用户的工作环境,就可以依赖 Windows Server2003 来连续推行定义好的组策略设置。可以将组策略应用在整个网络中,也可以将它仅应用在一部分特定的用户或计算机上。

通过使用组策略,采用统一集中的配置方式,可减少网络管理人员逐台配置计算机的必要性和复杂性,减少由于用户不正确地配置而产生故障的可能性。这样既可以提高生产率,又可以减少网络管理的工作量,从而降低了网络管理的总成本。

通过使用组策略,可以实现以下功能:

- 通过站点或域的级别为整个企业设置组策略的集中化策略,或者在组织单元的级别为每个部门设置组策略的分散式策略。
- 确保用户有适合完成他们工作的环境。可根据不同的登录用户,提供不同的用户环境。另外,根据组策略的统一安排,可以对相应的计算机软件进行自动升级或安装,还可以控制用户数据文件(如 My Document)的存储位置。
- 可降低控制用户和计算机的总费用,减少用户需要的技术支持和由于用户错误而引起的影响正常运行的损失。例如,通过使用组策略可以阻止用户安装他们不需要的软件。

3.2.2 组策略的基本构成

每个组策略都有很多具体的策略配置。在活动目录中建立组策略时,涉及组策略对象(Group Policy Object,GPO)和组策略对象链接(GPOLink)两部分。

1. 组策略对象

所有的 GPO 的设置都被保存在组策略对象中。无论什么时候要做什么样的设置,首先都是为这些设置找一个地方来存放它的内容,这个地方就是 GPO。一个 GPO,就像用户和计算机账号一样,也是一个活动目录的对象,可以在"Active Directory 用户和计算机"中管理它。GPO 存放在 AD 的 System 容器的 Policy 子容器中,另外有部分存放在 Sysvol 中。

在需要建立 GPO 的时候,总是先创立 GPO,可以建立多个 GPO,每个 GPO 都可以包括不同的或相同的策略配置。

2. 组策略对象链接

GPO 的建立并不设置 GPO 对哪些用户或计算机产生作用,所以任何一个组策略对象中的设置要想生效,都必须通过 GPO 链接,把 GPO 连接到活动目录的相应的对象上。在活动目录中有 3 类对象可以建立 GPO 链接:Site、Domain 和 OU,简称 SDOU。一个 GPO 可以应用到多个 SDOU 对象,而一个 SDOU 对象也可以包括多个 GPO。

3.2.3 创建 GPO 和组策略对象链接

下面结合上面提到的实例,说明如何在一个 OU 上新建立一个 GPO,同时实现组策略对象链接,然后编辑 GPO 使它实现预定的功能。

根据本实例的情况,针对该公司即将要来一批实习的学生,在建立 GPO 和组策略对象链接之前,应该做相应的准备工作。首先创建一个 OU,命名为 OU1,并在 OU1 的下面建立一批相应的临时用户,当用这些临时用户的账号登录到系统时,在 OU1 上配置的组策略就会起作用了。下面就介绍如何建立组策略对象链接和相关配置。

(1) 打开"Active Directory 用户和计算机",在需要创建组策略的 OU1 上,右击,选择"属性"。打开"OU1 属性"对话框,选择"组策略"选项卡。

(2) 单击"新建"按钮,在"组策略对象链接"栏目下,会出现一个等待输入名字的组策略对象,这里命名为"desktop control",新建以后的效果如图 3-2 所示。

(3) 在"OU1 属性"对话框的"组策略"选项卡上,选择"组策略对象链接"下面的"desktop control",单击"编辑"按钮,打开"组策略"对话框。

(4) 选择"用户配置"→"管理模板"→"任务栏和开始菜单"。此时"组策略"的右侧窗口出现很多属于改变"任务栏和开始菜单"的策略。

(5) 双击"将注销添加到开始菜单",打开"将注销添加到开始菜单属性"对话框,单击"启用"按钮,然后单击"确定"按钮。

(6) 在"组策略"对话框中的"策略"窗口中,双击"从开始菜单中删除'运行'菜单",打开"从开始菜单删除'运行'菜单属性"对话框,选择"启用"。

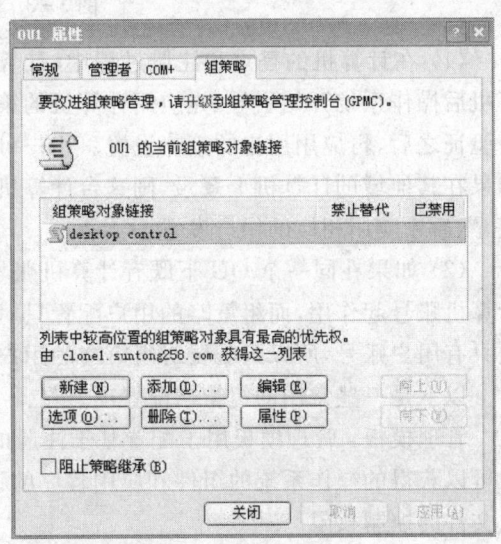

图 3-2 组策略对象链接

根据活动目录的组策略的工作机制,新设置的组策略必须等待一段时间才能生效。为了使组策略快速生效,可以在"运行"对话框中输入 gpupdate。

3.2.4 组策略配置

组策略编辑器(如图 3-3 所示)的左侧窗口中分为"计算机配置"与"用户配置"两部分。为什么要分成这两部分呢?下面就从两方面来解释。

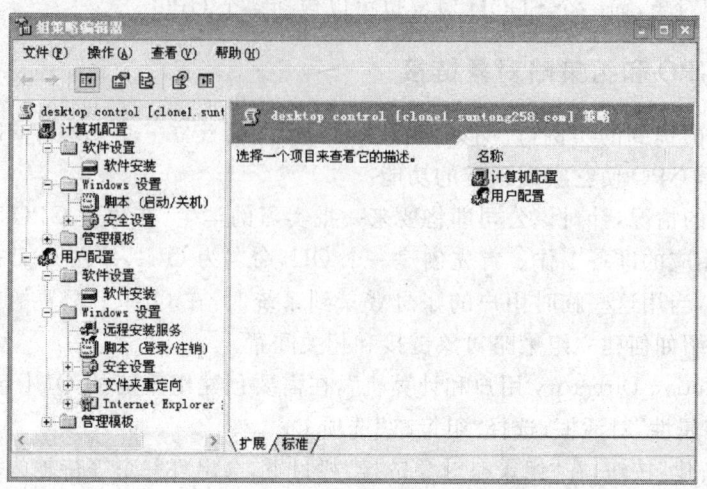

图3-3 组策略编辑器

(1) 在计算机的登录和注册过程中,计算机配置和用户配置是先后起作用的。在打开计算机后操作系统开始引导,先应用计算机的策略设置,然后在用户输入用户名和口令并通过身份验证之后,再应用用户的策略设置。用户可以在森林中的任一台计算机上登录到自己的域,如果在其他域的计算机上登录,则这台计算机首先要应用它所在的域的组策略中的计算机设置,然后才应用相应的用户设置。

(2) 如果在同一个OU下既有计算机账号,又有用户账号,那么组策略的计算机配置只对计算机账号起作用,而组策略的用户配置只对用户账号起作用。在很多情况下,由于在OU下面只有用户账号,所以只需要对组策略的用户配置进行设置。

以下是一些常用的组策略配置项。

管理模板：管理模板用于配置基于注册的应用设置和桌面环境的设置。这些设置包括用户可以获得的操作系统的组件和应用程序的访问权限、控制面板选项的访问权限以及用户离线文件的控制权限。

安全设置：在组策略的计算机配置和用户配置中都有这一项,但是在计算机配置中的安全设置更全面。安全设置用于配置本地计算机、域以及网络安全的设置,这些设置包括控制用户访问的网络、建立统计和审计的制度以及控制用户的权限。

软件设置：采用"软件设置"的组策略配置,可以改变通常由网络管理人员或用户自己为电脑无序而杂乱的安装软件,而实现由电脑自动地进行软件安装、升级与卸载的集中化管理。也可以发布应用程序,把需要自动安装的应用程序,放在相关计算机的控制面板的"添加/删除"程序中。

脚本：用于在 Windows 操作系统运行特定命令时的指定设置。当计算机开机、关机，或当用户登录或退出登录时可以指定命令。可以指定运行批处理、控制多重命令与决定运行的顺序。

远程安装服务（RIS）：只有在组策略的用户配置中有这一项，所谓的远程安装服务就是可以由系统对网络中的计算机自动安装操作系统，这里的配置可以在客户机启动远程安装向导时控制用户可能的选项设置。

IE 维护：只有在组策略的用户配置中有，用于管理和定制计算机的 IE 的设置。

文件夹重定向：只有在组策略的用户配置中有，用于在网络服务器上存储用户个性化文件夹的设置。这些设置可以创建一个和网络共享文件夹的链接，用户可以在网络中的任何一台计算机上对该文件夹进行访问，例如可将 My Picture 定向到网络中的共享文件夹中。

3.2.5 组策略对象的属性

下面以本章实例中所建立的组策略"desktop control"为例，介绍组策略的属性。在"OU1 属性"对话框中，如右击本章实例的"组策略""desktop control"，在弹出的快捷菜单中单击"属性"选项，打开"desktop control 属性"对话框，有 4 个选项卡，分别是常规、链接、安全、WMI 筛选器。如图 3-4 所示。

在"常规"选项卡中可以看到这个组策略对象的一些属性，包括创建时间、修改时间、版本、域和用 GUID 表示的唯一名称。下面还有"禁用计算机配置设置"与"禁用用户配置设置"两个复选框，用以单独或同时禁用此组策略的计算机配置和用户配置，如果两个复选框同时被选择，也就意味着禁用了这个组策略。

如果选择"链接"选项卡，如图 3-5 所示，这里显示了这个组策略对象所有的链接，即在哪些地方引用了这个组策略。

在"安全"选项卡中，可设置对这个组策略对象的许可。只有同时拥有"读取"和"采用组策略"的权限的用户和计算机，才能应用组策略，其他情况都不能应用。

把要受组策略影响的用户、组或者计算机加入到"链接"选项卡中，并在"安全"选项卡中给予读取与应用组策略的权限，就可以使组策略生效了。因为组策略是活动目录中的一个对象，任何一个活动目录中的用户或计算机要使用此对象，当然需要遵循活动目录的安全性规则。用户或计算机要访问组策略中的配置，然后还要应用到自己身上。

如果希望只有 OU 中的一部分用户应用某个组策略，那么就可以在"安全"选项卡中，为这些用户赋予读取和采用组策略的权限。当然，首先要去掉 Autheticated Users 的读取和采用组策略的权限，或者保持 Autheticated Users 的权限不变，而为不应用此组策略的那些用户设置"拒绝"读取和采用组策略的权限。

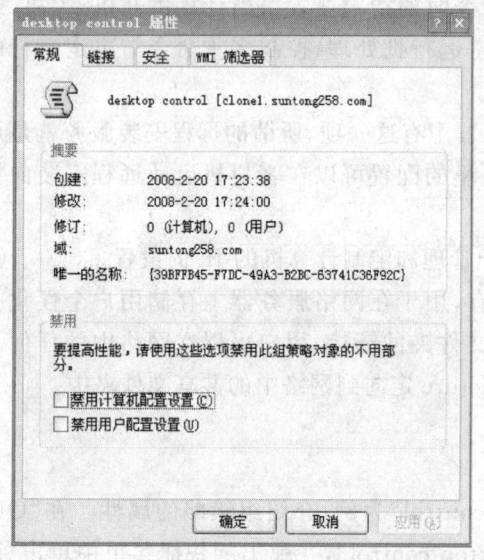
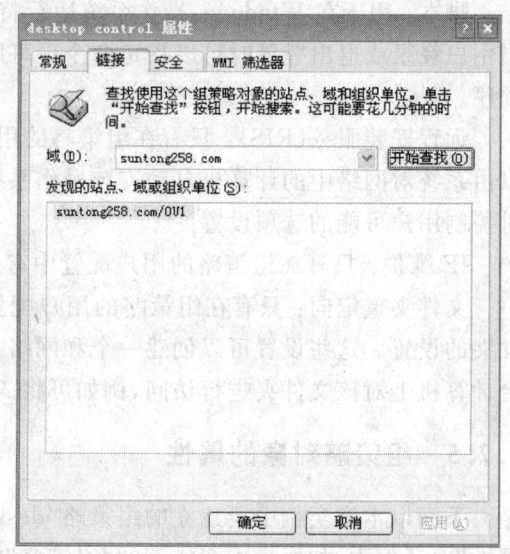

图 3-4 "desktop control 属性"对话框　　　　图 3-5 "链接"选项卡

3.2.6 组策略的优先级

由于一个用户的策略设置可以来源于站点、域和组织单元(OU)。如果网络管理员在这 3 个地方都作了设置,那将会如何影响用户的设置呢? 应用组策略的基本规则如下所述。

(1) 如果不同地点的设置相互不发生冲突,那么最终的结果为:所有设置的总和即用户的策略设置＝站点＋域＋OU 上的设置。

(2) 如果是在不同的位置对相同的内容作了不同的设置,一般的规则是:在冲突的前提下,近处的设置覆盖远处的设置,或者是后执行的覆盖先执行的。在站点、域与 OU 这 3 个位置中,站点最远,其次是域,最近是 OU。

(3) 在同一个位置也可以设置多个组策略对象链接,这些组策略对象链接也有优先顺序。在"组策略对象链接"窗口中,越在上面的优先级越高,即组策略的执行顺序是从上到下的。

在开机以后,启动组策略的顺序如下:

① 计算机的策略设置;

② 计算机的开机脚本;

③ 等待输入用户账号和密码,并通过身份验证;

④ 用户的策略设置;

⑤ 用户的登录脚本。

3.2.7 组策略的继承

各层的组策略会应用到所指向的所有用户和计算机对象。例如,域的组策略会影响域中的所有用户和计算机,而父 OU 的组策略会影响到子 OU 中的用户和计算机。这个继承是可以被中断的。在组策略的配置中,有两个参数对这种继承产生影响。

在"组策略"选项卡中,有一个"阻止策略继承"选项,选择该选项,可以中断来自上层的组策略,包括站点、域和父 OU 所建立的组策略。然后,可以应用自己建立的组策略。

在"组策略"选项卡中,单击"选项"按钮,打开如图 3-6 所示的对话框。

在该对话框中的"已禁用"复选框可以让这个组策略对象链接(注意不是组策略)失效;"禁止替代"复选框则可以强化此组策略对象链接的继承能力。也就是说,此组策略可以作用于所有的下级对象,并且不能被覆盖。

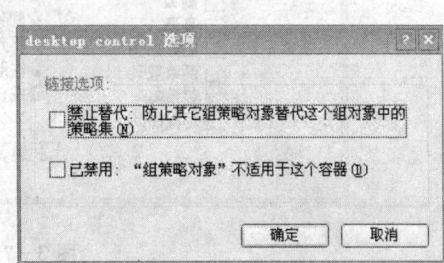

图 3-6 "desktop control 控制选项"对话框

在使用"已禁用"和"禁止替代"时,请注意以下事项:

- 禁止替代:是设置在组策略对象链接上的,而不是设置在站点、域、OU 或组策略上;
- 阻止策略继承:设置在域和 OU 上,中断来自高层的组策略设置;如果两者产生冲突,"禁止替代"优先于"阻止策略继承"。

3.2.8 组策略的刷新

除了在开机后与在用户登录时输入用户名和口令并通过身份验证,将分别应用计算机配置策略和用户配置策略之外,在以后的使用中,计算机操作系统会周期性地从活动目录中查询组策略的变化并应用新的设置。这可以保证组策略的改变不需要域中的所有计算机和用户重新启动或重新登录。

系统默认的计算机配置和用户配置的刷新周期是 90 min/次。域控制器的计算机配置的刷新周期是 5 min/次。这些设置是可以修改的,打开组策略编辑器控制台,如图 3-7 所示。

选择"计算机配置"→"管理模板"→"系统"→"组策略",可以发现在该"组策略"对话框的右窗口中有两条策略"计算机的组策略刷新间隔"和"域控制器组策略重新刷新的间隔",它们分别用来设置计算机的刷新周期和域控制器的刷新周期。

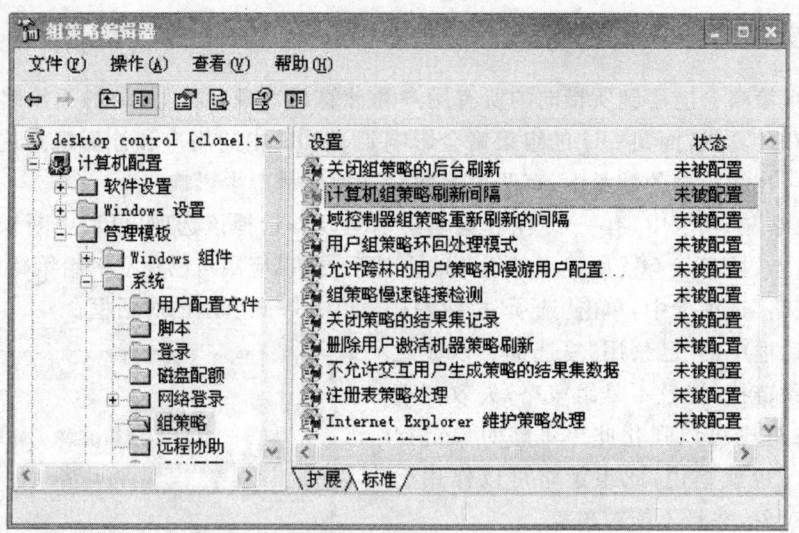

图 3-7 组策略编辑器

3.2.9 执行组策略的注意点

对初学者而言,在应用组策略时往往还感到无从下手,下面就介绍一些执行组策略的建议,供大家在学习实践中参考。

- 在涉及组策略的继承时,尽量不要使用阻止、不重写等设置,以免过分地增加应用组策略的复杂性。当必须使用以上方式中的一种时,请每次只使用一种。
- 限制影响任一台计算机或用户的组策略数目。如果应用于计算机或用户的设置出现了问题,在只有少量的组策略的情况下,问题的解决会相对简单。
- 在把组策略委派给管理员时,限制管理员的数目为 1~2 个。这可减少多个管理员同时更改组策略设置时所引发矛盾的可能性。
- 避免把组策略链接到包含多个域的站点上。链接到站点的组策略将影响该站点中的所有计算机,需要所有的计算机与组策略所在域的域控制器相连接,这将增加网络的负担。

第4章 虚拟机

4.1 虚拟机概述

虚拟机是由一个软件提供的、具有模拟真实的特定硬件环境的计算机,虚拟机提供的计算机和真实的计算机一样,也包括 CPU、内存、硬盘、光驱、显卡、SCSI 卡等。在虚拟机中可以和真正的计算机一样安装操作系统、应用程序和软件,也可以对外提供服务。

微软公司提供的虚拟机软件包括 Microsoft Virtual PC 和 Microsoft Virtual Server。VMware 公司提供的虚拟机包括 VMware Workstation、VMware GSX Server、VMware Server、VMware ESX Server。这里主要介绍 VMware Workstation 6.0 虚拟机。

4.2 虚拟机用途

- 测试软件。程序员编好一个软件需要在不同的系统下测试,甚至要在同一个系统下测试,如在 Windows XP 的 sp1 和 sp2 下测试。
- 一台计算机分成几台服务器。一台服务器运行多个虚拟机,每台虚拟机代替一台物理的服务器,从而减少投资。
- 可以做一些破坏性的实验,比如低级格式化、分区。
- 一些联网实验。网络实验时至少要 3 台计算机,还有交换机等,在虚拟机下可轻松实现。
- 可供电脑爱好者第一时间测试新软件。
- 可以截图,有些如开机画面只能在虚拟机里截图。
- 网上交易单独在虚拟机中进行更加安全。
- 定制考试环境,比如计算机等级考试或会计考试。
- 可进行一些条件苛刻的实验。比如有些实验必须在 64 KB/s 的网络上进行,有些实验必须要有 scsi 硬盘等。

4.3 虚拟机功能和特点

- 快照功能:Vmare Workstation 中可以设置多次快照,实验后可以通过快照功能还原到实验前的状态,相当于一键还原功能。

- 克隆功能：只需要在虚拟机中安装完一个系统，就可以通过克隆功能克隆出多台系统来完成网络实验。
- 录像功能：录制视频用于制作教程或演示录像。
- Team 功能：可以将虚拟机按组进行管理和设置网络。
- VMare Tools：为了提高虚拟机的性能，由 Vmware 公司开发的在虚拟机系统中安装的一些工具和驱动程序（如显卡驱动）。

另外，可将物理机中的系统迁移到虚拟机中使用，具有强大的网络功能；在虚拟机和物理机之间复制文件可以直接拖拉；物理机与虚拟机之间可以共享文件，磁盘映射。

VMware 实验时对内存要求较高，建议 1 GB 内存，在做复杂实验时推荐 2 GB 内存。在做网络实验时建议关闭虚拟网卡的防火墙。本书第三部分的服务器配置部分均可在虚拟机中实现。

4.4　VMware6 安装虚拟系统

现以 Windows XP 为例进行简单说明，用虚拟机安装操作系统。

（1）打开虚拟机，在菜单栏选择"文件"→"新建"→"虚拟机"，单击"下一步"按钮。

（2）进入新建虚拟机向导后选择虚拟配置为"典型"，单击"下一步"按钮。

（3）在操作系统版本选择中选 Windows XP 单选按钮（如图 4-1 所示）。并填写合适的虚拟机名称和存放位置（如图 4-2 所示）。

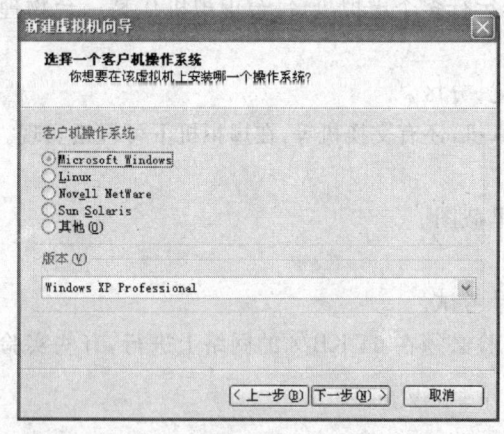

图 4-1　选择客户机操作系统　　　　图 4-2　选择虚拟机名称和位置

（4）按照需求选择合适的网络连接类型，如图 4-3 所示。该知识在下一节中将进行详细讲解。

(5) 为系统分配空间,默认是 8 GB,如图 4-4 所示。

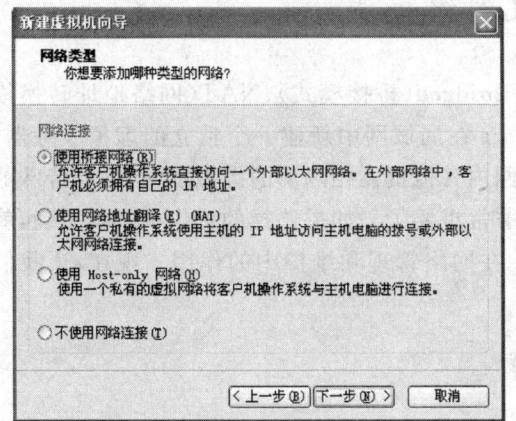

图 4-3 网络类型

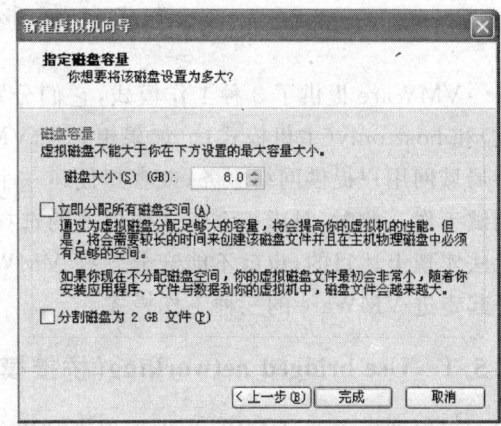

图 4-4 磁盘容量设置

(6) 在虚拟机设置窗口左边选 CD-ROM,在右边窗口根据需要选择使用物理驱动器或使用 ISO 镜像,如图 4-5 所示。做实验建议使用镜像安装系统。

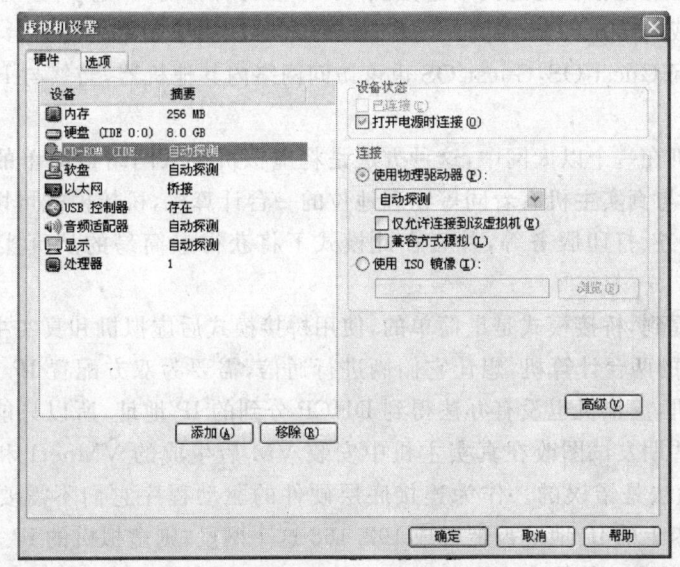

图 4-5 光盘镜像设置

(7) 放入光盘后即可安装系统。安装过程与一般系统的安装是一样的,这里不赘述了。

4.5 虚拟机网络模式

VMWare 提供了 3 种工作模式,它们分别是 bridged(桥接模式)、NAT(网络地址转换模式)和 host-only(主机模式)。如果想利用 VMWare 在局域网中新建一个独立的虚拟服务器,为局域网用户提供网络服务;或者想创建一个与网内其他机器相隔离的虚拟系统,进行特殊的调试工作。此时,对虚拟系统工作模式的选择就非常重要了。如果选择的工作模式不正确,就无法实现上述目的,也就不能充分发挥 VMWare 在网络管理和维护中的作用。现在,让我们一起走进 VMWare 的三种工作模式。

4.5.1 Use bridged networking(桥接模式)

在这种模式下,VMWare 虚拟出来的操作系统就像是局域网中的一台独立的主机,它可以访问网内任何一台机器。在桥接模式下,需要手工为虚拟系统配置 IP 地址、子网掩码,而且还要和宿主机器处于同一网段,这样虚拟系统才能和宿主机器进行通信。同时,配置好网关和 DNS 的地址后,以实现通过局域网的网关或路由器访问互联网。

连接方式可以让虚拟机通过网卡连接到 Host 主机所在的局域网中。用这种方式,Guest OS 的 IP 可设置成与 Host OS 在同一网段,Guest OS 相当于网络内的一台独立的机器,网络内其他机器可访问 Guest OS,Guest OS 也可访问网络内其他机器,当然与 Host OS 的双向访问也不成问题。

如果真实主机在一个以太网中,这种方法是将虚拟机接入网络最简单的方法。虚拟机就像一个新增加的、与真实主机有着同等物理地位的一台计算机,桥接模式可以享受所有可用的服务,包括文件服务、打印服务等,并且在此模式下将获得最简易的从真实主机获取资源的方法。

前面我已经提到,桥接模式是最简单的,使用桥接模式后虚拟机和真实主机的关系就好像接在一个 Hub 上的两台计算机,想让它俩进行通信,需要为双方配置 IP 地址和子网掩码,如果不配置虚拟机,虚拟机也没有办法得到 DHCP 分到的 IP 地址,所以只能使用 169.254 这个网段。曾经有些朋友试图改在真实主机中安装 VM 后生成的 VMnet1 和 VMnet8 这两块网卡的 IP,这种做法是错误的。作为连接底层硬件的驱动程序它们不需要、也不能作修改。假设真实主机网卡上的 IP 地址被配置成 192.168 这个网段,则虚拟机的 IP 也要配成 192.168 这个网段,这样虚拟机才能和真实主机进行通信。

如果想在桥接模式下连入 Internet,方法也很简单,可以直接在虚拟机上安装一个拨号端,拨号成功以后就可以上 Internet 了。别以为虚拟机是假的,拨号就也是假的,这时候已经在花网费了。当然,如果想通过 ICS、NAT 或者是代理上网也可以,做法和在普通计算机上没区别。

这种方式最简单,直接将虚拟网卡桥接到一个物理网卡上面,和一个网卡绑定两个不同地址类似,实际上是将网卡设置为混杂模式,从而达到侦听多个 IP 的能力。在此种模式下,虚拟机内部的网卡直接连到了物理网卡所在的网络上,虚拟机和 Host 机处于对等的地位,在网络关系上是平等的。使用这种方式很简单,前提是可以得到 1 个以上的地址。对于想进行种种网络实验的朋友不太适合,因为这样无法对虚拟机的网络进行控制,病毒等可传播出去。

4.5.2 Use network address translation(NAT 模式)

使用 NAT 模式,就是让虚拟系统借助 NAT(网络地址转换)功能,通过宿主机器所在的网络来访问公网。也就是说,使用 NAT 模式可以实现在虚拟系统里访问互联网。NAT 模式下的虚拟系统的 TCP/IP 配置信息是由 VMnet8(NAT)虚拟网络的 DHCP 服务器提供的,无法进行手动修改,因此虚拟系统也就无法和本局域网中的其他真实主机进行通信。采用 NAT 模式最大的优势是虚拟系统接入互联网非常简单,只需要宿主机器能访问互联网,不需要配置 IP 地址、子网掩码、网关,但是 DNS 地址还是要根据实际情况填的。添加 DNS 地址除了在网卡属性中填写,还可以在虚拟机中的"虚拟网络编辑器"中的 NAT 选项卡中单击"编辑"按钮来添加。

NAT 模式是指通过 IP 地址访问 Host 主机。这种方式也可以实现 Host OS 与 Guest OS 的双向访问。Guest OS 可通过 Host OS 用 NAT 协议访问网络内其他机器但网络内其他机器不能访问 Guest OS。NAT 方式的 IP 地址配置方法是:Guest OS 先用 DHCP 自动获得 IP 地址,Host OS 里的 VMWare Services 会为 Guest OS 分配一个 IP,之后如果想每次启动都用固定 IP,则在 Guest OS 里直接设定这个 IP 即可。

NAT 模式其实可以被理解为是方便地使虚拟机连接到公网,代价是桥接模式下的其他功能都不能享用。

首先要清楚 VMware 下的 NAT 和 Windows NT 里 Routing and Remote Access 的那个 NAT 之间没有任何影响。在 VMware 下使用 NAT 模式主要的好处是可以隐藏虚拟机的拓扑和接入 Internet 时极为方便。NAT 模式由 VMnet 8 的 DHCP Server 提供 IP、Gateway、DNS。

和在 host-only 主机模式下一样,如果试图使用手动分配固定 IP,由于 VMnet 8 的限制,仍然无法和真实主机进行通信。不过,在 NAT 模式下接入 Internet 就非常简单了,不需要做任何配置,只需要真实主机连接到 Internet 后虚拟机就也可以接入 Internet 了。

这种方式下 Host 内部出现了一个虚拟的网卡 VMnet 8(默认情况下),如果有过做 NAT 服务器的经验,这里的 VMnet 8 就相当于连接到内网的网卡,而虚拟机本身则相当于运行在内网上的机器,虚拟机内的网卡则独立于 VMnet 8。会发现在这种方式下,VMware 自带的 DHCP 会默认地加载到 VMnet 8 上,这样虚拟机就可以使用 DHCP 服务。更为重要的是,

VMware 自带了 NAT 服务，提供了从 VMnet 8 到外网的地址转换，所以这种情况是一个实实在在的 NAT 服务器在运行，只不过是供虚拟机用的。显然，如果只有一个外网地址，此种方式很适合。

4.5.3　Use host-only networking(host-only 模式)

在某些特殊的网络调试环境中，要求将真实环境和虚拟环境隔离开，这时你就可采用 host-only 模式。在 host-only 模式中，所有的虚拟系统之间以及虚拟系统和宿主机系统之间是可以相互通信的，但虚拟系统和真实的网络是被隔离开的。

在 host-only 模式下，虚拟系统的 TCP/IP 配置信息，都是由 VMnet1(host-only) 虚拟网络的 DHCP 服务器来动态分配的。

如果想利用 VMWare 创建一个与网内其他机器相隔离的虚拟系统，进行某些特殊的网络调试工作或主机未安装网卡或者希望虚拟机仅与 Host 主机通信的情况下，可以选择 host-only 模式。

Host-only 模式用来建立隔离的虚拟机环境，在这种模式下，虚拟机与真实主机通过虚拟私有网络进行连接，只有同为 host-only 模式下且在一个虚拟交换机的连接下才可以互相访问，而外界无法访问。host-only 模式只能使用私有 IP。Host-only 模式和桥接模式的差别并不大，host-only 模式下会由 VMnet 1 的 DHCP Server 来提供 IP、Gateway、DNS。如果尝试使用手动分配固定 IP，会发现即使将 IP 地址配成和真实主机一个网段，也无法和真实主机进行联系，这是 VMnet 1 的限制，所以使用 VMnet 1 提供的 IP 是唯一的选择。如果想在 host-only 模式下接入 Internet 只能使用 ICS 或代理。

这是最为灵活的方式。和 NAT 唯一不同的是，在此种方式下，没有地址转换服务，因此，默认情况下，虚拟机只能到主机访问。默认情况下，也会有一个 DHCP 服务加载到 VMnet 1 上。这样连接到 VMnet 8 上的虚拟机仍然可以设置成 DHCP，方便系统的配置。是不是这种方式就没有办法连接到外网呢，当然不是，事实上，这种方式更为灵活。可以使用自己的方式，从而达到最理想的配置，例如：

- 使用自己的 DHCP 服务。首先停掉 VMware 自带的 DHCP 服务，使 DHCP 服务更为统一。
- 使用自己的 NAT。简单的如 Windows XP 里的 Internet 共享，复杂的如 Windows Server 里的 NAT 服务。
- 使用自己的防火墙。如 ISA。因为可以完全控制 VMnet1，你可以加入防火墙在 VMnet 1 和外网网卡间。网络模式的对比，如表 4-1 所列。

表 4-1　网络模式的对比

模式	虚拟网卡	是否 DHCP 分配地址	与主机能否相通	网络内其他机器能否访问虚拟系统	虚拟机能否访问网络中的其他主机系统
bridged	VMnet 0	不是	能	能	能
NAT	VMnet 8	是	能	不能	能
host-only	VMnet 1	是	能	不能	不能

4.6　虚拟服务的启动和关闭

由于虚拟机只在做实验时才使用,平时开机会有很多服务、进程随之启动,占用了大量系统资源。为解决此问题,可以编写两个批处理文件,分别打开和关闭虚拟服务。操作如下:首先下载一个工具 devcon,解压后将其 i386 目录里的 devcon.exe 复制到 system32 下。

打开记事本输入:

Rem 禁用虚拟机相关硬件

Devcon disable ＊vm＊

Rem 停止虚拟机的 5 个相关服务

Net stop "VMware Virtual Mount Manager Extended"

Net stop "VMware NAT Service"

Net stop "VMware DHCP Service"

Net stop "VMware Authorization Service"

Net stop "VMware Agent Service"

保存为 wmdevcon.bat。如果要开启则编写另一个批处理文件如下:

Devcon enable ＊vm＊

Net start "VMware Virtual Mount Manager Extended"

Net start "VMware NAT Service"

Net start "VMware DHCP Service"

Net start "VMware Authorization Service"

Net start "VMware Agent Service"

最新版本的虚拟机已经到 VMware Workstation 6.5,并且增加了不少功能,可以尝试,但是新版本不够稳定,做实验还是推荐用稳定的版本 6.0.0.2。读者想深入学习虚拟机,可以参考王春海编写的《虚拟机技术与应用》一书。

第 5 章 网络、系统和批处理命令

5.1 常用的系统命令

在平时系统维护和使用的过程中，经常需要用到一些系统自带的程序，有些程序比较难找，不容易打开，如果能记住些常用命令，那么可以通过"运行"对话框或者在 cmd 命令窗口中快速打开，方便使用。表 5-1 为一些常用的系统命令。

表 5-1 常用系统命令

名 称	功能描述	名 称	功能描述
winver	检查 Windows 版本	dcomcnfg	打开系统组件服务
wmimgmt.msc	打开管理体系结构	ddeshare	打开 DDE 共享设置
wupdmgr	Windows 更新程序	dvdplay	DVD 播放器
write	写字板	netstop messenger	停止信使服务
winmsd	系统信息	netstart messenger	开始信使服务
wiaacmgr	扫描仪和相机向导	notepad	打开记事本
winchat	Windows XP 自带局域网聊天	ntbackup	系统备份和还原
mem.exe	显示内存使用情况	narrator	屏幕"讲述人"
msconfig.exe	系统配置实用程序	ntmsmgr.msc	移动存储管理器
mspaint	画图板	syncapp	创建一个公文包
mstsc	远程桌面连接	sysedit	系统配置编辑器
mplayer2	媒体播放机	sigverif	文件签名验证程序
magnify	放大镜实用程序	sndrec32	录音机
mmc	打开控制台	shrpubw	创建共享文件夹
mobsync	同步命令	secpol.msc	本地安全策略
dxdiag	检查 directx 信息	syskey	系统密码
drwtsn32	系统医生	services.msc	本地服务设置
devmgmt.msc	设备管理器	sndvol32	音量控制程序
dfrg.msc	磁盘碎片整理程序	sfc.exe	系统文件检查器
diskmgmt.msc	磁盘管理实用程序	sfc/scannow	文件保护（扫描错误并复原）

续表 5-1

名称	功能描述	名称	功能描述
tourstart	漫游 Windows XP 程序	charmap	启动字符映射表
taskmgr	任务管理器	cliconfg	SQL Server 客户端
eventvwr	事件查看器	clipbrd	剪贴板查看器
eudcedit	造字程序	conf	启动 NETmeeting
explorer	打开资源管理器	compmgmt.msc	计算机管理
packager	对象包装程序	cleanmgr	垃圾整理
perfmon.msc	计算机性能监测程序	ciadv.msc	索引服务程序
progman	程序管理器	osk	打开屏幕键盘
regedit.exe	注册表	odbcad32	ODBC 数据源管理器
rsop.msc	组策略结果集	lusrmgr.msc	本机用户和组
regedt32	注册表编辑器	logoff	注销命令
regsvr32/u*.dll	停止 DLL 文件运行	iexpress	创建自解压程序,可以捆绑木马
cmd.exe	cmd 命令提示符	fsmgmt.msc	共享文件夹管理器
chkdsk.exe	chkdsk 磁盘检查	utilman	辅助工具管理器
certmgr.msc	证书管理实用程序	gpedit.msc	组策略编辑器
calc	启动计算器		

在记忆这些常用的命令时不要死记硬背,要学会把单词拆开记忆。比如"组策略编辑器"gpedit.msc 只要知道 g 表示 group(组);p 表示 policy(策略);edit(编辑),那么整个命令就很好记了。

5.2 常用的网络命令

5.2.1 IPConfig

IPConfig 实用程序用于显示当前的 TCP/IP 配置的设置值。这些信息一般用来检验人工配置的 TCP/IP 设置是否正确。但是,如果计算机和所在的局域网使用了动态主机配置协议(DHCP),这个程序所显示的信息也许更加实用。这时,IPConfig 可以让我们了解自己的计算机是否成功的租用到一个 IP 地址,如果租用到则可以了解目前分配到的是什么地址。了解当前的 IP 地址、子网掩码和缺省网关是进行测试和故障分析的必要前提。

如果计算机配置的 IP 地址与现有的 IP 地址重复,则子网掩码显示 0.0.0.0

以下是常用参数。

- IPConfig：当使用 IPConfig 时不带任何参数选项，那么它为每个已经配置了的接口显示 IP 地址、子网掩码和缺省网关值。
- IPConfig/all：当使用 all 选项时，将给出所有接口的详细配置报告，IPConfig 能为 DNS 和 WINS 服务器显示它已配置且所要使用的附加信息，并且显示网卡中的物理地址（MAC）。如果 IP 地址是从 DHCP 服务器租用的，IPConfig 将显示 DHCP 服务器的 IP 地址和租约。
- IPConfig /release 和 IPConfig /renew：这两个参数只能在向 DHCP 服务器租用其 IP 地址的计算机上起作用。如果输入 IPConfig /release，那么所有接口的租用 IP 地址便重新交付给 DHCP 服务器（归还 IP 地址）；如果输入 IPConfig /renew，那么本地计算机便设法与 DHCP 服务器取得联系，并租用一个 IP 地址。请注意，大多数情况下网卡将被重新赋予和以前所赋予的相同的 IP 地址。

下面是 IPConfig/all 命令的输出范例，

Windows 2000 IP Configuration

Node Type. . . . . : Hybrid

IP Routing Enabled. . . . . : No

WINS Proxy Enabled. . . . . : No

Ethernet adapter Local Area Connection：

Host Name. . . . . : corp1.microsoft.com

DNS Servers . . . . : 10.1.0.200

Description. . . . . : 3Com 3C90x Ethernet Adapter

Physical Address. . . . . . : 00-60-08-3E-46-07

DHCP Enabled. . . . . : Yes

Autoconfiguration Enabled. : Yes

IP Address. . . . . : 192.168.0.112

Subnet Mask. . . . . : 255.255.0.0

Default Gateway. . . . . . : 192.168.0.1

DHCP Server. . . . . : 10.1.0.50

Primary WINS Server. . . . : 10.1.0.101

Secondary WINS Server. . . : 10.1.0.102

Lease Obtained. . . . . . . : Wednesday, September 02, 1998 10:32:13 AM

Lease Expires. . . . . . . : Friday, September 18, 1998 10:32:13 AM

注意：对于 Windows 98 的客户机，请使用 winipcfg 命令而不是 IPConfig 命令。

5.2.2 Ping

Ping 是个使用频率极高的实用程序,用于确定本地主机是否能与另一台主机交换(发送与接收)数据包。根据返回的信息,就可以推断 TCP/IP 参数是否设置得正确。需要注意的是:成功地与另一台主机进行一次或两次数据包交换并不表示 TCP/IP 配置就是正确的,而必须执行大量的本地主机与远程主机的数据包交换,才能确定 TCP/IP 的正确性。

简单地说,Ping 就是一个测试程序,如果 Ping 运行正确,大体上就可以排除网络访问层、网卡、Modem 的输入输出线路、电缆和路由器等存在的故障。但由于可以自定义所发数据报的大小及无休止地高速发送,Ping 也被某些黑客作为 DDOS 的工具。

按照缺省设置,Windows 上运行的 Ping 命令发送 4 个 ICMP 回送请求,每个 32 字节数据,如果一切正常,应能得到 4 个回送应答。如果应答时间短,表示数据包不必通过太多的路由器或网络连接速度比较快。Ping 还能显示 TTL 值,可以通过 TTL 值推算一下数据包已经通过了多少个路由器:源地点 TTL 起始值(就是比返回 TTL 略大的一个 2 的乘方数)至返回时 TTL 值。例如,返回 TTL 值为 119,那么可以推算数据报离开源地址的 TTL 起始值为 128,而源地点到目标地点要通过 9 个路由器网段(128-119);如果返回 TTL 值为 246,TTL 起始值就是 256,源地点到目标地点要通过 9 个路由器网段。

Ping 本机 IP(ping 127.0.0.1)——这个命令被送到计算机所配置的 IP 地址,计算机始终都应该对该 Ping 命令作出应答,如果没有,则表示本地配置或安装存在问题。出现此问题时,局域网用户请断开网络电缆,然后重新发送该命令。如果网线断开后本命令正确,则表示另一台计算机可能配置了相同的 IP 地址。

Ping 局域网内其他 IP——这个命令应该离开计算机,经过网卡及网络电缆到达其他计算机,再返回。收到回送应答表明本地网络中的网卡和载体运行正确。但如果收到 0 个回送应答,那么表示子网掩码不正确或网卡配置错误或电缆系统有问题。

Ping 网关 IP——此命令如果应答正确,表示局域网中的网关路由器正在运行并能够作出应答。

Ping 远程 IP——如果收到 4 个应答,表示成功的使用了缺省网关。对于拨号上网用户则表示能够成功访问 Internet。

Ping localhost——localhost 是个操作系统的网络保留名,它是 127.0.0.1 的别名,每台计算机都应该能够将该名字转换成该地址。如果没有做到这一点,则表示主机文件(/Windows/host)中存在问题。

如果上面所列出的所有 Ping 命令都能正常运行,那么就可对计算机进行本地和远程通信的功能基本上就可以放心了。但是,这些命令的成功并不表示所有的网络配置都没有问题,例如某些子网掩码错误就可能无法用这些方法检测到。

Ping 命令的常用参数。

- ping IP -t：连续对 IP 地址执行 Ping 命令，直到被用户使用 Ctrl+C 组合键中断。
- ping IP -l：2000 指定 Ping 命令中的数据长度为 2000 字节，而不是默认的 32 字节。
- ping IP -n：执行特定次数的 Ping 命令。
- Ping IP -w：默认情况下，在显示"请求超时"之前，Ping 等待 1000 ms（1 秒）的时间让每个响应返回。如果通过 Ping 探测的远程系统经过长时间延迟的链路，如卫星链路，则响应可能会花更长的时间才能返回。可以使用-w（等待）选项指定更长时间的超时。

5.2.3 Netstat

可以使用 netstat 命令显示协议统计信息和当前的 TCP/IP 连接。一般显示与 IP、TCP、UDP 和 ICMP 相关的统计数据，常用于检验本机各端口的网络连接情况。

如果有时计算机接收到的数据包会导致出错、数据删除或故障，则不必感到奇怪，TCP/IP 容许这些类型的错误，并能够自动重发数据报。但如果累计的出错情况数目占到所接收的 IP 数据报相当大的百分比，那么就应该使用 netstat 查一查原因了。

以下是 netstat 命令的常用参数。

- netstat -s：本选项能够按照各个协议分别显示其统计数据。如果应用程序（如 Web 浏览器）运行速度比较慢，或者不能显示 Web 页之类的数据，那么就可以用本选项来查看一下所显示的信息。需要仔细查看统计数据的各行，找到出错的关键字，进而确定问题所在。
- netstat -e：显示以太网的统计数据。它列出的项目包括传送的数据报的总字节数、错误数、删除数、数据报的数量和广播的数量。这些统计数据既有发送的数据报数量，也有接收的数据报数量。这个选项可以用来统计一些基本的网络流量。
- netstat -r：显示关于路由表的信息，类似于使用 route print 命令时看到的信息。除了显示有效路由外，还显示当前有效的连接。
- netstat -a：显示所有有效连接信息列表，包括已建立的连接（ESTABLISHED），也包括监听连接请求（LISTENING）的那些连接。
- netstat -n：显示所有已建立的有效连接，但不能将地址和端口号转换成名称。

下面是 netstat 的输出示例。

C:\> netstat -e
Interface Statistics
Received Sent
Bytes 3995837940 47224622
Unicast packets 120099 131015
Non-unicast packets 7579544 3823
Discards 0 0

Errors 0 0

Unknown protocols 363054211

C:\> netstat -a

Active Connections

Proto Local Address Foreign Address State

TCP CORP1：1572 172.16.48.10：nbsession ESTABLISHED

TCP CORP1：1589 172.16.48.10：nbsession ESTABLISHED

TCP CORP1：1606 172.16.105.245：nbsession ESTABLISHED

TCP CORP1：1632 172.16.48.213：nbsession ESTABLISHED

TCP CORP1：1659 172.16.48.169：nbsession ESTABLISHED

TCP CORP1：1714 172.16.48.203：nbsession ESTABLISHED

TCP CORP1：1719 172.16.48.36：nbsession ESTABLISHED

TCP CORP1：1241 172.16.48.101：nbsession ESTABLISHED

UDP CORP1：1025 *：*

UDP CORP1：snmp *：*

UDP CORP1：nbname *：*

UDP CORP1：nbdatagram *：*

UDP CORP1：nbname *：*

UDP CORP1：nbdatagram *：*

C:\> netstat -s

IP Statistics

Packets Received = 5378528

Received Header Errors = 738854

Received Address Errors = 23150

Datagrams Forwarded = 0

Unknown Protocols Received = 0

Received Packets Discarded = 0

Received Packets Delivered = 4616524

Output Requests = 132702

Routing Discards = 157

Discarded Output Packets = 0

Output Packet No Route = 0

Reassembly Required = 0

Reassembly Successful = 0

Reassembly Failures =

Datagrams Successfully Fragmented = 0

Datagrams Failing Fragmentation = 0

Fragments Created = 0

ICMP Statistics

Received Sent

Messages 693 4

Errors 0 0

Destination Unreachable 685 0

Time Exceeded 0 0

Parameter Problems 0 0

Source Quenches 0 0

Redirects 0 0

Echoes 4 0

Echo Replies 0 4

Timestamps 0 0

Timestamp Replies 0 0

Address Masks 0 0

Address Mask Replies 0 0

TCP Statistics

Active Opens = 597

Passive Opens = 135

Failed Connection Attempts = 107

Reset Connections = 91

Current Connections = 8

Segments Received = 106770

Segments Sent = 118431

Segments Retransmitted = 461

UDP Statistics

Datagrams Received = 4157136

No Ports = 351928

Receive Errors = 2

Datagrams Sent = 13809

以下是 netstat 的应用实例。

经常上网的人一般都使用 QQ,若被一些讨厌的人骚扰,想投诉又无从下手? 其实只要知道对方的 IP,就可以向其所属的 ISP 投诉了。但怎样才能通过 QQ 知道对方的 IP 呢? 如果对方在设置 QQ 时选择了不显示 IP 地址,则将无法在信息栏中看到。其实,只需要通过 netstat 就可以很方便地做到这一点:当他通过 QQ 发信息给你时,我们立刻在 DOS 命令提示符下输入 netstat -n 或 netstat -a 就可以看到对方上网时所用的 IP 或 ISP 域名了,甚至连所用 Port 都完全暴露了。

5.2.4 nbtstat

nbtstat 命令释放和刷新 NetBIOS 名称。nbtstat 用于提供关于 NetBIOS 的统计数据。运用 NetBIOS,可以查看本地计算机或远程计算机上的 NetBIOS 名称表格。

TCP/IP 上的 NetBIOS 将 NetBIOS 名称解析成 IP 地址。TCP/IP 为 NetBIOS 名称解析提供了很多选项,包括本地缓存搜索、WINS 服务器查询、广播、DNS 服务器查询以及 Lmhosts 和主机文件搜索。Nbtstat 是解决 NetBIOS 名称解析问题的有用工具。

以下是 nbtstat 的常用参数。

nbtstat -n:显示注册在本地的名字和服务程序。

nbtstat -c:显示 NetBIOS 名称缓存,包含其他计算机的名称对地址映射。

nbtstat -R:清除和重新从 Lmhosts 加载 NetBIOS 名字高速缓存。

nbtstat -RR:释放在 WINS 服务器上注册的 NetBIOS 名称,然后刷新它们的注册。

nbtstat -a:IP/name 通过 IP 或名字显示另一台计算机的物理地址和名称列表,显示的内容就像对方计算机自己运行 nbtstat -n 一样。

nbtstat -s:列出当前的 NetBIOS 会话及其状态(包括统计)。

如下例所示:

```
NetBIOS connection table
Local name State In/out Remote Host Input Output
----------------------------------------------------
CORP1 <00> Connected Out CORPSUP1<20> 6MB 5MB
CORP1 <00> Connected Out CORPPRINT <20> 108KB 116KB
CORP1 <00> Connected Out CORPSRC1 <20> 299KB 19KB
CORP1 <00> Connected Out CORPEMAIL1 <20> 324KB 19KB
CORP1 <03> Listening
```

5.2.5 tracert

tracert 是路由跟踪命令,用于确定 IP 数据报访问目标所采取的路径。tracert 命令用 IP 生存时间 (TTL)字段和 ICMP 错误消息来确定从一个主机到网络上其他主机的路由。tracert 一般用来检测故障的位置，可以用 tracert IP 检测在哪个环节上出了问题，虽然不能确定是什么问题，但它能告诉我们问题所在的位置。

tracert 命令的常用参数。
- tracert：[-d] [-h maximum_hops] [-j host-list] [-w timeout] target_name
- -d：指定不将 IP 地址解析到主机名称。
- -h：maximum_hops 跟踪到目的主机的最大越点跳数字。
- -j host-list：指定 Tracert 实用程序数据包所采用路径中的路由器接口列表。
- -w timeout：等待 timeout 为每次回复所指定的毫秒数。
- target_name：目标主机的名称或 IP 地址。
- tracert ip -d：该命令返回到达 IP 地址所经过的路由器列表。通过使用 -d 选项，将更快地显示路由器路径，不解析路由器的名称。

在下例中，数据包必须通过两个路由器（10.0.0.1 和 192.168.0.1）才能到达主机 172.16.0.99。主机的默认网关是 10.0.0.1，192.168.0.0 网络上的路由器的 IP 地址是 192.168.0.1。

C:\> tracert 172.16.0.99 -d

Tracing route to 172.16.0.99 over a maximum of 30 hops

1 2s 3s 2s 10.0.0.1

2 75 ms 83 ms 88 ms 192.168.0.1

3 73 ms 79 ms 93 ms 172.16.0.99

Trace complete.

在下例中，默认网关确定 192.168.10.99 主机没有有效路径。这可能是路由器配置的问题，或者是 192.168.10.0 网络不存在（错误的 IP 地址）。

C:\> tracert 192.168.10.99

Tracing route to 192.168.10.99 over a maximum of 30 hops

1 10.0.0.1 reportsestination net unreachable.

Trace complete.

tracert 命令对于解决大多数网络问题非常有用，此时可以采取几条路径到达同一个点的方法。

5.2.6 pathping

pathping 命令是一个路由跟踪工具，它将 ping 和 tracert 命令的功能结合起来。pathping 命令在一段时间内将数据包发送到最终目标的路径上的每个路由器，然后基于数据包的计算机结果从每个跃点返回。由于命令显示数据包在任何给定路由器或链接上丢失的程度，因此可以很容易地确定可能导致网络问题的路由器或链接。

pathping 命令的参数如表 5-2 所列。

表 5-2 pathping 参数

选项	名称	功能
-n	Hostnames	不将地址解析成主机名
-h	Maximum hops	搜索目标的最大跳跃数
-g	Host-list	沿着路由列表释放源路由
-p	Period	ping 的等待毫秒数
-q	Num_queries	每个跃点的查询数
-w	Time-out	每次回复所等待的毫秒数
-t	Layer 2 tag	标识没有正确配置第二层优先级的网络设备
-r	RSVP isbase Che	检查以确定路径中的每个路由器是否支持"资源保留协议(RSVP)"

默认的跃点数是 30,并且超时前的默认等待时间是 3 s。默认时间是 250 ms,并且沿着路径对每个路由器进行查询的次数是 100。

以下是典型的 pathping 报告。跃点列表后的统计信息表明在每个独立路由器上数据包丢失的情况。

D:\> pathping -n msw
Tracing route to msw [7.54.1.196]
over a maximum of 30 hops:
0 172.16.87.35
1 172.16.87.218
2 192.68.52.1
3 192.68.80.1
4 7.54.247.14
5 7.54.1.196
Computing statistics for 125 seconds...
 Source to Here This Node/Link
Hop RTT Lost/Sent = Pct Lost/Sent = Pct Address
0 172.16.87.35
 0/ 100 = 0% |
1 41ms 0/ 100 = 0% 0/ 100 = 0% 172.16.87.218
 13/ 100 = 13% |
2 22ms 16/ 100 = 16% 3/ 100 = 3% 192.68.52.1
 0/ 100 = 0% |

3 24ms 13/100 = 13％ 0/100 = 0％ 192.68.80.1
 0/100 = 0％ |
4 21ms 14/100 = 14％ 1/100 = 1％ 10.54.247.14
 0/100 = 0％ |
5 24ms 13/100 = 13％ 0/100 = 0％ 10.54.1.196
Trace complete.

运行 pathping,在测试问题时首先查看路由的结果。此路径与 tracert 命令所显示的路径相同。然后 pathping 命令对下一个 125 ms 显示消息(此时间根据跃点计数变化)。在此期间,pathping 从以前列出的所有路由器和它们之间的链接之间收集信息。

最右边的两栏 This Node/Link Lost/Sent = Pct 和 Address 包含的信息最有用。172.16.87.218(跃点 1)和 192.68.52.1(跃点 2)丢失 13％的数据包。所有其他链接工作正常。在跃点 2 和 4 中的路由器也丢失寻址到它们的数据包(如 This Node /Link 栏中所示),但是该丢失不会影响转发的路径。

对链接显示的丢失率(在最右边的栏中标记为 |)表明沿路径转发丢失的数据包。该丢失表明链接阻塞。对路由器显示的丢失率(通过最右边栏中的 IP 地址显示)表明这些路由器的 CPU 可能超负荷运行。

5.2.7 route

大多数主机一般都是驻留在只连接一台路由器的网段上。由于只有一台路由器,因此不存在使用哪一台路由器将数据报发送到远程计算机上去的问题,该路由器的 IP 地址可作为该网段上所有计算机的默认网关来输入。但是,当网络上拥有两个或多个路由器时,就不能只依赖默认网关了。实际上,用户可能想让自己的某些远程 IP 地址通过某个特定的路由器来传递,而其他的远程 IP 则通过另一个路由器来传递。在这种情况下,需要相应的路由信息,这些信息储存在路由表中,每个主机和每个路由器都配有自己独一无二的路由表。大多数路由器使用专门的路由协议来交换和动态更新路由器之间的路由表。但在有些情况下,必须人工将项目添加到路由器和主机上的路由表中。route 命令就是用来显示、人工添加和修改路由表项目的。

以下是 route 命令的常用参数。
- route print：该命令用于显示路由表中的当前项目,在单路由器网段上的输出;由于用 IP 地址配置了网卡,因此所有的这些项目都是自动添加的。
- route add：用于将路由项目添加给路由表。例如,如果要设定一个到目的网络 209.98.32.33 的路由,其间要经过 5 个路由器网段,首先要经过本地网络上的一个路由器,IP 为 202.96.123.5,子网掩码为 255.255.255.224,则应该输入以下命令:
 route add 209.98.32.33 mask 255.255.255.224 202.96.123.5 metric 5

- route change：可以使用本命令来修改数据的传输路由，不过，不能使用该命令来改变数据的目的地。下面这个例子可以将数据的路由改到另一个路由器，它采用一条包含3个网段的路径：

　　route add 209.98.32.33 mask 255.255.255.224 202.96.123.250 metric 3

- route delete：使用该命令可以从路由表中删除路由。例如：route delete 209.98.32.33

5.2.8　arp

地址解析协议（ARP）允许主机查找同一物理网络上的主机的媒体访问控制地址，即MAC地址，也叫网卡地址，如果给出后者的IP地址。为使ARP更加有效，每个计算机缓存IP到MAC地址映射消除重复的ARP广播请求。

ARP是一个重要的TCP/IP协议，并且用于确定对应IP地址的网卡物理地址。用arp命令，我们能够查看本地计算机或另一台计算机的ARP高速缓存中的当前内容。此外，使用arp命令，也可以用人工方式输入静态的网卡物理/IP地址对，可能会使用这种方式为默认网关和本地服务器等常用主机进行设置，有助于减少网络上的信息量。

按照默认设置，ARP高速缓存中的项目是动态的，每当发送一个指定地点的数据报且高速缓存中不存在当前项目时，ARP便会自动添加该项目。一旦高速缓存的项目被输入，它们就已经开始走向失效状态。例如，在Windows NT/2000网络中，如果输入项目后不进一步使用，物理/IP地址对就会在2～10 min内失效。因此，如果ARP高速缓存中项目很少或根本没有时，请不要奇怪，通过另一台计算机或路由器的ping命令即可添加。所以，需要通过arp命令查看高速缓存中的内容时，请最好先ping此台计算机（不能是本机发送ping命令）。

以下是arp命令的常用参数。

- arp -a 或 arp -g：用于查看高速缓存中的所有项目。-a和-g参数的结果是一样的，多年来-g一直是UNIX平台上用来显示ARP高速缓存中所有项目的选项，而Windows用的是arp -a(-a可被视为all，即全部的意思)，但它也可以接受比较传统的-g选项。
- arp -a IP：如果有多个网卡，那么使用arp -a加上接口的IP地址，就可以只显示与该接口相关的ARP缓存项目。
- arp -s IP 物理地址：我们可以向ARP高速缓存中人工输入一个静态项目。该项目在计算机引导过程中将保持有效状态，或者在出现错误时，人工配置的物理地址将自动更新该项目。
- arp -d IP：使用本命令能够人工删除一个静态项目。

例如，在命令提示符下键入arp -a，如果使用过ping命令测试并验证从这台计算机到IP地址为10.0.0.99的主机的连通性，则ARP缓存显示以下项：

Interface：10.0.0.1 on interface 0x1

Internet Address	Physical Address	Type
10.0.0.99	00-e0-98-00-7c-dc	dynamic

在此例中，缓存项指出位于 10.0.0.99 的远程主机解析成 00-e0-98-00-7c-dc 的网卡地址，它是在远程计算机的网卡硬件中分配的。

5.3 批处理命令

5.3.1 批处理的介绍

扩展名是.bat(在 Windows 操作系统 2000/2003/XP 下也可以是 cmd)的文件就是批处理文件。.bat 是 DOS 下的批处理文件。.cmd 是 nt 内核命令行环境的另一种批处理文件。从更广义的角度来看，UNIX 的 shell 脚本以及其他操作系统甚至应用程序中由外壳进行解释执行的文本，都具有与批处理文件十分相似的作用，而且同样是由专用解释器以行为单位解释执行，这种文本形式更通用的称谓是脚本语言。所以从某个程度分析，batch，UNIX shell，basic，perl 等脚本语言都是一样的，只不过应用的范围和解释的平台不同而已。

首先，批处理文件是一个文本文件，这个文件的每一行都是一条 DOS 命令，可以使用 DOS 下的 Edit 或者 Windows 下的 Notepad 等文本文件编辑工具创建和修改批处理文件。

其次，批处理文件是一种简单的程序，可以通过条件语句(if)和流程控制语句(goto)来控制命令运行的流程，在批处理中也可以使用循环语句(for)来循环执行一条命令。当然，批处理文件的编程能力与 C 语言等编程语句比起来是十分有限的。批处理的程序语句就是一条条的 DOS 命令，而批处理的能力主要取决于你所使用的命令。

最后，每个编写好的批处理文件都相当于一个 DOS 的外部命令，你可以把它所在的目录放到你的 DOS 搜索路径中来使得它可以在任意位置运行。一个良好的习惯是在硬盘上建立一个 bat 或者 batch 目录(例如 C:\batch)，然后将所有编写的批处理文件放到该目录中。这样只要在 path 中设置 C:\batch，就可以在任意位置运行所有编写的批处理程序。

下面讲解常用的命令。

echo

当程序运行时，显示或隐藏批处理程序中的正文，也可用于允许或禁止命令的回显。

语法

echo on：表示显示此命令后的字符。

echo off：表示在此语句后所有运行的命令都不显示命令行本身。

@与 echo off 相像，但它是加在每个命令行的最前面，表示运行时不显示这一行的命令行（只能影响当前行）。

call

call调用另一个批处理文件,如果不用call而直接调用别的批处理文件,那么执行完那个批处理文件后将无法返回当前文件并执行当前文件的后续命令。

语法:call [drive:][path]filename [batch-parameters]

[drive:][path]filename:指定要调用的批处理文件的名字和路径。文件名必须用.bat作扩展名。

batch-parameters:指定批处理程序所需的命令行信息。

pause

pause语句会暂停批处理的执行并在屏幕上显示Press any key to continue...的提示,等待用户按任意键后继续。

rem

rem可以在批处理文件或config.sys中加入注解。也可用rem命令来屏蔽命令(在config.sys中也可以用分号(;)代替REM命令,但在批处理文件中则不能替代)。

语法:rem [string]

string:该参数指定要屏蔽的命令或要包含的注解。

rem:表示此命令后的字符为注释,不执行。::也可以起到rem的注释作用,而且更简洁有效,但有两点需要注意:

第一,除了::之外,任何以:开头的字符行,在批处理中都被视为标号,而直接忽略其后的所有内容,只是为了与正常的标号相区别,建议使用goto所无法识别的标号,即在:后紧跟一个非字母数字的一个特殊符号。

第二,与rem不同的是,::后的字符行在执行时不会回显,无论是否用echo on打开命令行回显状态,因为命令解释器不认为它是一个有效的命令行,就此点来看,rem在某些场合下将比::更为适用;另外,rem可以用于config.sys文件中。

实例一 用Edit编辑a.bat文件,输入下列内容后存盘为C:\a.bat,执行该批处理文件后可实现:将根目录中所有文件写入a.txt中,再调用组策略。

批处理文件的内容为: 命令注释:
  @echo off   不显示后续命令行及当前命令行
  dir c:*.* >a.txt   将C盘文件列表写入a.txt
  echo 你好   显示"你好"
  pause   暂停,等待按键继续
  rem 准备运行组策略   注释:准备运行组策略
  gpedit.msc   运行组策略

实例二 C:根目录下有一个名为f.bat的批处理文件,内容为:

@echo off
format %1

如果执行C:\>f a:,那么在执行f.bat时,%1就表示a:,这样format %1就相当于format a:。

批处理文件还可以像C语言的函数一样使用参数,这需要用到一个参数表示符"%"。%[1-9]表示参数,参数是指在运行批处理文件时在文件名后加的以空格(或者Tab)分隔的字符串。变量可以从%0~%9,%0表示批处理命令本身,其他参数字符串用%1~%9顺序表示。

5.3.2 高级命令

1. if

If用来判断是否是符合规定的条件,从而决定执行不同的命令。有以下三种格式。

(1) if [not] "参数" == "字符串" 待执行的命令

例:if "%1" == "a" format a:

(2) if [not] exist [路径\]文件名 待执行的命令

如果有指定的文件,则条件成立,运行命令;否则运行下一句。

例:if exist C:\config.sys type c:\config.sys

表示如果存在C:\config.sys文件,则显示它的内容。

(3) if errorlevel <数字> 待执行的命令

很多DOS程序在运行结束后会返回一个数字值来表示程序运行的结果,通过if errorlevel命令可以判断程序的返回值,根据不同的返回值来决定执行不同的命令。如果返回值等于指定的数字,则条件成立,运行命令;否则运行下一句。

例:if errorlevel 2 goto x2

2. goto

批处理文件运行到这里将跳到goto所指定的标号(标号用":"后跟标准字符串来定义)处,goto语句一般与if配合使用,根据不同的条件来执行不同的命令组。

如:

goto end

……

:end

echo this is the end

标号用":字符串"来定义,标号所在行不被执行。

3. choice

使用此命令可以让用户输入一个字符,从而根据用户的选择返回不同的errorlevel,然后与if errorlevel配合,根据用户的选择运行不同的命令。

choice的命令语法(该语法为Windows 2003中choice命令的语法):

CHOICE [/C choices] [/N] [/CS] [/T timeout /D choice] [/M text]

描述：

该命令允许用户从选择列表选择一个项目并返回所选项目的索引。

参数列表：

/C choices： 指定要创建的选项列表。默认列表是"YN"。

/N： 在提示符中隐藏选项列表。

/CS： 设置是否区分大小写。

/T timeout： 做出默认选择之前,暂停的秒数。

/D choice： 在 nnnn 秒之后指定默认选项。

/M text： 指定提示之前要显示的消息。

例：test.bat 的内容如下（注意,用 if errorlevel 判断返回值时,要按返回值从高到低排列）：

@echo off
choice /C dme /M "defrag,mem,end"
if errorlevel 3 goto end
if errorlevel 2 goto mem
if errorlevel 1 goto defrag
:defrag
c:\dos\defrag
goto end

:mem
mem
goto end

:end
echo good bye

此批处理运行后,将显示"defrag,mem,end[e,m,e]?",用户可选择 d,m,e,然后 if 语句根据用户的选择作出判断。d 表示执行标号为 defrag 的程序段；m 表示执行标号为 mem 的程序段；e 表示执行标号为 end 的程序段。每个程序段最后都以 goto end 将程序跳到 end 标号处,然后程序将显示 good bye,批处理运行结束。

4. for

for 是个循环命令,只要条件符合,它将多次执行同一命令。其语法：

FOR %%variable IN (set) DO command [command-parameters]

%%variable： 指定一个单一字母可替换的参数。

(set)： 指定一个或一组文件,可以使用通配符。
command： 指定对每个文件执行的命令。
command-parameters：为特定命令指定参数或命令行开关。
例：for %%c in (*.bat *.txt) do type %%c
则该命令行会显示当前目录下所有以 bat 和 txt 为扩展名的文件的内容。

5.4 批处理实例

1. IF-EXIST

(1) 首先用记事本在根目录 C:\下建立一个 test1.bat 批处理文件,文件内容如下：
@echo off
IF EXIST \AUTOEXEC.BAT TYPE \AUTOEXEC.BAT
IF NOT EXIST \AUTOEXEC.BAT ECHO \AUTOEXEC.BAT does not exist
然后运行：C:\>TEST1.BAT
如果 C:\存在 AUTOEXEC.BAT 文件,那么它的内容就会被显示出来;如果不存在,批处理就会提示用户该文件不存在。

(2) 接着再建立一个 test2.bat 文件,内容如下：
@ECHO OFF
IF EXIST \%1 TYPE \%1
IF NOT EXIST \%1 ECHO \%1 does not exist
执行：C:\>TEST2 AUTOEXEC.BAT
该命令运行结果同上。
说明：
① IF EXIST 用来测试文件是否存在。
② test2.bat 文件中的%1 是参数,DOS 允许传递 9 个批参数信息给批处理文件,分别为%1~%9(%0 表示 test2 命令本身)。

(3) 建立一个名为 TEST3.BAT 的文件,内容如下：
@echo off
IF "%1" == "A" ECHO XIAO
IF "%2" == "B" ECHO TIAN
IF "%3" == "C" ECHO XIN
如果运行：C:\>TEST3 A B
屏幕上会显示：
XIAO

TIAN
在这个命令执行过程中，DOS 会将一个空字符串指定给参数%3。

2. IF-ERRORLEVEL
建立 TEST4.BAT，内容如下：
@ECHO OFF
XCOPY C:\AUTOEXEC.BAT D:\
IF ERRORLEVEL 1 ECHO 文件复制失败
IF ERRORLEVEL 0 ECHO 成功复制文件
然后执行文件：C:\>TEST4
如果文件复制成功，屏幕就会显示"成功复制文件"；否则就会显示"文件复制失败"。

3. GOTO
建立 TEST6.BAT，文件内容如下：
@ECHO OFF
IF EXIST C:\AUTOEXEC.BAT GOTO _COPY
GOTO _DONE
:COPY
COPY C:\AUTOEXEC.BAT D:\
:DONE
注意：
(1) 标号前是 ASCII 字符的冒号"："，冒号与标号之间不能有空格。
(2) 标号的命名规则与文件名的命名规则相同。
(3) DOS 支持最长 8 位字符的标号，当无法区别两个标号时，将跳转至最近的一个标号。

4. FOR
建立 C:\TEST7.BAT，文件内容如下：
@ECHO OFF
FOR %%C IN (*.BAT *.TXT *.SYS) DO TYPE %%C
运行：C:\>TEST7
执行以后，屏幕上会将 C 盘根目录下所有以 BAT，TXT，SYS 为扩展名的文件内容显示出来。

第6章 磁盘阵列

6.1 磁盘阵列简介

如何增加磁盘的存取速度,如何防止数据因磁盘的故障而丢失及如何有效地利用磁盘空间,曾经一直是电脑专业人员和用户的困扰,磁盘阵列(Disk Array)技术的产生一举解决了这些问题。

目前改进磁盘存取速度的方式主要有两种。一种是磁盘缓存控制,它将从磁盘读取的数据存在 cache 中以减少磁盘存取的次数,数据的读写都在 cache 中进行,大幅增加存取的速度,如要读取的数据不在 cache 中,或要写数据到磁盘时,才做磁盘的存取动作。这种方式在单工环境,如 DOS 下,对大量数据的存取有很好的性能,但在多工环境之下或数据库的存取(因为每一记录都很小)就不能显示其性能。这种方式没有任何安全保障。另一种是使用磁盘阵列技术。磁盘阵列是把多个磁盘组成一个阵列,当做单一磁盘使用,它将数据以分段的方式储存在不同的磁盘中,存取数据时,阵列中的相关磁盘一起动作,大幅减低数据的存取时间,同时有更佳的空间利用率。磁盘阵列所利用的不同技术,称为 RAID level,不同的 level 针对不同的系统及应用。

一般高性能的磁盘阵列都以硬件的形式来达成,进一步的把磁盘缓存控制及磁盘阵列结合在一个控制器(RAID controller)上,针对不同的用户解决人们对磁盘输出入系统的 4 大要求:

① 增加存取速度;
② 容错(即安全性);
③ 高效利用磁盘空间;
④ 平衡 CPU 等硬件,提高计算机性能。

6.2 磁盘阵列原理

磁盘阵列中针对不同的应用使用的不同技术,称为 RAID level,RAID 是 Redundant Array of Inexpensive Disks 的缩写,而每一 level 代表一种技术,目前业界公认的标准是 RAID 0~5。这个 level 并不代表技术的高低,至于要选择哪一种 RAID level 的产品,要根据用户的操作环境及应用而定。RAID 0 及 RAID 1 适用于小型的网络服务器及需要高磁盘容量与快速磁盘存取的工作站等，因为比较便宜，但因一般人对磁盘阵列不了解，没有看到磁盘阵列对他们价值，市场尚未打开；RAID 2 及 RAID 3 适用于大型电脑及影像、CAD/CAM 等处理；RAID 5 多用于 OLTP，因有金融机构及大型数据处理中心的迫切需要，故使用较广，但也因此形成很多人对磁盘阵列的误解，以为磁盘阵列非要 RAID 5 不可；RAID 4 较少使用，因为两者有其共同之处，而 RAID 4 又有其先天的限制。其他的如 RAID 6，RAID 7，乃至 RAID 10 等，都是厂商各做各的，并无一致的标准，在此不作说明。

介绍各个 RAID level 之前，先看看形成磁盘阵列的两种基本技术：

首先是 disk spanning 技术，译为磁盘延伸。用磁盘阵列控制器，连接 4 个磁盘。这 4 个磁盘形成一个阵列，而磁盘阵列的控制器是将此 4 个磁盘视为单一的磁盘，如系统中的 C 盘，这是 disk spanning 的意义，因为把小容量的磁盘延伸为大容量的单一磁盘，用户不必规划数据在各磁盘的分布，而且提高了磁盘空间的使用率。SCSI 磁盘阵列更可连接几十个磁盘，形成数千 GB 的阵列，使磁盘容量几乎可作无限的延伸；而各个磁盘一起作取存的动作，比单一磁盘更为快。很明显，由此阵列的形成而产生了 RAID 的各种技术。可以看出，因为 4 个 250 GB 的磁盘比一个 1000 GB 的磁盘要便宜，尤其以前大磁盘的价格非常贵，但在磁盘越来越便宜的今天，inexpensive 已非磁盘阵列的重点，虽然对于需要大磁盘容量的系统，仍会考虑使用。

因为磁盘阵列是将同一阵列的多个磁盘视为单一的虚拟磁盘，所以其数据是以分段的方式顺序存放在磁盘阵列中。数据按需要分段，从第一个磁盘开始放，放到最后一个磁盘再回到第一个磁盘存放，直到数据分布完毕。至于分段的大小视系统而定，一般分段应是 512 字节的倍数，因为磁盘的读写是以一个扇区为单位的。数据以分段写入不同的磁盘，整个阵列的各个磁盘可同时作读写，故数据分段使数据的存取有最好的效率。

Disk Striping 也称为 RAID 0，很多人以为 RAID 0 没有什么，其实这是非常错误的观念，因为 RAID 0 使磁盘的输出、输入有最高的效率。而磁盘阵列有更好效率的原因除数据分段外，它可以同时执行多个输出输入的要求，因为阵列中的每一个磁盘都能独立动作，分段放在不同的磁盘，不同的磁盘可同时作读写，而且能在 cache 及磁盘作并行存取的动作，但只有硬件的磁盘阵列才有此性能表现。

从上面两点可以看出，Disk Spanning 定义了 RAID 的基本形式，提供了一个便宜、灵活、高性能的结构，而 disk striping 解决了数据的存取效率和磁盘的利用率问题，RAID 1～RAID 5 是在此基础上发展出来的。

1. RAID 1

RAID 1 是使用磁盘镜像（Disk Mirroring）的技术。磁盘镜像应用在 RAID 1 之前就在很多系统中使用，它的方式是在工作磁盘之外再加一额外的备份磁盘，两个磁盘所储存的数据完全一样，数据写入工作磁盘的同时亦写入备份磁盘。

读取数据时可用到所有的磁盘，充分发挥数据分段的优点；写入数据时，因为有备份，所以要写入两个磁盘,其效率是 N/2,磁盘空间的使用率也只有全部磁盘的一半。

很多人以为 RAID 1 要加一个额外的磁盘,形成浪费而不看好 RAID 1。事实上,磁盘越来越便宜,并不见得造成负担,况且 RAID 1 有最好的容错能力,其效率也是除 RAID 0 之外最好的。RAID 1 完全做到了容错,包括不停机,当某一磁盘发生故障,可将此磁盘拆下来而不影响其他磁盘的操作;待新的磁盘换上去之后,系统即时做镜像,将数据重新复制上去,RAID 1 在容错及存取的性能方面是所有 RAID level 中最好的。

2. RAID 2

RAID 2 是把数据分散为位元(bit)或块(block),加入海明码,在磁盘阵列中作间隔写入到每个磁盘中,而且地址都一样。也就是在各个磁盘中,其数据都在相同的磁道及扇区中。RAID 2 的设计是使用共轴同步的技术,存取数据时,整个磁盘阵列一起动作,在各个磁盘的相同位置作平行存取,所以有最好的存取时间,其总线是特别的设计,以大带宽并行传输所存取的数据,所以有最好的传输时间。在大型文档的存取应用中,RAID 2 有最好的性能,但如果文档太小,会将其性能拉下来,因为磁盘的存取是以扇区为单位,而 RAID 2 的存取是所有磁盘平行动作,而且是作单位元的存取,故小于一个扇区的数据量会使其性能大打折扣。RAID 2 是设计给需要连续且大量数据的计算机使用的,如大型计算机、作影像处理或 CAD/CAM 的工作站等,并不适用于一般的多用户环境、网络服务器、小型机或 PC。

RAID 2 的安全采用内存阵列的技术,使用多个额外的磁盘作单位错误校正及双位错误检测;至于需要多少个额外的磁盘,则视其所采用的方法及结构而定。例如,8 个数据磁盘的阵列可能需要 3 个额外的磁盘,有 32 个数据磁盘的高档阵列可能需要 7 个额外的磁盘。

3. RAID 3

RAID 3 的数据储存及存取方式都和 RAID 2 一样,但在安全方面以奇偶校验取代海明码做错误校正及检测,所以只需要一个额外的校检磁盘。奇偶校验值的计算是以各个磁盘的相对应位做 XOR 的逻辑运算,然后将结果写入奇偶校验磁盘,任何数据的修改都要做奇偶校验计算。

如某一磁盘故障,换上新的磁盘后,整个磁盘阵列需重新计算一次,将故障磁盘的数据恢复并写入新磁盘中;如奇偶校验磁盘故障,则重新计算奇偶校验值,以达容错的要求。

较之 RAID 1 及 RAID 2,RAID 3 有 85% 的磁盘空间利用率,其性能比 RAID 2 稍差,因为要做奇偶校验计算;共轴同步的平行存取在读文档时有很好的性能,但在写入时较慢,需要重新计算及修改奇偶校验磁盘的内容。RAID 3 和 RAID 2 有同样的应用方式,适用大文档及大量数据输出输入的应用,并不适用于 PC 及网络服务器。

4. RAID 4

RAID 4 也使用一个校验磁盘,但和 RAID 3 不一样,RAID 4 是以扇区作数据分段,各磁盘相同位置的分段形成一个校验磁盘分段,放在校验磁盘。这种方式可在不同的磁盘平行执行不同的读取命令,大幅提高磁盘阵列的读取性能;但写入数据时,因受限于校验磁盘,同一时间只能作一次,启动所有磁盘读取数据形成同一校验分段的所有数据分段,与要写入的数据做好校验计算再写入。即使如此,小型文档的写入仍然比 RAID 3 要快,因其校验计算较简单;但校验磁盘形成 RAID 4 的瓶颈,降低了性能,因有 RAID 5 而使得 RAID 4 较少使用。

5. RAID 5

RAID5 避免了 RAID 4 的瓶颈,方法是不用校验磁盘而将校验数据以循环的方式放在每一个磁盘中,如图 6-1 所示。

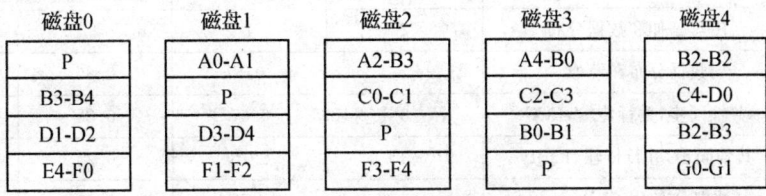

图 6-1 RAID5 阵列图

磁盘阵列的第一个磁盘分段是校验值,第二个磁盘至后一个磁盘再折回第一个磁盘的分段是数据,然后第二个磁盘的分段是校验值,以此类推,直到放完为止。图中的第一个校验块是由 A0,A1,…,B1,B2 计算出来的,第二个校验块是由 B3,B4,…,C4,D0 计算出来的,也就是说校验值是由各磁盘同一位置的分段的数据所计算出来的。这种方式能大幅增加小文档的存取性能,不但可同时读取,甚至有可能同时执行多个写入的动作,如可写入数据到磁盘 1 而其校验块在磁盘 2,同时写入数据到磁盘 4 而其校验块在磁盘 1,这对联机交易处理(OLTP,on-line Transaction Processing),如银行系统、金融、股市等或大型数据库的处理提供了最佳的解决方案,因为这些应用的每一笔数据量小,磁盘输出输入频繁而且必须容错。

事实上,RAID 5 的性能并无如此理想,因为任何数据的修改,都要把同一校验块的所有数据读出来修改后,做完校验计算再写回去。RAID 5 的控制比较复杂,尤其是利用硬件对磁盘阵列的控制,因为这种方式的应用比其他的 RAID level 要掌握更多的事情,有更多的输出输入需求,既要速度快,又要处理数据,计算校验值,做错误校正等,所以价格较高。其应用最好是 OLTP,至于用于 PC 等,不见得有最佳的性能。

习惯上对各个 level 的 RAID 我们这么简单认为:
- Raid0:没有奇偶校验的磁盘带区集,没有容错能力。
- Raid1:磁盘镜像。
- Raid2:带有纠错码的磁盘带区集。
- Raid3:将纠错码作为奇偶校验保存的磁盘带区集。
- Raid4:磁盘带区集,奇偶校验信息保存在同一个磁盘驱动器上。
- Raid5:带奇偶校验的磁盘带区集,奇偶校验信息保存在不同磁盘驱动器上。

6.3 磁盘阵列对比

表 6-1 是各种 RAID 的比较：

表 6-1 RAID 的比较

操作	工作模式	最少硬盘数(个)	利用率(%)	传输性能(%)	可用容量(G)
RAID 0	磁盘延伸和数据分布	2	1	1	T
RAID 1	数据分布和镜像	2	0.5	0.85	T/2
RAID 2	共轴同步,并行传输,ECC	3	0.67	0.25	T*(n-1)/n
RAID 3	共轴同步,并行传输,Parity	3	0.75	0.25	T*(n-1)/n
RAID 4	数据分布,固定 Parity	3	0.75	0.61	T*(n-1)/n
RAID 5	数据分布,分布 Parity	3	0.75	0.61	T*(n-1)/n

以上数据基于 4 个磁盘,传输块大小为 1 KB,75％的读概率,数据可用性的计算基于同样的损坏概率。

6.4 RAID 5 建立过程

这里以在 Windows 2000 里建立 RAID 5 为例,讲解建立 RAID 5 的过程。

(1) 进入"磁盘管理",把磁盘转换成动态磁盘。我这里有三块磁盘,全部转换成动态的,如图 6-2 和图 6-3 所示。

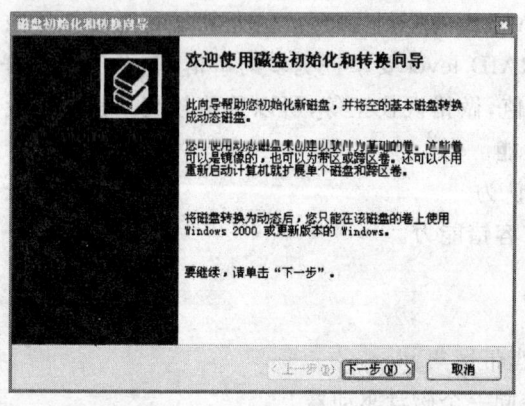

图 6-2 动态磁盘转换向导

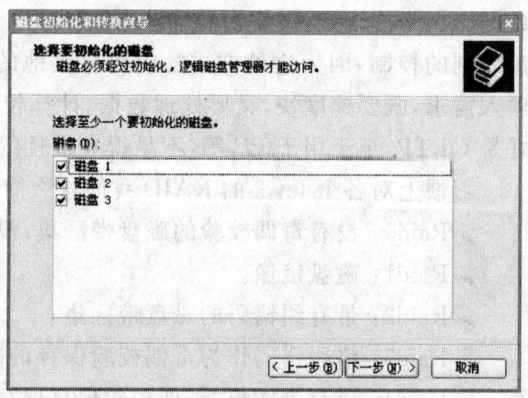

图 6-3 初始化磁盘选择

(2) 进入"磁盘管理",在磁盘1上右击选择"新建卷",如图6-4所示。

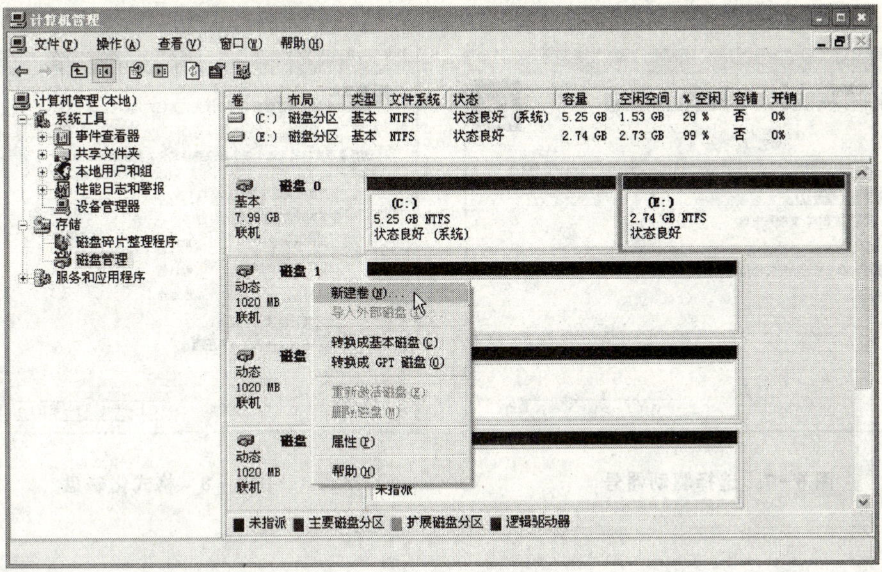

图 6-4 新建卷

(3) 如图6-5所示,选择 RAID-5,单击"下一步"按钮。
(4) 如图6-6所示,把3块磁盘全部添加到"已选的"列表框中,单击"下一步"按钮。

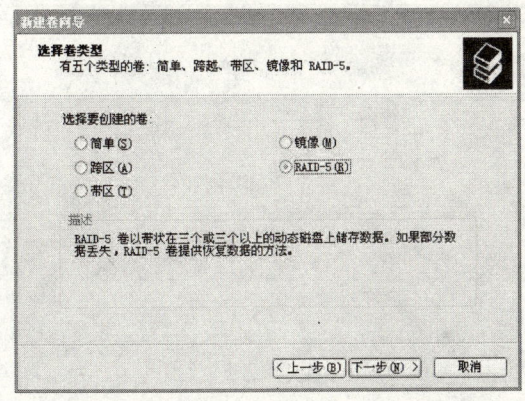

图 6-5 选择 RAID-5

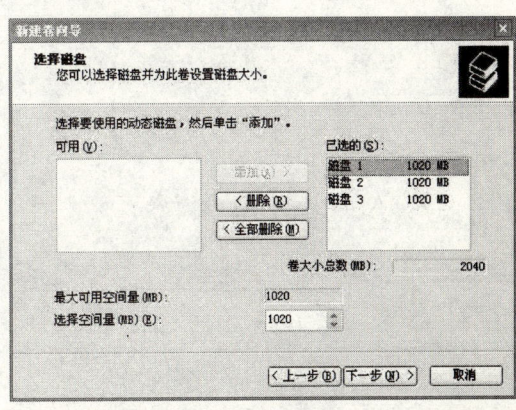

图 6-6 磁盘选择

(5) 选择驱动器号,可以默认不选,单击"下一步"按钮,如图6-7所示。
(6) 选择文件系统,执行格式化,如图6-8所示,单击"下一步"按钮,再单击"完成"按钮。到此,Windows 2000 中的 RAID-5 阵列就算做完了,大家还可以做其他阵列。这些利用

Windows 系统自带的功能实现的阵列一般我们称为软阵列,条件好的可以用硬件来实现阵列。

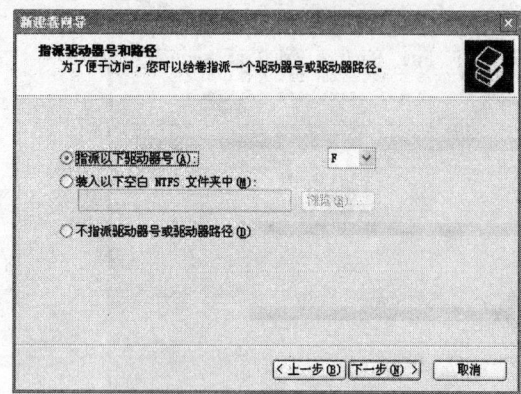
图 6-7 选择驱动器号

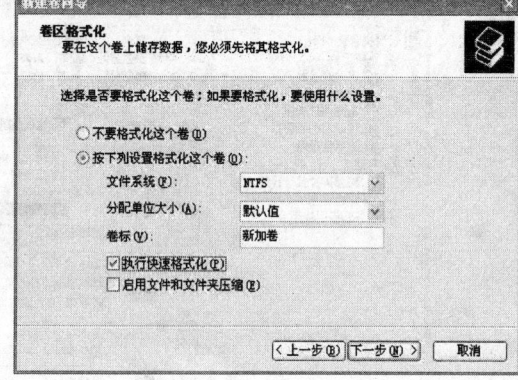
图 6-8 格式化磁盘

第 7 章　ARP 病毒原理及防范

7.1　ARP 协议工作原理

地址转换协议（Address Resolution Protocol，ARP）是一个链路层协议，工作在 OSI 模型的第二层，在本层和硬件接口间进行联系，同时对上层（网络层）提供服务。

二层的以太网交换设备并不能识别 32 位的 IP 地址，它们是以 48 位的 MAC 地址传输以太网数据包的。也就是说，IP 数据包在局域网内部传输时并不是靠 IP 地址而是靠 MAC 地址来识别目标的，因此 IP 地址与 MAC 地址之间就必须存在一种对应关系，而 ARP 协议就是用来确定这种对应关系的协议。

在 Windows 操作系统的命令行窗口输入"arp -a"命令可查看本机当前的 ARP 缓存表。ARP 缓存表保存的就是 IP 地址与 MAC 地址的对应关系，如图 7-1 所示。

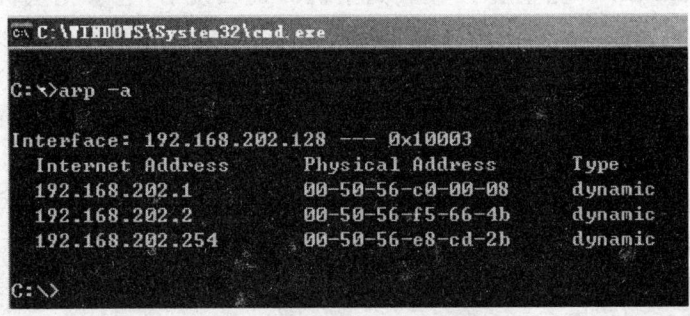

图 7-1　查看 IP 与 MAC 的对应关系

ARP 数据包根据接收对象不同，可分为两种：

（1）广播包（Broadcast）。广播包目的 MAC 地址为 FF-FF-FF-FF-FF-FF，交换机设备接收到广播包后，会把它转发给局域网内的所有主机。

（2）非广播包（Non-Broadcast）。非广播包后只有指定的主机才能接收到。

ARP 数据包根据功能不同，也可以分为两种：

（1）ARP 请求包（ARP Request）。ARP 请求包的作用是用于获取局域网内某 IP 对应的 MAC 地址。

（2）ARP 回复包（ARP Reply）。ARP 回复包的作用是告知别的主机本机的 IP 地址和 MAC 地址。

广播包一般都是 ARP 请求包,非广播包一般都是 ARP 回复包。
假设局域网内有以下两台主机,主机名、IP 地址、MAC 地址分别如表 7-1 所列:

表 7-1 IP 与 MAC 对应关系

主机名	IP 地址	MAC 地址
A	192.168.0.1	AA-AA-AA-AA-AA-AA
B	192.168.0.2	BB-BB-BB-BB-BB-BB

当主机 A 需要与主机 B 进行通信时,它会先查一下本机的 ARP 缓存中有没有主机 B 的 MAC 地址。如果有就可以直接通信。如果没有,主机 A 就需要通过 ARP 协议来获取主机 B 的 MAC 地址,具体做法相当于主机 A 向局域网内所有主机广播:"谁是 192.168.0.2?我是 192.168.0.1,我的 MAC 地址是 AA-AA-AA-AA-AA-AA。你的 MAC 地址是什么?",这时候主机 A 发的数据包类型为:"广播-请求"。

当主机 B 接收到来自主机 A 的"ARP 广播-请求"数据包后,它会先把主机 A 的 IP 地址和 MAC 地址对应关系保存/更新到本机的 ARP 缓存表中,然后它会给主机 A 发送一个"ARP 非广播-回复"数据包,其作用相当于告诉主机 A:"我是 192.168.0.2,我的 MAC 地址是 BB-BB-BB-BB-BB-BB"。当主机 A 接收到主机 B 的回复后,它会把主机 B 的 IP 地址和 MAC 地址的对应关系保存到本机的 ARP 缓存表中,之后主机 A 和 B 就可以正常通信了。

7.2 ARP 欺骗的原理

以上已经了解到,主机在两种情况下即接收到"ARP 广播-请求"包时和接收到"ARP 非广播-回复"包时会保存、更新本机的 ARP 缓存表。

从中可以看出,ARP 协议是没有身份验证机制的,局域网内任何主机都可以随意伪造 ARP 数据包,ARP 协议设计天生就存在严重缺陷。

假设局域网内有以下三台主机(其中 GW 指网关),主机名、IP 地址、MAC 地址分别如表 7-2 所列。

表 7-2 IP 与 MAC 对应关系

主机名	IP 地址	MAC 地址
GW	192.168.0.1	01-01-01-01-01-01
PC02	192.168.0.2	02-02-02-02-02-02
PC03	192.168.0.3	03-03-03-03-03-03

在正常情况下,主机 PC02 与 GW 之间的数据流向,以及它们各自的 ARP 缓存表如

图7-2所示。

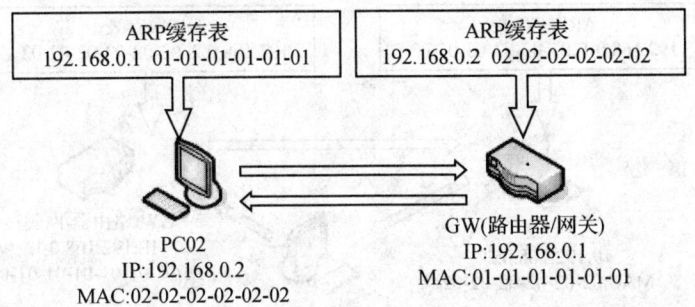

图7-2 ARP缓存表

当网络爱好者,主机PC03出现之后,他为了达到某种目的,于是决定实施一次ARP欺骗攻击。PC03首先向PC02发送一个ARP数据包,作用相当于告诉PC02:"我是192.168.0.1,我的MAC地址是03-03-03-03-03-03",接着他也向GW发送了一个ARP数据包,作用相当于告诉GW:"我是192.168.0.2,我的MAC地址是03-03-03-03-03-03"。于是,主机PC02与GW之间的数据流向,以及它们各自的ARP缓存表就变成如图7-3所示:

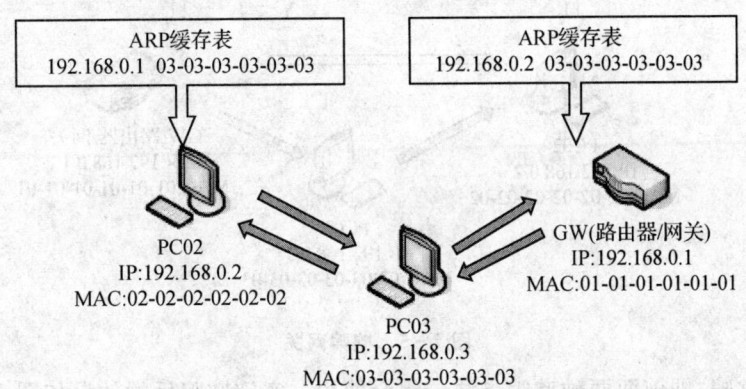

图7-3 ARP缓存表

可以看出,ARP欺骗之后,主机PC02与GW之间的所有网络数据都将流经PC03,即PC03已经掌控了它们之间的数据通信。以上就是一次ARP欺骗的实施过程,以及欺骗之后的效果。

7.3 ARP欺骗的种类及危害

ARP欺骗根据欺骗对象的不用可以分为以下三种。

(1) 只欺骗受害主机。实施欺骗后效果如图 7-4 所示。

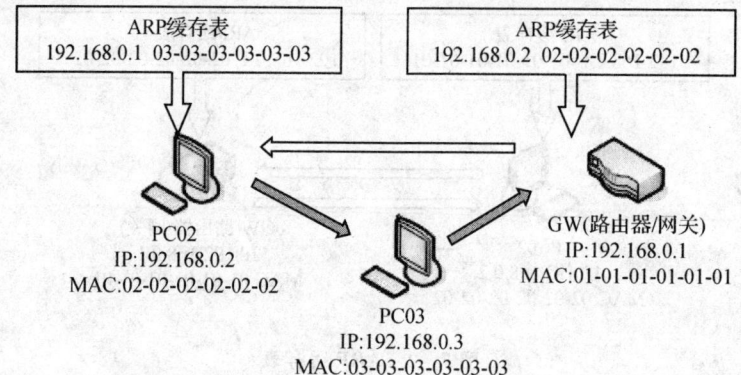

图 7-4 只欺骗受害主机

(2) 只欺骗路由器、网关。实施欺骗后效果如图 7-5 所示。

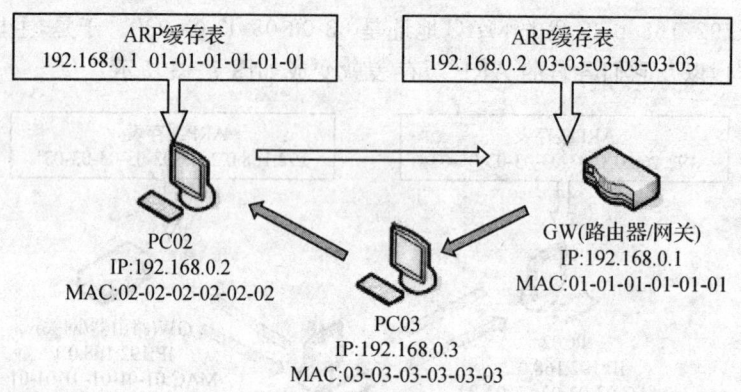

图 7-5 欺骗网关

(3) 双向欺骗,即前面两种欺骗方法的组合使用。实施欺骗后的效果如图 7-6 所示。

ARP 欺骗带来的危害可以分为以下几大类。

(1) **网络异常**。表现为掉线、IP 冲突等。

(2) **数据窃取**。表现为隐私泄露(如聊天记录)、账号被盗用(如 QQ 账号等)。

(3) **数据篡改**。表现为访问的网页被添加了恶意内容,俗称"挂马"。

(4) **非法控制**。表现为网络速率、网络访问行为受第三者非法控制。

ARP 欺骗根据发起个体的不同可以分为以下两类。

(1) **人为攻击**。人为攻击的目的主要是造成网络异常,窃取数据,非法控制。

(2) **ARP 病毒**。ARP 病毒不是特指某一种病毒,而是指所有包含有 ARP 欺骗功能的病毒的总称。ARP 病毒的目的主要是窃取数据(盗号等),篡改数据(挂马等)。

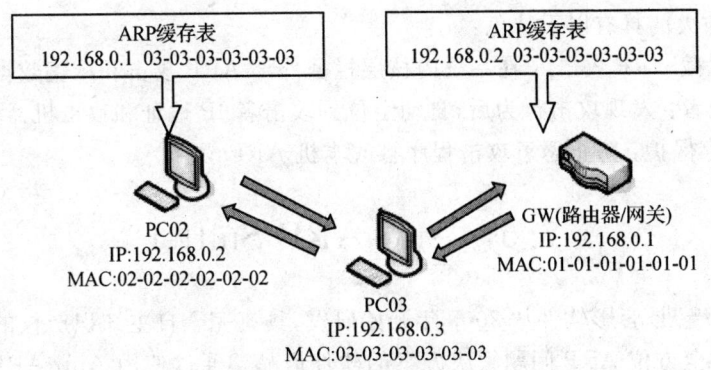

图 7-6 双向欺骗

7.4 360 ARP 防火墙

奇虎 ARP 防火墙是奇虎 360 推出的一系列安全小工具之一,专门针对局域网内 ARP 攻击进行拦截,是比较有效的 ARP 攻击拦截工具之一,其主界面如图 7-7 所示。安装并开启奇虎 ARP 防火墙后将会立即对用户的系统提供保护(仅针对 ARP 病毒攻击,无法替代 360 安全卫士保护功能),当检测到 ARP 攻击时将会划出提示信息,建议用户与所在网段的网管进行联系,排查局域网中中毒机器。

360 ARP 防火墙通过在系统内核层拦截 ARP 攻击数据包,确保网关正确的 MAC 地址不被篡改,可以保障数据流向正确,不经过第三者,从而保证通信数据安全,保证网络畅通,保证通信数据不受第三者控制,完美地解决局域网内 ARP 攻击问题。

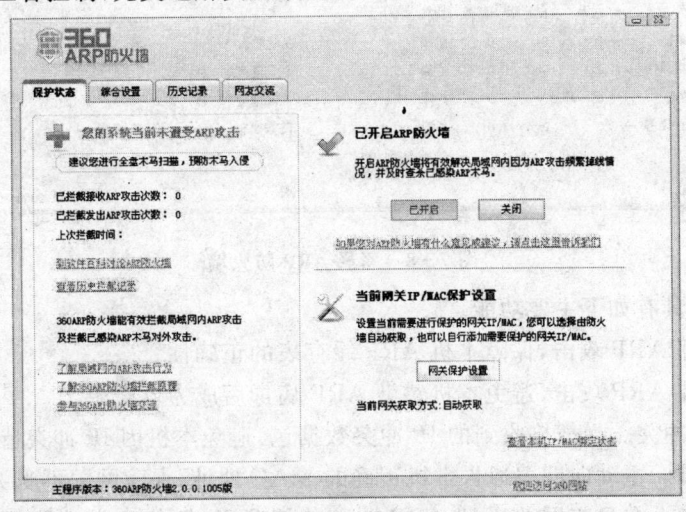

图 7-7 360 ARP 防火墙

360 ARP 防火墙具有以下特色：
- 内核层拦截 ARP 攻击：在系统内核层拦截外部 ARP 攻击和欺骗数据包。
- 追踪攻击者：发现攻击行为后，自动定位到攻击者 IP 地址和攻击机器名。
- ARP 缓存保护：防止恶意攻击程序篡改本机 ARP 缓存。

7.5 Anti ARP Sniffer

"ARP 防火墙"是彩影软件从 2005 年开始研发，具有完全自主知识产权的软件产品，也是国内第一款提供全方位 ARP 问题解决方案的软件产品。通过使用 Anti ARP Sniffer 可以有效抵御 ARP 病毒的冲击。该软件在系统内核层拦截虚假 ARP 数据包，以获取中毒电脑的 IP 地址和 MAC 地址，从而有效拦截 ARP 病毒的攻击。

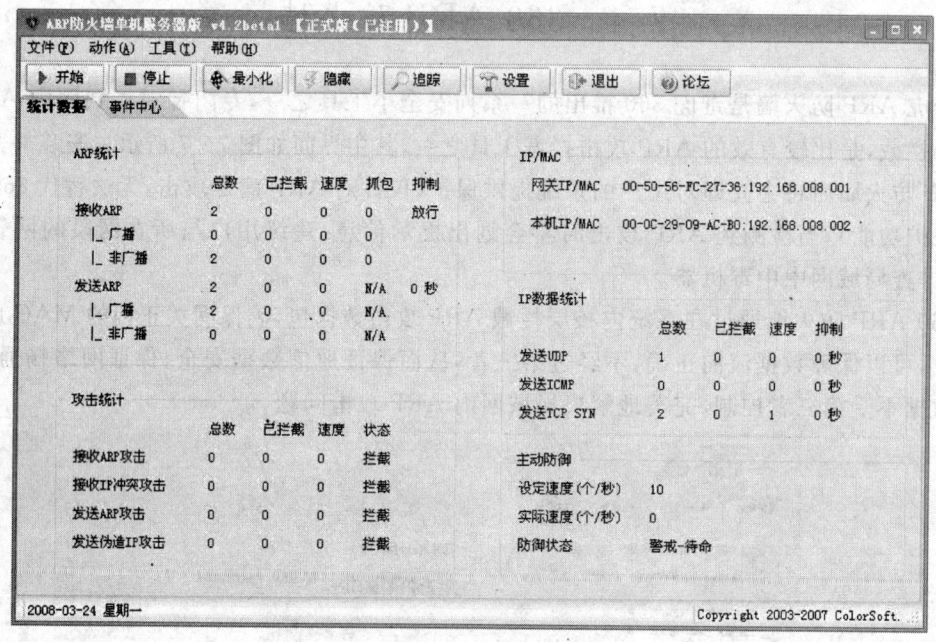

图 7-8 彩影 ARP 防火墙

ARP 防火墙具有如下主要功能。

(1) 拦截外部 ARP 攻击，保障本机 ARP 缓存表的正确性。

(2) 拦截对外 ARP 攻击，避免本机感染 ARP 病毒后成为攻击源。

(3) 拦截 IP 冲突。拦截接收到的 IP 冲突数据包，避免本机因 IP 冲突造成掉线。

(4) 主动防御。主动向网关通告本机正确的 MAC 地址，保障网关不受 ARP 欺骗影响。

(5) 智能防御。在只有网关受到 ARP 欺骗的情况下，智能防御功能可以检测到并作出反应。

(6) 可检测到局域网内正在运行的网管软件,如网络执法官、聚生网管、P2P 终结者等。

(7) ARP 病毒专杀。发现本机有对外攻击行为时,自动定位本机所感染的恶意程序。

(8) DOS 攻击抑制。拦截本机对外的 TCP SYN/UDP/ICMP/ARP DOS 攻击数据包。

(9) ARP 缓存保护。防止恶意程序篡改本机 ARP 缓存。

(10) 系统时间保护。防止恶意程序修改系统时间,导致一些安全防护软件失效。

(11) 监测 ARP 缓存。自动监测本机 ARP 缓存表,如发现网关 MAC 地址被恶意程序篡改,将报警并自动修复。

(12) 定位攻击源。发现本机受到 ARP 欺骗后,自动快速定位攻击者的 IP 地址。

7.6 瑞星个人防火墙

瑞星个人防火墙 2008 版,针对目前流行的黑客攻击、钓鱼网站、网络色情等做了针对性的优化,采用未知木马识别、家长保护、反网络钓鱼、多账号管理、上网保护、模块检查、可疑文件定位、网络可信区域设置、IP 攻击追踪等技术,可以帮助用户有效抵御黑客攻击、网络诈骗等安全风险。

要在瑞星个人防火墙中启用 ARP 防护,有两种方法,一种是在向导中启用,另一种是在详细设置中的 ARP 欺骗中设置,如图 7-9 和图 7-10 所示。

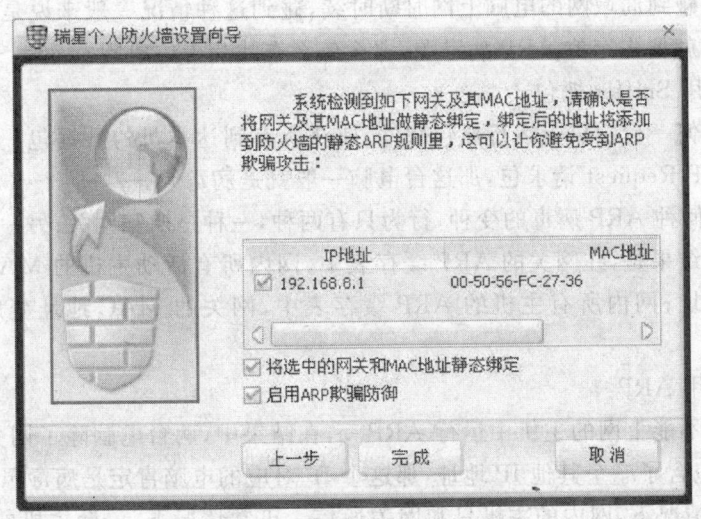

图 7-9 瑞星防火墙向导

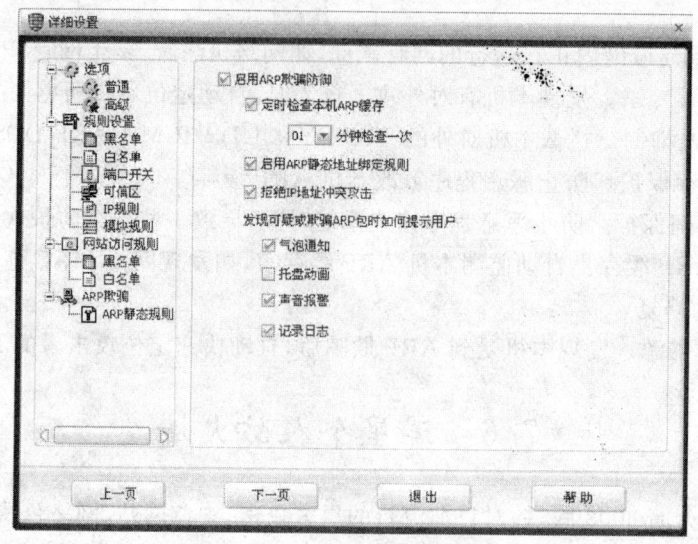

图 7-10 瑞星防火墙详细设置

7.7 快速定位 ARP 病毒源

用户经常会碰到局域网的电脑上网时断时续,碰到这种情况一般来说是中了 ARP 病毒。要杀 ARP 病毒,就要先定位 ARP 病毒源,那么怎么查找病毒主机呢?

第一招:使用 Sniffer 抓包

在网络内任何一台主机上运行抓包软件,捕获所有到达本机的数据包。如果发现有某个 IP 不断发送 ARP Request 请求包,那这台电脑一般就是病毒源。

原理:无论何种 ARP 病毒的变种,行为只有两种,一种是欺骗网关;另一种是欺骗网内所有主机。最终的结果是,在网关的 ARP 缓存表中,网内所有活动主机的 MAC 地址均为中毒主机的 MAC 地址;网内所有主机的 ARP 缓存表中,网关的 MAC 地址变成了中毒主机的 MAC 地址。

第二招:使用 ARP -a

在任意两台不能上网的主机中运行 ARP -a,在结果中,两台电脑除了网关的 IP、MAC 地址对应项外,都包含了一个其他 IP 地址,那这个 IP 对应的电脑肯定是病毒源。

原理:一般情况下,网内的主机只和网关通信。正常情况下,一台主机的 ARP 缓存中应该只有网关的 MAC 地址。

第三招:使用 TRACERT 命令

在任意一台受影响的主机上运行 TRACERT 外网 IP,如果第一跳不是网关地址,而是其他地址,则这个地址往往是病毒主机的地址。

7.8 交换机防 ARP 攻击

在接入层交换机(二层交换机即可)上做 MAC 地址的访问控制,就能大大提高防御 ARP 攻击的能力。其中包括 MAC 地址与交换机端口绑定和访问控制列表两种方法。

7.8.1 基于交换机端口 MAC 地址绑定

Telnet 登录交换机,输入管理口令进入配置模式,键入如下命令。
(1) 进入全局模式指定静态 MAC 地址,并将其同 VLAN 和接口关联:
Switch(config)#mac-address-table static 0011.2f0f.45cf vlan 1 interface fa0/1
(2) 进入 fastethernet0/1 端口配置模式:
Switch(config)#Interface fastethernet0/1
(3) 设置该端口为访问模式,只能在 access 端口上启用端口安全性:
Switch(config-if)#switchport mode access
(4) 启用端口安全性,并且只允许一台设备接入。如果要让交换机允许多个地址连接该接口,只需将 maximum 后的数设为指定的数值,最大允许 132 个地址。
Switch(config-if)#switchport port-security maximum 1
(5) 配置 fastethernet0/1 端口要绑定的主机的 MAC 地址,只有该 MAC 地址可连接到该接口:
Switch(config-if)#switchport port-security mac-address 0011.2f0f.45cf
Switch(config-if)#exit
(6) 指定地址违规时的处理措施为自动关闭端口:
Switch(config)#switchport port-security violation shutdown

7.8.2 基于 MAC 地址的访问列表

(1) 定义一个 MAC 地址访问控制列表并命名为 MAC 1:
Switch(config)#macaccess-list extended MAC 1
(2) 定义 MAC 地址为 0011.2f0f.45cfe 的主机可以访问任何主机:
Switch(config)#permit host 0011.2f0f.45cf any
(3) 进入 fa0/1 端口并应用前面已定义的访问控制列表 MAC 1:
Switch(config)#interface fa0/1
Switch(config-if)#macaccess-group MAC 1 in

7.8.3 IP 与 MAC 地址同时绑定到 ACL

（1）定义一个 MAC 地址访问控制列表并命名为 MAC 1：
Switch(config)♯mac access-list extended MAC 1
（2）定义 MAC 地址为 0011.2f0f.45cf 的主机可以访问任何主机：
Switch(config)♯permit host 0011.2f0f.45cf any
（3）定义任何主机可以访问 MAC 为 0011.2f0f.45cf 的主机：
Switch(config)♯permit any host 0011.2f0f.45cf
（4）定义一个 IP 地址访问控制列表并且命名为 IP 1：
Switch(config)♯ip access-list extended IP 1
（5）定义 IP 地址为 192.168.1.1 的主机可以访问任何主机：
Switch(config)♯permit 192.168.1.1 0.0.0.0 any
（6）定义任何主机都可以访问 IP 地址为 192.168.1.1 的主机：
Switch(config)♯permit any 192.168.1.1 0.0.0.0
（7）进入端口，在该端口上应用名为 MAC 1 的访问列表：
Switch(config)♯interface fa0/1
Switch(config-if)♯macaccess-group MAC1 in
（8）在该端口上应用名为 IP 1 的访问列表：
Switch(config-if)♯ip access-group IP1 in

这里推荐使用最后一种方法。这种在交换机上做 IP、MAC 双捆绑的访问控制方式兼具低投入、高安全性和坚固性等特点，当然工作量也会随网络节点数的增加而加大。

第 8 章 ADSL

8.1 ADSL 的真正速率

 用户经常使用 ADSL,但对 ADSL 的真正速率大家并不是很清楚。很多用户反映,ADSL 下载速率并没有达到标称的 512K,计算机在下载时会出现一个下载速率指示条,上面显示的下载速率一般为 50 Kb/s 左右,其实这是换算的问题。512K 的 ADSL 网速是:512K=512 Kb/s=512K bits/s=64 Kb/s,这个 64 Kb/s 意味着个人用户所能独享的最大下载带宽。那么这又是什么意思呢,不知道现在有没有人注意过电信 ADSL 安装的申请表,上面的带宽项目写的都是"不高于 512K","不高于 8M"等,也就是说我们在正常的情况下可以拥有最多不超过 64 Kb/s 的专有带宽。注意是"不高于",也就是说很多时候用户的专有带宽可能小于 64 Kb/s,那为什么会这样呢? 假如中国电信的 ADSL 的边缘路由器的带宽是 155 Mb/s,每一个边缘路由器可连接 3 000 用户,如果这些用户同时上网,那么每个用户其实只有 50 Kb/s 的带宽,加上路由器衰减,那么最终可能只有普通 Modem 的速率了。但是毕竟 3 000 人同时上网几乎是不可能的,电信也不会让路由器满负荷连接而使得速率下降如此之巨。

 为什么有些用户 512K ADSL 经常可以达到 100K 以上的下载速率呢? 搞清楚了 64 Kb/s 是最大专有带宽,但不等于最大带宽。事实上,在 ADSL 拨号时已经分配了实际约等于 8 Mb/s,也就是 1 Mb/s 的下载带宽,只不过电信限制了我们的专有带宽最高 64 Kb/s,那么当路由器连接的用户较少的时候,用户可以获得一部分超过专有带宽的共享带宽(电信没必要让这些带宽闲置),当然,512 Kb/s 速率的 ADSL 永远不可能通过占用共享带宽达到 1 Mb/s 的下载速率,因为毕竟总还是有很多人在同时上网。

 ADSL 的上传速率其实对下载速率是有影响的。TCP 协议中对每一个封包,都需要有 ack 确认信息的回传,只有确认好了以后才能进行后续包的传输,上行的带宽一部分就是用来传输 ack 确认信息的,当上行负载过大的时候,就会影响 ack 信息的传送速率,并进而影响到下载速率。这对非对称数字环路,也就是 ADSL 这种上行带宽远小于下载带宽的连接来说影响尤为明显。

 ADSL 的速率随着连接时间的延长而逐渐降低。前面说过 ADSL 在拨号的时候会建立最高理论值 8 Mb/s 的下载带宽,这个带宽是永远不会改变的。但实际上由于 ADSL 的噪声检测机制,如果线路情况不好,那么一开始建立的连接显然不可能达到理论值,可能最后是 5 Mb/s,这个带宽也是不会改变的。有时用户不关闭调制解调器的电源,ADSL 连接也会随时中断，比如在通信状态因噪声增加而恶化，频繁发生错误的情况下。连接中断后，马上就会重新进行调试，并重新确定连接。不过，如果此时致使链接中断的噪声仍然存在，重新连接后的速率就会比原来更低。由于调试中所确定的链接速度也是固定的，因此即便之后噪声消失，连接速率也不会提高。ADSL调制解调器使用时间越长，发生这种情况的可能性就越高，所以连接速率越来越慢。

8.2 ADSL宽带提速方法

随着ADSL宽带接入在我国快速的普及，如今采用ADSL上网的朋友越来越多，大家还是希望在BT下载、在线影音播放和FTP文件传送等方面提升一下应用速率。有以下几种提速方法。

8.2.1 软件提速

1. ADSL超频奇兵

这款ADSL加速软件是通过修改主机系统注册表中原来专为低速接入而设置的TCP/IP默认参数进行的，以适应PPPoE方式的ADSL接入。通过这种方法可以提高30%左右的下载速率，并解决了ADSL浏览网页速度减慢的问题。此程序提供了两种优化方案：一种是普通超频；另一种则是高级超频。使用普通超频方法很简单，程序即可使用默认的优化参数代替系统的当前参数。"高级超频"先在连网的情况下检测好一个最佳的MTU（Maximum Transmission Unit，最大传输单位）值，然后单击对话框下面的"高级超频"按钮，重新启动即可生效。

2. 终极上网提速（Netspeeder）

这是一款共享软件，功能非常强大，不仅可对ADSL网络进行优化，还可针对其他接入方式，如ISDN、Cable Modem、局域网接入等网络连接进行优化。不过它是一款共享软件，要全面使用它的功能需要注册才行。目前的最新版本为5.6，全面支持Windows XP/2000/Server 2003等主流Windows系统。

3. 用优化大师提高网速

首先打开优化大师，选择优化大师的"网络系统优化"选项，在"最大传输单元大小"文本框中填写1492；在"最大数据段长度"文本框中填写1452；在"传输单元缓冲区"文本框填写262080。单击"优化"按钮，最后重启机器。

4. 简单加速器

加速器，其实用户已见过很多，比如常见的就是针对ADSL宽带的提速软件，但随着网络应用的深入，网络游戏中的速度提升也成为用户的需求之一，因为通常说来，网络游戏都有着不同线路的服务器在支持运行，而如果用户使用的是与其不相同的宽带线路，比如电信和网通之间，那么连接速率就会存在瓶颈。简单加速器是一款专业的网络游戏加速器。简单加速器免费版用户只需在首次使用时简单注册一下,即可无期限体验简单加速器免费版。简单加速器支持网络上几乎所有的网络应用,不仅仅是网络游戏,应该说,只要是网络软件,使用简单加速器免费版都可以达到加速的目的。简单加速器免费版支持目前主流的操作系统,如 Windows 2000/2003/XP/Vista,完全可以满足不同系统用户的需求。简单加速器免费版支持众多网络,包括电信、网通、铁通、联通、移动、教育网等,因此各类网络用户都能使用简单加速器免费版进行方便快捷的加速。

8.2.2 异地提速

以上两类都是在本地通过操作系统或是专门的提速软件来实现的,而如果经常使用"快车"这款下载软件,还可以通过它的扩展程序"FlashGwq"来解决异地下载速率慢的问题。也就是说,可以在家中利用公司的高速宽带来满足下载需要。在快车官方网站中即可查询下载到它,下载解压后只有一个客户端文件(gwqclIEnt)和一个服务端文件(gwqserver)。首先在工作单位电脑上安装好快车软件,并设置好存储目录、不限制重试次数、快车可以自动下载等相关参数项;然后双击运行"gwqclient.exe"文件,配置好访问密码、服务器地址及访问端口等。然后在家里电脑上运行"gwqserver.exe"文件,实施和客户端同样的配置之后,即可添加下载任务并发送给客户端的快车软件来实现高速下载了。

8.2.3 改造线路

ADSL 是一种基于双绞线传输的技术,双绞线是将两条绝缘的铜线以一定的规律互相缠在一起,这样可以有效地抵御外界的电磁场干扰。入户平行线超过 20 m 的用户,要把平行线先换成双绞线,最好是品牌的 5 类线。在换线的时候要注意,双绞线的强度不够,一定要设法固定好,否则就埋下了很大的隐患。换上之后,网速快了许多。在这里告诉你一个秘密,电信局的分线盒电缆本来是双绞线,但为了降低成本,电信局通常都把电话线改为单线连接。这在原来使用电话的时候影响当然很小,可是在接了对线路极其敏感的 ADSL 之后,它就成了一个瓶颈。发现这个问题之后,一定要把线路改为双绞线的接法,这个瓶颈消除后,将大大提高网速。

8.2.4 启用路由中的 UPNP 功能

一般来说,路由器设备都会支持 UPNP 功能,只要 ADSL MODEM 的路由功能支持 UPNP 通信协议,那么就能通过启用路由中的 UPNP 功能达到提高宽带上网传输速率的目的。

现在无论是家庭用户还是单位用户,多数都是在 Windows XP 系统环境下进行宽带拨号上网的,可是在缺省状态下 Windows XP 系统并不支持宽带路由的 UPNP 功能。那样一来宽带拨号上网的速率仍然会受到一定程度的影响。为此,可以按照如下步骤启用 Windows XP 系统的 UPNP 功能:首先打开"控制面板"中的"添加或删除程序"窗口;然后单击"添加/删除

Windows 组件"标签,随后系统会自动弹出"Windows 组件向导"窗口,选中其中的"网络服务"项目,并单击该界面中的"详细信息"按钮;检查一下其中的"UPNP 用户界面"选项此时是否处于选中状态,要是还没有选中,则必须及时将它选中,并单击"确定"按钮,如此一来,Windows XP 系统自带的 UPNP 功能也就可以被正确启用起来了。如果系统使用防火墙,同样要启用防火墙中的 UPNP 功能。

8.2.5 消除噪声

虽然无法改变与电信局之间的距离,但可以降低电磁波的噪声。第一是尽量缩短电话插座与 ADSL 调制解调器之间的电话线。比如,电话插座与个人电脑不在一起时,缩短电话插座与 ADSL 调制解调器之间的距离、加长连接调制解调器与个人电脑的网线(LAN 缆线),就不会降低速率。第二可以用屏蔽网线或屏蔽电话线。第三网线不要和电源线平行走线。

8.3 ADSL 断流/断线故障处理

大家都遇到过 ADSL 断流的问题,那究竟什么是 ADSL 的断流呢?通常,用户是用 ADSL Modem 就能成功拨号登录,但上网的时候数据流传输突然中断,没有反应,过一会又自动恢复正常。一般有两种现象:一种是打不开网页,QQ 消息发送不出去,而远程桌面连接可以用,说明其他不常用的端口照样可以收发数据。Ping 网关有时 ping 通一半又 ping 不通。用 IE 访问不了 ADSL Modem,必须重启 Modem 后才能拨号成功。一般这种掉线的 Modem 重新启动后都可以重新拨号上网,过一会又掉线了。另一种现象是一有人打电话进来就掉线,电话挂了以后又能连上去。ADSL 的断线情况一般有如下几种:

1. 线路问题

如果用户离 ISP 机房太远(2.5 km 以上)可以向 ISP 反映。首先确保线路连接正确,同时确保线路通信质量良好没有被干扰,没有连接其他会造成线路干扰的设备,例如电话分机、传真机等,并检查接线盒和水晶头有没有接触不良以及是否与其他电线串绕在一起。电话线入户后就分开走,即一线走电话,一线走计算机。如果一定要用分离器,最好选用质量好的(一般质量好的是铜片的而不是铁片的)。手机等也不要放在 ADSL Modem 的旁边,因为每隔几分钟手机会自动查找网络,当手机电量不足时,搜索信号更强,这时强大的电磁波干扰足以造成 ADSL Modem 断流。

2. 网卡问题

低价的网卡在处理大流量数据时会因不稳定而产生断流,应更换为好的网卡。

3. 拨号软件问题

ADSL 接入 Internet 的方式有虚拟拨号和专线接入两种,现在在电信的 ADSL 大都采用前者。而各种 PPPOE 虚拟拨号软件都有各自的优缺点,如果操作系统是 Windows XP,用它自带 PPPOE 拨号软件，断流现象较少。不要同时装多个 PPPOE 软件，以免造成冲突。

4. TCP/IP 问题

删除 TCP/IP 后重新添加 TCP/IP。

5. 防火墙等软件设置不当

如果用户安装了防火墙、共享上网的代理服务器软件、上网加速软件等，记得先在运行这类软件之前先上网测试一下看看速率是否已恢复正常。

6. 双网卡冲突

很多时候双网卡会冲突的，拔掉一块试一下。有些冒牌的网卡甚至 MAC 地址都是一样的。

7. 做端口映射

对于第一种掉线现象，有两种解决方法。第一种是用 IE 进入 Modem 的设置页面修改 Modem 的端口。大家知道 Modem 对外开放了 ftp(21)，http(80)，telnet(23)。大部分 Modem 的配置页面都可以修改这 3 个端口。找到端口设置那项，然后把相应的端口改为 61000～62000 之间。第二种方法是通过端口映射。把外网访问的 21,23,80 端口映射到内网一台不存在的 IP 上。实现方案有两种。一种是用 RDR 规则（即把外网的某个访问端口映射到内网主机上）；另一种是 BIMAP 规则（完全透明映射，此规则可以使内网的机器完全透明的映射到外网中，一些复杂的应用程序也可以使用了）。

8. 电话线路问题

对于另外一种掉线现象，即有电话打入就掉线，一般会怀疑是分离器的问题或怀疑 Modem 的温度过高，或者 Modem 的内部有问题（可以借助其他的分离器和 ADSL Modem 来排除）。其实，这是电话线路的问题，可以拿起自己的电话听有没有噪声。

9. 网络设置

右击"拨号程序"→"属性"→"网络"，选择"设置"，选中最下面一项。这样可以在很大程度上保证网络状态的稳定，因为 BT 下载的特殊性对网络稳定性要求很高，所以一旦出现问题就会表现为"断流"或"掉线"。

8.4 ADSL 故障分析及处理

ADSL 是运行在原有电话线上的一种高速宽带上网方式，它具有节省投资、上网速度快、安装简单等优点。目前很多局域网尤其是网吧都使用这种方式。当然，用这种方式上网的故障也比较多。

ADSL 常见的硬件故障大多数是接头松动、网线断、集线器损坏和计算机系统故障等方面的问题。一般都可以通过观察指示灯来帮助定位。以华为的 ADSL Modem 为例：Power 绿灯常亮表明设备通电。ADSL LINK 绿灯常亮表明 ADSL 链接正常，如果是一闪一闪的，请与你上宽带的地方联系。ADSL ACT 绿灯闪烁表明 ADSL 链接有数据流量。LAN LINK 绿灯或橙色灯常亮表明局域网链路正常,绿灯表示数据传输速率为 10 Mb/s;橙色灯表示数据传输速率为 100 Mb/s;如果此灯是灭的,请检查本机的网卡或者交换机等设备。LAN ACT 绿灯闪烁表明以太网有数据流量。

此外,电压不正常、温度过高、雷击等也容易造成故障。电压不稳定的地方最好为 Modem 配小功率 UPS。Modem 应保持干燥通风、避免水淋、保持清洁。遇雷雨天气时,务必将 Modem 电源和所有连线拔下。

线路距离过长、线路质量差、连线不合理,也是造成 ADSL 不能正常使用的原因。解决的方法是:将需要并接的设备,如电话机、传真机、普通 Modem 等,放到分线器的 PHONE 口以后,并检查所有接头接触是否良好,对质量不好的户线应改造或更换。

定位 ADSL 的故障的一般原则是:看指示灯和报错信息,先硬件后软件,先内部后外部,先本地后外网,先试主机后查客户,充分检查后再申报。故障的申报应该准确简洁,应尽量将遇到的问题与用户手册上提到的故障相对应。

1. 检查电源指示灯是否正常

电源指示灯持续点亮为正常,如电源指示灯不亮,用户可自行解决电源问题。

2. 数据指示灯是否正常

数据指示灯持续点亮为正常,说明用户端至 ADSL Modem 端线路无故障;如该指示灯不亮,说明线路有问题,需由电信部门现场解决。

3. 用户网卡、网线是否正常

用户 PC 网卡经网线连接 Modem 后,其指示灯会闪亮,如该指示灯不能正常闪亮,说明用户网卡或网线有故障。

4. 病毒的问题

如果机器中了病毒,有时也会使网络经常掉线,尤其是在局域中,经常会受到 ARP 攻击。解决办法是进行全面杀毒,安装 ARP 防火墙等。

5. 系统本身的问题

可以新建一个用户,用新用户登录看看问题是否还在,有时换了一个用户环境,系统就正常了。还可以参照虚拟器,如 VmwareWorkstation,把虚拟机配置成能上网,如果虚拟机能上网,但物理机不能上,那说明系统有问题,可以重装系统。

6. ADSL 用户名和密码问题

对于 ADSL 来说,用户名和密码经常会被一些用户不小心改动,导致连接不上。有些黑客或病毒也会修改用户的密码,比如黑客想用键盘记录用户的密码,把用户密码改错,然后用户就会去再次输入而被记录。有时用户搬家,ISP 在移动电话线路的同时会把 ADSL 的密码恢复到默认密码。

7. 本地连接是否被禁用

如果网线拔了在右下角会显示叉的图标,用户很容易发现,但有时把本地连接禁用了,默认情况下,右下角是不显示图标的,所以用户很难发现。在这里推荐大家勾选上"连接后在通知区域显示图标"。

8. 分离器的接法是否正确

分离器的3种接口的连接一定要正确。这三种接口分别是:连接电话插孔的 LINE 口,连接电话机的 PHONE 口,连接 ADSL 端口的 Modem 口。

如果以上各项均正常,用户仍不能上网,则需由 ISP 的技术人员现场解决。

8.5 ADSL 共享上网方法

网络时代,宽带已经走进了众多的家庭。普通家庭有两台电脑的比比皆是,一般是通过共享上网的方式来达到两台机器都能上网的目的,共享上网的方法有以下几种。

8.5.1 代理服务器方法

把局域网的一台电脑设为代理服务器,该服务器需开着其他电脑才能上网,组网很简单,用集线器或交换机就可以了,不需要路由器。

8.5.2 宽带路由器方法

路由器共享上网不需要代理服务器,只要路由器开着,局域网里的任何一台计算机都能随时上网。路由器的接口一般比较少,如果内网用户多需要另外购买集线器或交换机。该方法需要额外购买路由器,现在低端路由器已经廉价到只要五六十元就能买到了,和交换机的价格差不多,集线器已退出历史舞台,所以没有理由不选择用宽带路由器共享上网。

8.5.3 其他方法

现在很多用户都使用手提电脑,而手提电脑一般都有一个有线网卡和一个无线网卡,可用无线网络来联网。市场上还有 USB 的双机互联网卡,还能用蓝牙来组网。在软件共享上网方面,有微软公司的功能强大的 isaserver 2006,有老牌的 sygate 和 wingate,有超简单的 XX-Proxy,有两台电脑可随意切换成代理服务器的 HomeShare 等。

由于路由器品牌众多,设置界面和方法都不一样,只要看着说明书设置,一般都没问题。这里介绍最廉价的最通用的利用 Windows XP 自带的 ICS 来进行双网卡共享上网。其简要步骤如下。

(1) 在作为服务器的电脑上要安装两块网卡,这里把连接到 ISP 电信宽带线路的网卡叫"外网卡",连接到其他电脑的网卡取名"内网卡";打开作为服务器电脑的网络和拨号连接。

(2) 右击"外网卡"连接属性,选"共享"标签,选中"启用此连接的 Internet 连接共享"项(不需要设置 IP 地址,按照自动获取即可)。

(3) 设置"内网卡"的 IP 地址是 192.168.0.1;子网掩码为 255.255.255.0;网关和 DNS 都设置成 192.168.0.1。

(4) 设置另一台客户机的 IP 地址为 192.168.0.2~192.168.0.253 之间的任何 IP 地址,网关、DNS 均设为 192.168.0.1(即等同于服务器"内网卡"的 IP 地址)。

8.6 ISP 封杀 ADSL 共享技术原理

有很多城市 ISP 运营商不允许用户的 ADSL 共享上网,使得家里就算有两台电脑也只能有一台上网。那么 ISP 运营商是如何知道用户进行 ADSL 共享的呢?据相关人士透露,此前电信经常使用的产品包括网络尖兵、星空极速和南京信风,特别是网络尖兵最为常用。

NetSniper(网络尖兵)是上海上大雷克网络系统有限公司开发的网络接入检测及控制器。它可以自动检测出网络中私自架设的代理服务器系统或非法路由器,并对通过非法代理服务器的 IP 包以及流向非法路由器的 IP 包进行控制。

网络尖兵采用的检测技术主要有:

(1) 检查从下级 IP 出来的 IP 包的 IP-ID 是否是连续的,如果不是连续的,则判定下级使用了 NAT。

(2) 检查从下级 IP 出来的 IP 包的 TTL 值是否是 32、64、128 这几个值,如果不是,就判定下级使用了 NAT。

(3) 检查从下级 IP 出来的 http 请求包中是否包含有 proxy 的字段,如果有,则下级用了 http 代理。

(4) 在 3 s 内同一 IP 对两个以上的网站进行 Request,将此 IP 定位透过 NAT 进行传输。

(5) 在 2 s 内,若同一 IP 对同一个网站,进行两次以上的 Request,将此 IP 定位透过 NAT 进行传输。

(6) 检测下级 IP 出来的 QQ 号码数量,如果同时有 5 个 QQ 号,则判定为共享。

新的检测技术

随着市场发展,有些公司提出了新的技术和方案:如轨迹检测法、时钟偏移检测法和应用特征检测法等。

8.6.1 IP 轨迹检测法

对来自某个源 IP 地址的 TCP 连接中,IP 头中的 16 位标识(identification),对于某个 Windows 用户,其 identification 随着用户发送的 IP 包的数量增加而逐步增加,如果在一段时间后,发现某个源 IP 地址,有三段 identification 在连续变化,则说明该"黑户"此时最少有三个用户在同时使用宽带。

8.6.2 时钟偏移检测法

不同主机的物理时钟偏移不同,网络协议栈时钟与物理时钟存在对应关系,不同主机发送报文的频率因此与时钟存在一定统计对应关系。通过特定的频谱分析算法,以发现不同的网络时钟偏移来确定不同的主机。

8.6.3 应用特征检测法

数据报文中 HTTP 报头中的 User-agent 字段因操作系统版本、IE 版本和补丁的不同而不同,因此可通过分析不同的 HTTP 报头数而确定主机数。另外,对于一台主机同一时间只能登录一个 MSN 账号,据此分析可判断主机数。Windows Update 报文里也包含一些操作系统版本信息,也可以据此计算主机数。

通过以上三种方法能很准确地知道非法接入的宽带用户的主机数,无论其采用共用 NAT、共用 Proxy、或分时段共用账号上网。当然,由于本方案采用了多个指标来综合分析,为排除干扰提高准确性,并不实时提供这种对应关系,而是采用按天/周/月提供统计报表的形式,将结果提交给运营商的相关部门。

第 9 章 经典网络工具

9.1 网络克隆工具——Ghost

Ghost 是最著名的硬盘复制备份工具，因为它可以将一个硬盘中的数据完全相同地复制到另一个硬盘中，因此大家就将 Ghost 这个软件称为硬盘"克隆"工具。实际上，Ghost 不但有硬盘到硬盘的克隆功能，还附带有硬盘分区、硬盘备份、系统安装、网络安装、升级系统等功能。1998 年 6 月，出品 Ghost 的 Binary 公司被著名的 Symantec 公司并购，因此该软件的后续版本就改称为 Norton Ghost，成为 Norton 系列工具软件中的一员。首先介绍 DOS 的经典版本 Ghost 8.3 的使用，随后介绍 Ghost 14 的强大功能。

9.1.1 Ghost 8.3 菜单选项介绍

Ghost 8.3 菜单选项如图 9-1 所示。

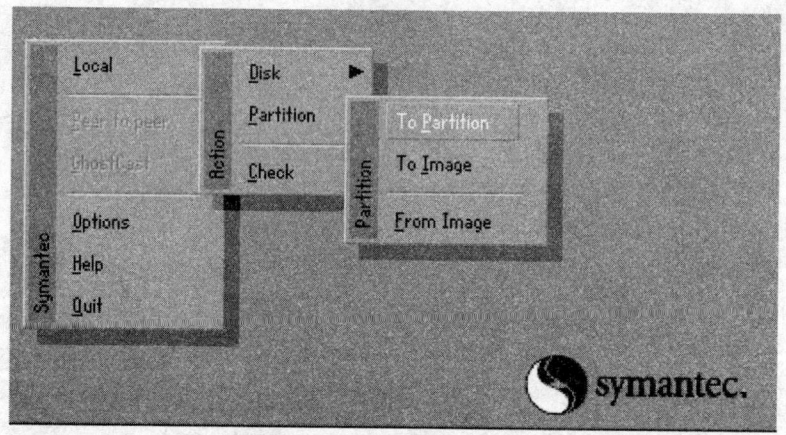

图 9-1 Ghost 8.3 菜单

为了方便大家理解，下面把菜单简单翻译如下。
1. "Local"：本地的。
(1) Disk(磁盘)
① To Disk(硬盘到硬盘的复制)

② To Image(硬盘内容备份为镜像)

③ From Image(从镜像文件恢复至硬盘)

(2) Partition(分区)

① To Partition(分区到分区的复制)

② To Image(分区内容备份为镜像)

③ From Image(从镜像文件恢复至分区)

(3) Check(检查)

① Image File(镜像文件)

② Disk(磁盘)

2．Option(设置项,一般情况下使用默认值即可)

3．Quit(退出)

9.1.2 Ghost 8.3 的使用

在 DOS 下先进入到 Ghost 子目录,运行 Ghost.exe 程序。需要注意的是,如果是在 DOS 下运行该程序,在运行该程序前最好启动 DOS 的鼠标驱动程序,因为 Ghost 的操作画面是仿窗口画面,使用鼠标来点击选择会方便一些(虽然也可以用键盘来操作)。另外在备份或克隆硬盘前最好清理一下硬盘(删除不用文件、清空回收站、碎片整理等)。

1．系统备份

使用 Ghost 进行系统备份,有整个硬盘(Disk)和硬盘分区(Partition)两种方式。在菜单中单击 Local 项,在弹出的菜单中有 3 个子项,其中 Disk 表示备份整个硬盘、Partition 表示备份硬盘的单个分区、Check 表示检查硬盘或备份的文件。分区备份作为个人用户来保存系统数据,特别是在恢复和复制系统分区时具有实用价值。

选 Local→Partition→To Image 菜单,弹出硬盘选择窗口,开始分区备份操作。单击该窗口中白色的硬盘信息条,选择硬盘,进入窗口,选择要操作的分区。在弹出的窗口中选择备份储存的目录路径并输入备份文件名称,注意备份文件的名称带有.gho 的扩展名。接下来,程序会询问是否压缩备份数据,并给出 3 个选择：No 表示不压缩；Fast 表示压缩比例小而执行备份速度较快；High 就是压缩比例高,但执行备份速度相当慢。最后选择 Yes 按钮即开始进行分区硬盘的备份。

2．系统还原

如果硬盘中备份的分区数据受到损坏,用一般数据修复方法不能修复,以及系统被破坏后不能启动,都可以用备份的数据进行完全的复原而无须重新安装程序或系统。当然,也可以将备份还原到另一个硬盘上。要恢复备份的分区,就在界面中选择菜单 Local→Partition→From Image,在弹出的窗口中选择还原的备份文件,再选择还原的硬盘和分区,单击 Yes 按钮即可。

9.1.3 Symantec Norton Ghost 14

下面介绍 Symantec Norton Ghost 14.0,该版本的很多功能能在 Windows 下完成。

Norton Ghost 14.0 可使企业和 IT 部门能够在几分钟内从系统丢失或灾难中恢复。为了帮助 IT 管理员实现恢复时间目标,Norton Ghost 为服务器、台式机或便携式计算机提供了快捷、易用的系统恢复或完整裸机恢复,以恢复到不同的硬件,甚至是虚拟环境。它还具有对远程、无人值守位置的系统进行恢复的能力。

Norton Ghost 可以在不影响生产效率的情况下捕捉整个实时 Windows 系统的恢复点,包括操作系统、应用程序、系统设置、配置、文件等。可以方便地将恢复点保存到各种介质或磁盘存储设备上,包括 SAN、NAS、直接连接存储、RAID、CD/DVD 等。当系统出现故障时,您可以迅速将其恢复,而无需手动执行冗长且易于出错的过程。

Norton Ghost 还可以使用其另一授权副本或 Norton Ghost Manager 进行远程治理,Norton Ghost Manager 需单独购买,它是一个集中治理应用程序,为 IT 管理员提供整个公司中的系统恢复作业的总体视图。使用 Norton Ghost Manager,您可以集中部署、修改和维护本地和远程系统的恢复活动、作业和策略,监控实时状态,并迅速解决发现的问题。您还可以创建报告以分析一段时间内的趋势。

图 9-2 Norton Ghost 14.0

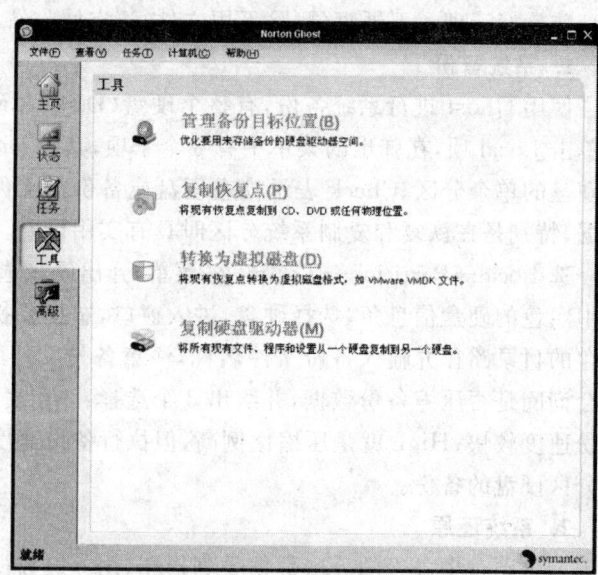

图 9-3 Norton Ghost 14.0 工具界面

为了进一步扩展恢复能力，Norton Ghost 与 Backup Exec Retrieve 等集成，以实现无需 IT 部门干预的简单的最终用户文件恢复。使用 Norton Ghost Exchange Retrieve Option（单独销售），可以快速恢复单个 Microsoft Exchange 电子邮件、文件夹和邮箱。

在该版本中，Symantec 推出了 Backup Exec for Windows Servers System Recovery Option，它是专门为 Backup Exec for Windows Servers 客户提供的简化的低价版本。从小公司到大企业，Norton Ghost 都是 Windows 系统恢复中的金牌标准。

9.1.4 Ghost 14 中的新增功能

- 增强了易用性。
- 支持 Windows Vista。
- 改进了"轻松设置"功能，可定期自动备份计算机。
- 可将恢复点转换为虚拟磁盘格式。
- 浏览丢失或损坏的文件和文件夹。
- 增加由事件触发的备份。
- Maxtor OneTouch™集成。
- 自动备份目标位置检测。

9.2 网络嗅探器——Sniffer pro

9.2.1 Sniffer 概述

Sniffer 软件是 NAI 公司推出的功能强大的协议分析软件。Sniffer 的用处主要是分析网络的流量，以便找出所关心的网络中的潜在问题。例如，假设网络的某一段运行得不是很好，报文发送的比较慢，但又不知道问题出在什么地方，此时就可以用嗅探器来作出精确的问题判断。系统管理员通过 Sniffe 可以诊断出大量的不可见的模糊问题，这些问题涉及两台乃至多台计算机之间的异常通信，有些甚至牵涉到各种协议，借助于 Sniffe%2C，系统管理员可以方便地确定出多少通信量属于哪个网络协议、占主要通信协议的主机是哪一台、大多数通信目的地是哪台主机等。

9.2.2 Sniffer pro 的功能简介

下面列出了 Sniffer 软件的一些功能。

- 捕获网络流量并进行详细分析。
- 利用专家分析系统诊断问题。
- 实时监控网络活动。

➢ 收集网络利用率和错误等。

➢ 提供在位和字节水平过滤数据包的能力。

9.2.3 Sniffer pro 的配置与使用

要使 Sniffer pro 成为超级网络嗅探器,安装的位置至关重要,必须将它安装在网络中的合适位置,才能捕获到内外部网络间传输的数据。一般来说,Sniffer pro 应该安装在内部网络和外部网络通信的中间位置,如代理服务器上。当然,也可以安装在局域网的某一台计算机上,但效果可能不是很好。另外,安装 Sniffer pro 的计算机内存要足够大。

1. 配置网络适配器

在进行流量捕获之前首先选择网络适配器,确定从计算机的哪个网络适配器上接收数据。

(1) 打开 File→Settings,在弹出的对话框中选择合适的网络适配器,如图 9-4 所示。

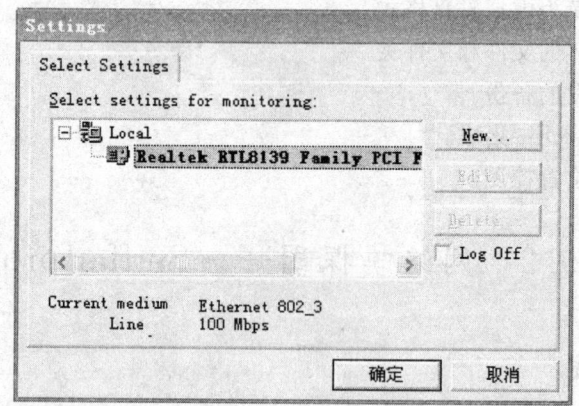

图 9-4 网卡设置

(2) 单击 New 按钮,在弹出如图 9-5 所示的对话框中可以添加网络适配器,New 对话框中的选项功能如下:

➢ Description:为网卡设置名称。

➢ Network:该下拉列表框中列出了本地计算机上的所有网卡。

➢ Netpod Configuration:为了使以太网可以以全双工模式工作,在 Netpod 下拉列表中可以选 Full Duplex Pod,在 Netpod IP 文本框中输入系统网络适配器的 IP 地址再加 1。

2. 仪表盘的使用

默认情况下,Sniffer pro 在默认窗口中会显示 Dashboard(仪表盘)主界面,共显示 3 个仪表盘"Utilization%","Packets/s","Errors/s",如图 9-6 所示:这 3 个仪表盘分别用来显示网络利用率、传输的数据和错误统计。

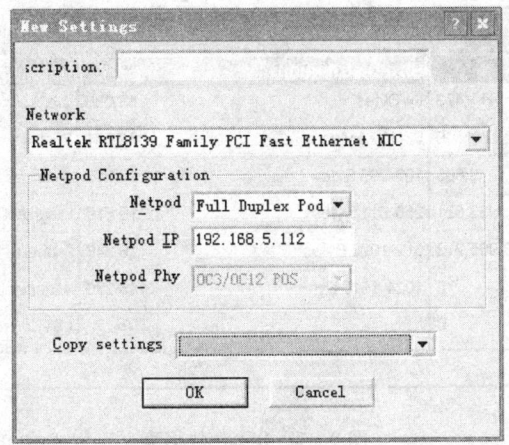

图 9-5 添加网络适配器

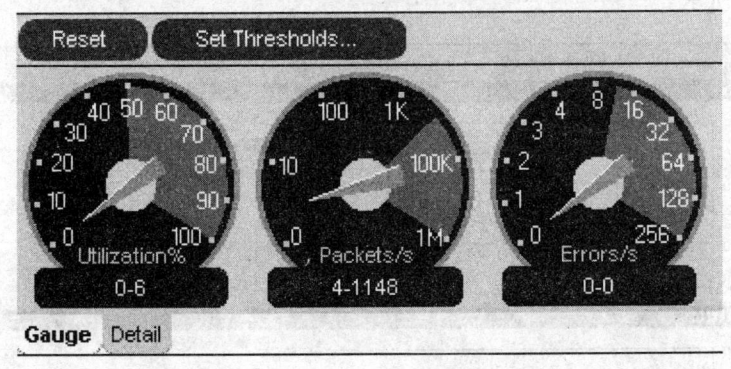

图 9-6 仪表盘

- Utilization%(利用百分比)：用传输量与端口能处理的最大带宽值的比值来表示线路使用带宽的百分比。表盘的红色区域表示警戒值，表盘下方有两个数字，第一个数字表示当前利用率百分比，第二个是最大的利用率百分比数值。网络利用率和网络的拓扑结构关系很大。在以太网端口，利用率为 40% 已经算高了，但在全双工可转换端口，80% 的利用率才算高效。
- Packets/s(每秒传输的数据包)：显示当前数据包的传输速度。同样，红色区域表示警戒值，下方的数字表示当前的数据包传输速度和峰值。根据数据包速率，可以得出一些重要信息。例如：如果网络利用率很高，而数据包传输速度相对较低，则说明网络上的帧比较大。
- Errors/s(每秒产生的错误)：该表盘可显示当前出错率和最大出错率。

在仪表盘窗口下方可以单击"Detail"以表格形式显示数据，如图 9-7 所示。

Network		Size Distribution		Detail Errors	
Packets	411,473	64 Bytes	145,236	CRCs	0
Drops	0	65-127 Bytes	72,831	Runts	0
Broadcasts	9,689	128-255 Bytes	13,217	Oversizes	0
Multicasts	33,621	256-511 Bytes	18,619	Fragments	0
Bytes	253,965,213	512-1023 Bytes	16,346	Jabbers	0
Utilization	0	1024-1518 Bytes	145,225	Alignments	0
Errors	0			Collisions	0

图 9-7 Detail 数据表

在仪表窗口下方有 Network（网络）、Detail Errors（错误描述）、Size Distribution（粒度分布），如图 9-8 所示。

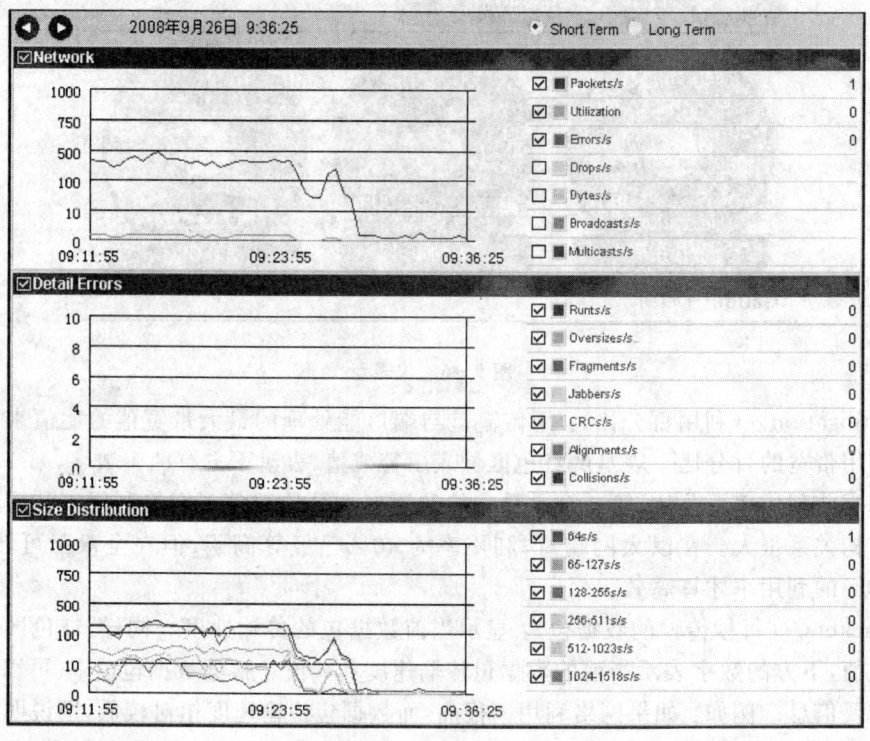

图 9-8 网络仪表显示图

在"Network"列表中的主要选项如下：

➢ Packets(数据包)：网络中传输的数据包总数。
➢ Drops(遗失)：遗失的数据包数目(系统性能问题或网络高峰期都会遗失数据包)。
➢ Broadcasts(广播)：广播帧数目。
➢ Multicasts(组播)：组播帧的数目。
➢ Bytes(字节)：总字节数。

在"Detail Errors"列表中包括 CRC,数据包过短,溢出,数据包碎片,数据包过长,校准错误和网络冲突(数据包碎片大小低于标准 64 Kb)。

"Size Distribution"列表中显示了网络中各种规模的数据包。

通过仪表盘上的"Set Thresholds(设定阈值)"可以修改默认的阈值,修改后仪表盘红色区域会发生变化。超过阈值的信息都会记录到 Alarm Log 中。阈值修改如图 9-9 所示。

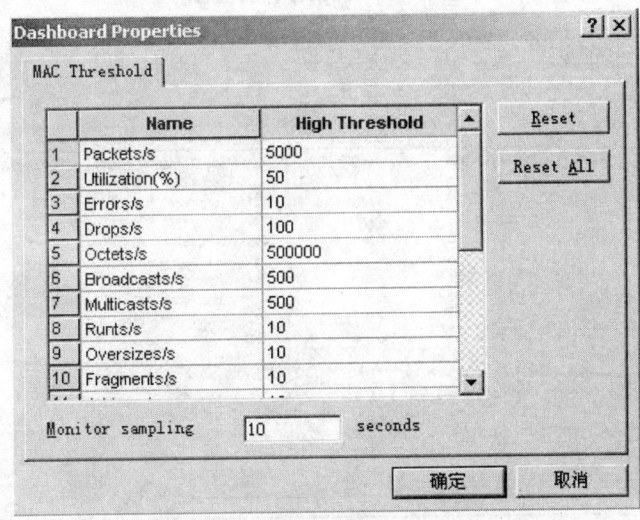

图 9-9　阈值修改

9.2.4　报文捕获解析

(1) 捕获面板如图 9-10 所示。

(2) 单击"开始"按钮,或选择"Capture"菜单下的"Start"选项,弹出"Expert"对话框,可以捕获局域网与外部网络连接的数据,如图 9-11 所示。

(3) 单击最右侧的"Object"选项卡,会显示出当前监视的网卡的详细信息,如图 9-12 所示。

(4) 当缓冲器中积累了一定的流量以后,可以停止并查看所捕获的数据。单击工具栏上的"停止"按钮,选择"Capture"下的"Display"选项,并在最下面切换到"Decode"选项卡,就可以查看捕获的内容,如图 9-13 所示。

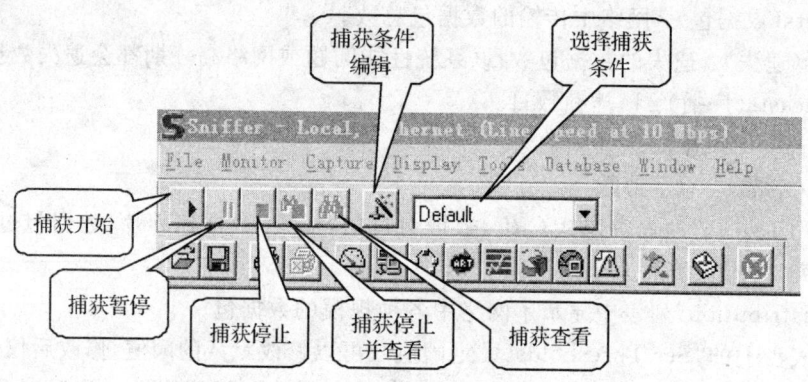

图 9-10　Sniffer 捕获面板

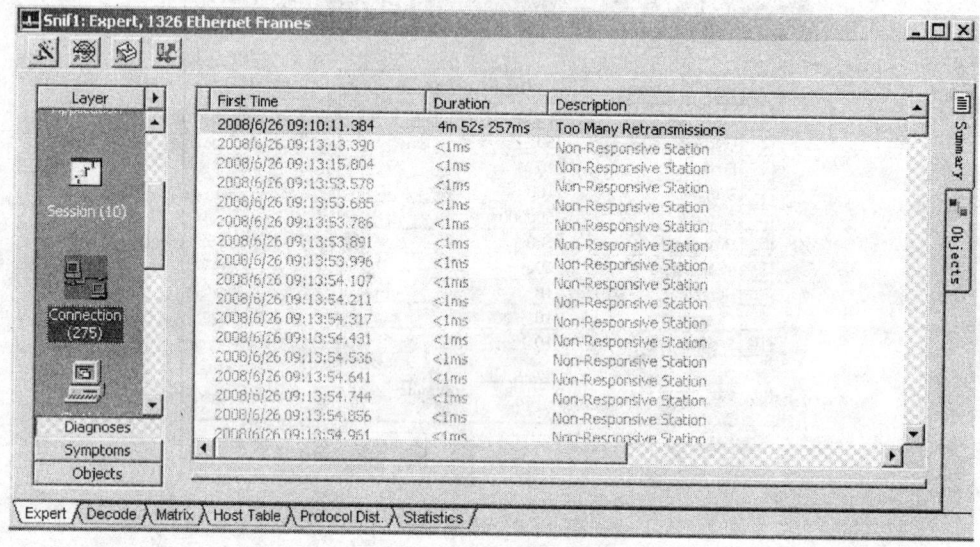

图 9-11　专家面板

在最上面窗格中显示了捕获的帧,以及捕获的顺序"Source Address","Dest Address", "Summary"和时间等信息。此时可以选中需要的帧左侧的复选框,然后就可以保存为新的捕获文件。

中间的窗格部分显示所选择的协议的详细资料。

窗口最下方为"HEX 窗格",里面是十六进制代码的信息集合,即处于传输状态的原始 ACSII 格式的数据。

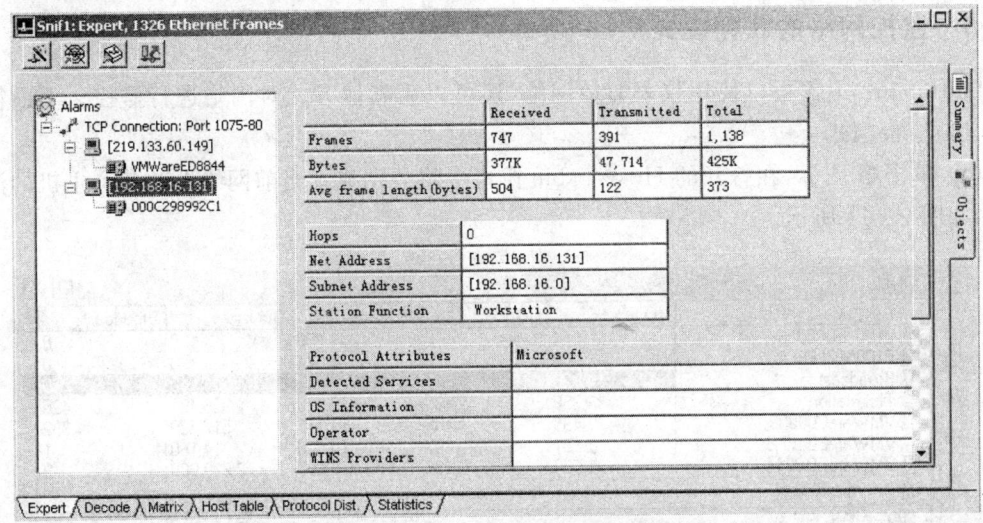

图 9-12 "Object"选项卡

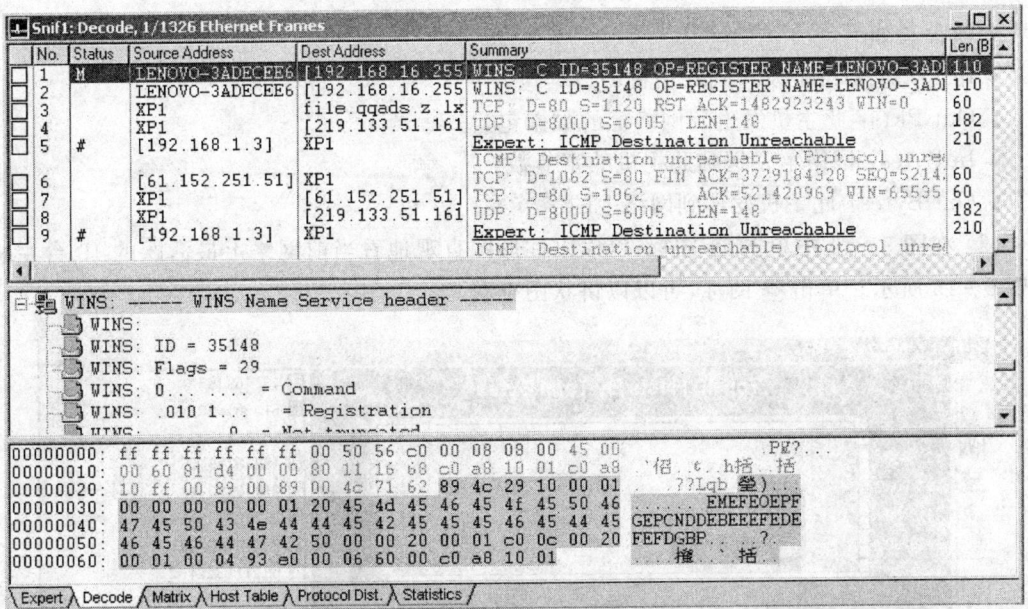

图 9-13 "Decode"选项卡

9.2.5 监控网络的几种模式

Sniffer pro 不仅可以使用仪表监控网络，还可以用其他方式对网络进行监控。下面简单介绍其他监控模式。

(1) 单击 图标，在打开的 Host Table 窗口中将分别显示当前网络上的各个主机的流量信息，如图 9－14 所示。

Hw Addr	In Pkts	Out Pkts	In Bytes	Out Bytes	Broadcast
01005E000016	4	0	256	0	0
01005E7FFFFA	6	0	1,074	0	0
Broadcast	4,820	0	558,566	0	0
This station	3,358	2,433	2,630,973	326,461	425
VMWareC00008	495	4,455	54,911	517,729	4,392
VMWareE0A7FC	31	67	10,950	14,160	1
VMWareED8844	1,530	3,289	222,300	2,620,680	2

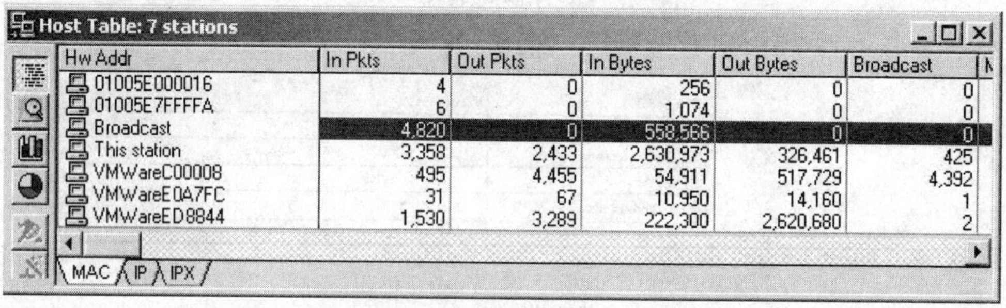

图 9－14 "Host Table"窗口

各项含义如下。

- In Pkts：网络上发送到此主机的数据包。
- Out Pkts：此主机发生到网络上的数据包。
- In Bytes：网络上发送到此主机的字节数。
- Out Bytes：此主机发送到网络上的字节数。

(2) 在图 9－14 中单击 图标，可以以柱形图直观地看当前网络上最活跃的 10 台主机，如图 9－15 所示。单击 图标，可以以饼状图查看。

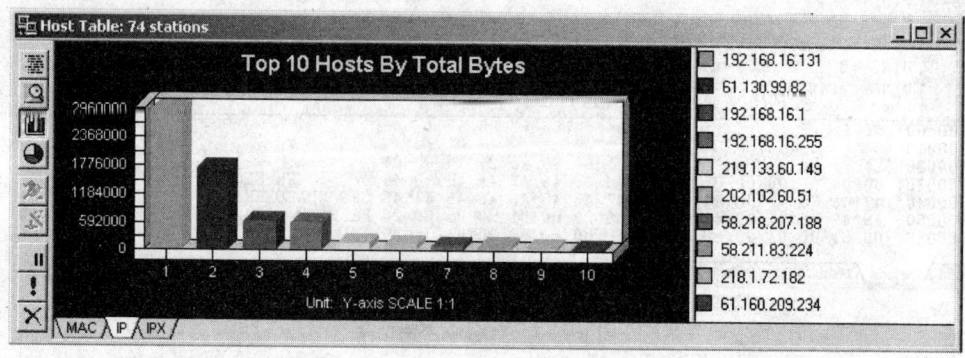

图 9－15 柱形图

(3) 单击 图标，调出 Matrix 窗口，可以清楚地看到当前网络的互连情况，如图 9－16 所示。

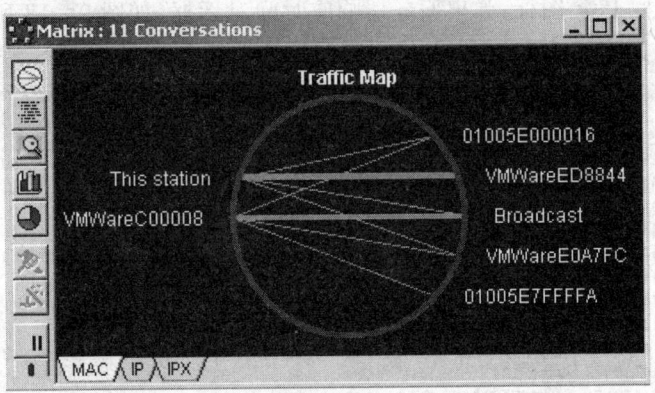

图 9-16 Matrix 互连图

当网络中的连接过多时,就很难看清两台主机之间相互连接,这时选中要查看的主机右击,在弹出的快捷菜单中选中"Show Select Nodes",这样就只显示与所选节点相连的连接。

(4) 单击 图标,显示的是整个网络中的协议分布情况,如图 9-17 所示。

Protocol	Host 1	Packets	Bytes	Bytes	Packets	Host 2
IP	001E901FE876	4	256	0	0	01005E000016
	001E901F9509	6	1,029	0	0	Broadcast
	001E901F969D	10	1,485	0	0	
	001E901F9807	1,268	136,070	129,195	1,188	This station
	001E901DC180	52	5,521	0	0	Broadcast
	001E90201B12	86	9,330	0	0	
	001E901FC34B	9	1,389	0	0	
	001E901E80CF	13	1,785	0	0	
	001E90201B12	18	3,213	0	0	01005E7FFFFA
	This station	2,840	3,191,108	299,542	2,588	001E90201B12
		2	140	21,949	35	001D0F281999
	001E90201A46	11	1,748	0	0	
IPX	001E901F9102	29	3,910	0	0	Broadcast
	001E901F9807	9	1,326	0	0	
	001D0F28916C	5	320	0	0	
	001E901F9102	6	384	0	0	
	001AA9078B33	3	192	0	0	
IP_ARP		2	128	0	0	001D0F281999
	This station	1	64	64	1	001E90201B12
		2	128	64	1	001E90201A45
	001AA90781CB	3	192	0	0	Broadcast
	001E901F9528	8	512	0	0	

图 9-17 协议分布图

(5) 单击工具栏上 图标,弹出服务器响应时间对话框,如图 9-18 所示,该列表显示了局域网内的通信及其响应速度列表,并将本地网的计算机名以 NetBIOS 名的形式解析出来。

Server Address	Client Address	AvgRsp	90%Rsp	MinRsp	MaxRsp	TotRsp	0-25	26-50	51-100	101-200
116.28.62.116	LX18	134	473	52	713	23	0	0	20	0
119.147.10.169	192.168.5.11	295	295	295	295	1	0	0	0	0
119.147.10.169	192.168.5.14	373	479	248	498	2	0	0	0	0
119.147.10.170	LX1	108	138	66	146	5	0	0	2	3
119.147.10.170	LX7	150	325	63	626	25	0	0	12	8
119.147.10.170	LX21	218	218	218	218	1	0	0	0	0
119.147.10.172	192.168.5.36	126	150	61	157	5	0	0	1	4
119.147.10.172	192.168.5.14	154	267	47	289	5	0	1	1	1
119.147.10.172	LX16	142	360	30	536	30	0	3	13	7
119.147.10.173	LX18	144	294	64	356	4	0	0	3	0
119.147.10.174	192.168.5.35	94	127	71	169	6	0	0	5	1
119.147.10.176	LX34	131	404	28	545	29	0	4	15	5
119.147.10.33	192.168.5.14	202	202	202	202	1	0	0	0	1
119.147.11.21	192.168.5.36	276	446	96	457	2	0	0	1	0

图 9-18 响应时间

(6) 单击左侧的 图标,显示"服务器—客户响应时间"柱状图,如图 9-19 所示。

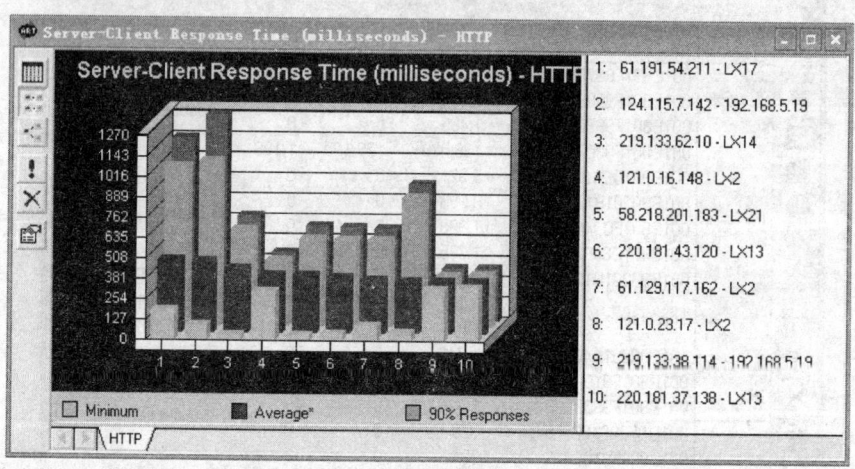

图 9-19 "服务器—客户响应时间"柱状图

(7) 单击工具栏上的 图标,弹出协议分布窗口,如图 9-20 所示。在此窗口中可以通过下方的 MAC、IP、IPX 选项卡查看网络中各种网络协议的分布状况。

(8) 单击工具栏上的 图标,弹出 Global Statistics(全局统计表)窗口,如图 9-21 所示。在 Size Distribution 选项卡中可以查看当前网络上数据包的大小比例分配;在 Utilization Dist 选项卡可以查看当前网络的利用率。

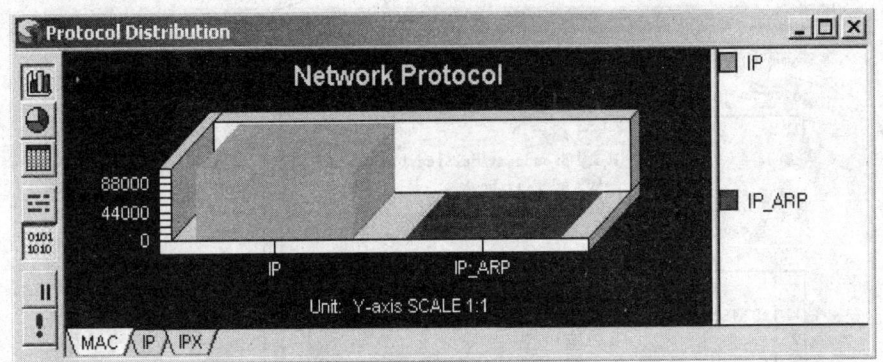

图 9-20　协议分布

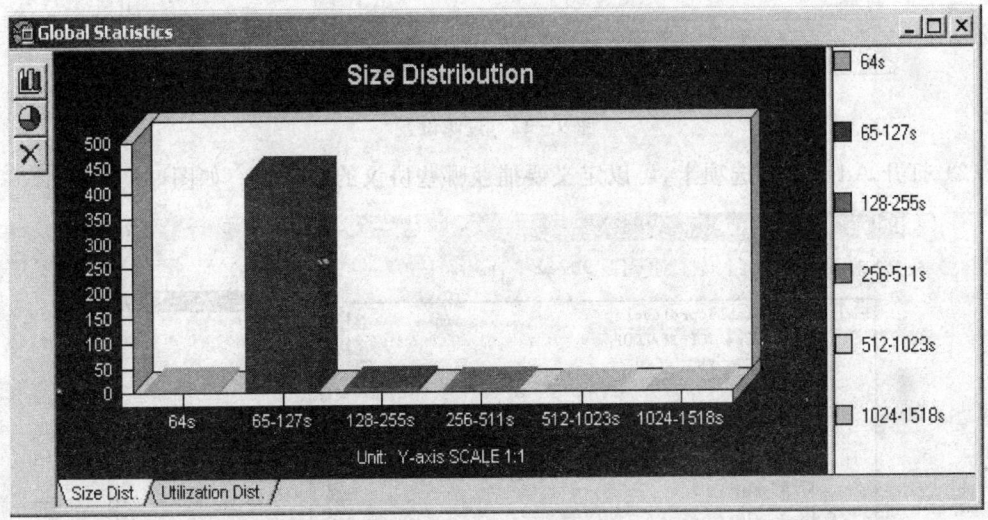

图 9-21　全局统计表

9.2.6　设置数据过滤包

在默认情况下，Sniffer Pro 会接收网络中所有传输的数据包，但我们在分析网络故障的时候并不需要接收所有的，这就需要过滤，只接收与分析问题相关的数据。下面介绍过滤的相关设置：

(1) 在菜单栏选择 Capture 下的 Define Filer 选项，打开 Address 选项卡，如图 9-22 所示。在 Address 下拉列表中选择"IP"选项(这样在下面 Station 表中条件才可以输入 IP 地址)，在"Mode"选项中"Include"表示包含，"Exclude"表示捕获除此之外所有的数据包。在 Station 列表中的一栏中填入要过滤的 IP 地址，另一栏设置"Any"，表示任何主机。在中间 Dir 中设置过滤条件。

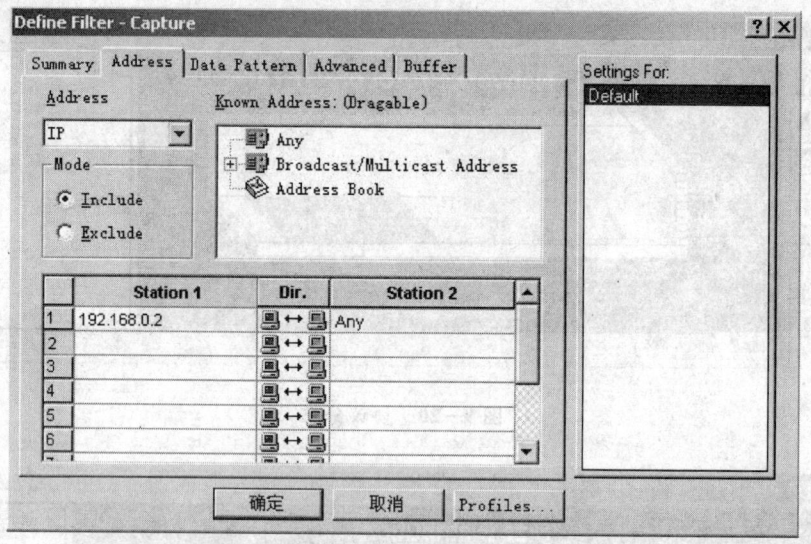

图 9-22 过滤设置

（2）打开 Advanced 选项卡，可以定义要捕获哪些协议的数据包。如图 9-23 所示。

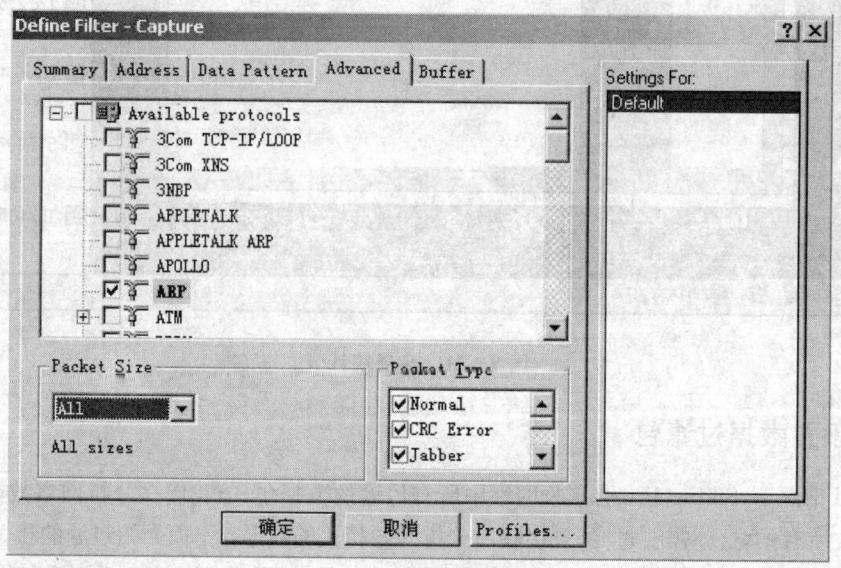

图 9-23 捕获协议设置

（3）打开 Buffer 选项卡，定义捕获数据包的缓冲器，默认为 8 MB。如果内存较小，要捕获的数据又多，可以保存到硬盘，选中 Save to file 复选框。如图 9-24 所示。

设置完成后单击 Profiles 按钮，可建立一个新的过滤器。

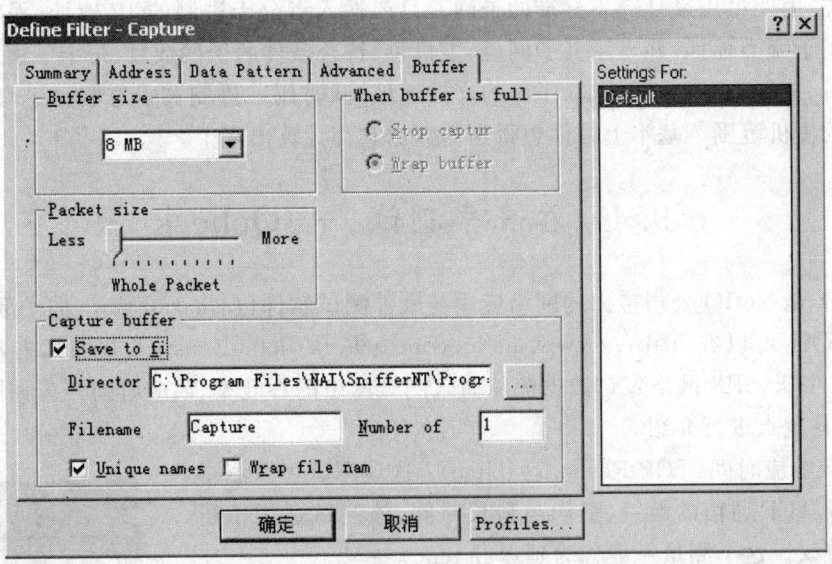

图 9-24 缓存设置

9.3 子网掩码计算——IPSubnetter

IPSubnetter 是一个方便快捷的计算 IP 子网的免费工具,如图 9-25 所示。其可以随意

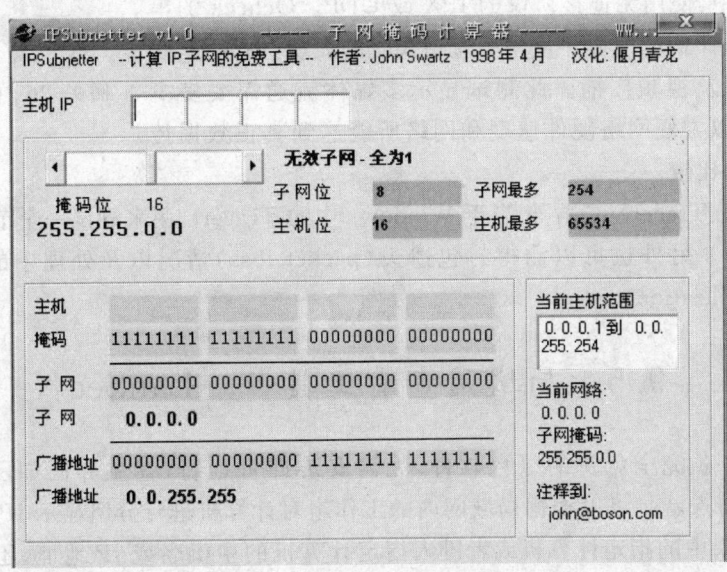

图 9-25 IPSubnetter 主界面

调整掩码位,因此可用来计算不标准的子网。只要输入点分十进制的 IP 地址,程序立刻可以判断出它属于哪类地址,并显示其子网位、主机位、符合条件的子网数目、每个子网所包含的有效主机数目、掩码、所属子网地址、子网的广播地址(同时用二进制和十进制显示)以及当前子网所包含的主机范围。基本上是你想得到的数据它都计算出来了。

9.4 吞吐率测试——Qcheck

Qcheck 是 NetIQ 公司推出的网络应用与硬件测试软件包 Chariot suite 的一部分,是一个免费公版程序,可以在 http://www.netiq.com/qcheck/default.asp 下载。其主要功能是向 TCP、UDP、IPX、SPX 网络发送数据流从而来测试网络的吞吐率、回应时间等。如图 9-26 所示,下面择其重点进行介绍。

> TCP 响应时间(TCP Response Time):这项测试可以测得完成 TCP 通信的最短、平均与最长时间,该测试适用于所有协议。这个测量一般称为延迟(latency)。

> TCP 传输率(TCP Throughput):这项测试可以测量出两个节点间使用 TCP 协议时,每秒钟成功送出的数据量。通过这项测试可以得出网络的带宽。

> UDP 串流传输率(UDP Streaming Throughput):和多媒体应用一样,串流测试会在不知的状况下传送数据。在 Qcheck 中,使用无连接协议的 IPX 或 UDP。Qcheck 的串流测试是评估应用程序使用串流格式时的表现,例如 IP 线上语音以及视频广播。此测试显示多媒体流通需要多少的频宽,以方便网络硬件速度和网络所能达到真正数据传输率间的比较。

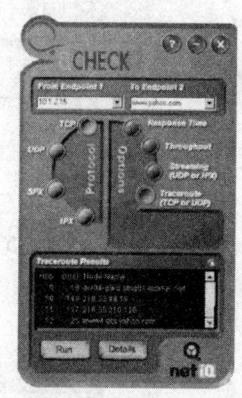

图 9-26 Qcheck 主界面

> 路由追踪(Traceroute):相当于 Windows 中的 Tracert,用来测试一个节点到另一个节点的路由。另外也可以测得封包遗失(packet loss)情况以及处理中的 CPU 占用率(CPU utilization)。

9.5 局域网查看工具——LanSee

LanSee 是一款完全免费的绿色软件,无需安装即可运行,其主界面如图 9-27 所示。LanSee 最大的特点就是可以根据局域网内的工作组对计算机进行分组显示 IP 地址、MAC 地址,选定搜索结果中的指定计算机或者键入指定计算机的主机名或 IP 地址,还可以查看其共享资源。另外还可以给指定的计算机发送即时消息,搜索局域网内的各种类型的服务器,如

FTP 服务器、WWW 服务器。

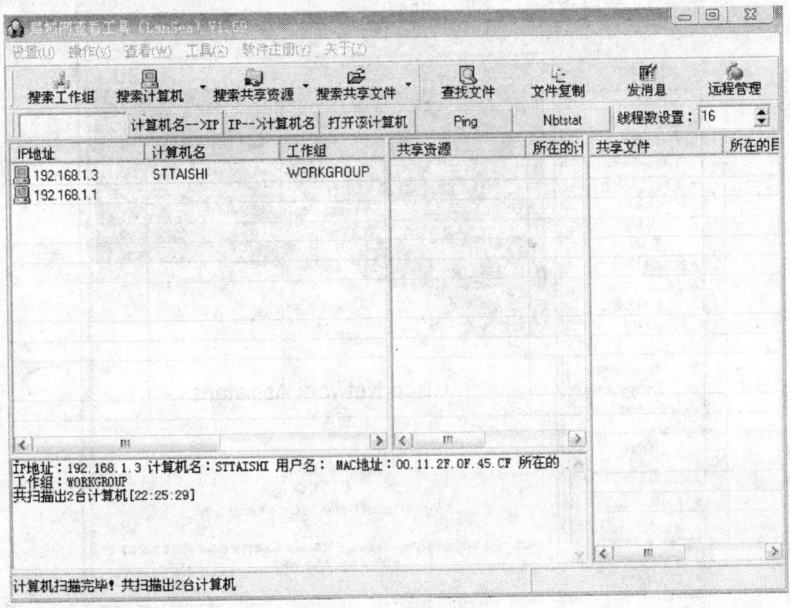

图 9-27 LanSee 主界面

9.6 思科网络助手——Cisco Network Assistant

思科网络助手(Cisco Network Assistant,CNA)是一个基于 PC 的网络管理应用,适用于用户数不超过 250 人的有线或无线局域网。通过采用 Cisco Smartports 技术,思科网络助手能够简化思科网络的配置、部署以及日常管理和维护。思科网络助手借助一个用户友好型 GUI,提供了集中网络视图,其主界面如图 9-28 所示。该程序使网络管理员能方便地应用通用服务,生成库存报告、实现密码同步化,并启动思科交换机、路由器和接入点的其他特性。

CNA 的主要特性和优势如下。

- 团体:团体是下一代搜索机制,能对所支持的交换机、路由器和接入点应用通用服务。这些服务包括 Cisco IOS 软件升级、配置管理、库存报告、网络事件、报警和密码同步等。并且团体间用安全套接字层(SSL)连接。
- 拖放式 IOS 升级:凭借拖放式 IOS 升级特性,用户只需将 IOS 软件从 PC 桌面拖放到拓扑视图中的目标设备的图标上,就能升级交换机和路由器。
- 动态应用软件升级:用户能通过动态应用软件升级,确保思科网络助理安装了最新版本和补丁。利用此功能,在向网络添加一个新购买的思科设备后,它即能得到最新版本的支持和保护。

图 9-28 CNA 主界面

- 事件通知：事件通知会在发布了可供下载的思科网络助手新版本，网络中的某一设备出现潜在问题或需要进行配置更改时，提醒用户。在一个对话框中提供了关于事件的所有必要信息，包括时间、说明以及解决问题的建议。
- 访客端口：访客端口使公司能为访客提供 Internet 接入。来访者就能接入 Internet 或建立访问其公司资源的 VPN 连接。访客端口用户不能访问内部网络流量，因此内部的信息和服务能够确保安全，不会受到未授权访客的干扰。
- 网络同步化：此特性能检测出不一致的网络设置，如 VLAN 不匹配、集中时间和安全策略不同等。当与 Troubleshooting Advisor 共用时，能方便地发现这些不一致性并修复。
- 在线帮助：思科网络助理框架中内嵌了一个详细、无缝的帮助功能，提供了广泛的词汇库和强大的搜索引擎。利用在线帮助，用户无需致电技术支持人员，即能找到如何解决问题的指示并排除障碍。
- Smartports Advisor：是一个内嵌工具，能发现网络中连接的设备，并为交换端口上的安全性、可用性和 QOS 特性推荐相应的思科最佳配置。该特性通过主动推荐思科最佳实践，无需网络管理员再查阅具体设计指南或文档，节省了时间。Cisco Smartports 技术节约了网络管理员的时间，避免了人工错误，并确保为应用优化了交换机、路由器的配置。
- 拓扑和前面板视图：用户能从两个角度监控其网络，一是物理拓扑视图；二是前面板视图。内容丰富的拓扑视图在单一视图中,以图形方式显示了网络中的设备类型,以及设备状态、物理连接和各种监控功能的具体信息。前面板视图在显示网络中交换机的同时,还显示了交换端口的状态、双工以及速度。前面板视图也使用户在配置 VLAN 等特性时能够对多个端口或交换机应用这些特性。此外,还为设备库存、端口、服务质量(QOS)和访问列表(ACL)统计数据提供了实时、全面的报告。

9.7 最经典的模拟器——DynamipsGUI

DynamipsGUI 是一款图形化的思科模拟器,在 Dynamips BAT 的基础上,和 Dynamips 相比,操作更简单,而且可以自制可视化的拓扑图,使用时候,只需要有相应的 IOS 就可以了。DynamipsGUI 是当今最好的 Cisco 模拟器,配合 IOS 文件,可以实现跟真的实验室一样的实验配置。大家如果用过 BOSON 的话就会知道,它对很多 Cisco 的命令都不支持,甚至取消了某些功能,但是 DynamipsGUI 模拟器由于采用的是真实的 IOS 系统操作,所以跟实际的设置是一样的。

DynamipsGUI_2.8 的特点是:支持分布式,最多支持 9 台 PC 联合进行路由交换模拟;支持数量增加至路由器 44 台,交换机 44 台,适应超大型环境模拟;支持 2691,3725,3745 等型号;集成最新 dynamips-0.2.6-RC4;单机桥接网卡数量增加到 10 块(仅限本机);生成文件按主机进行分类等。

由于安装步骤较简单,我们这里省略 DynamipsGUI 2.8 的安装步骤。安装好了运行出现 DynamipsGUI 的主界面,如图 9-29 所示。

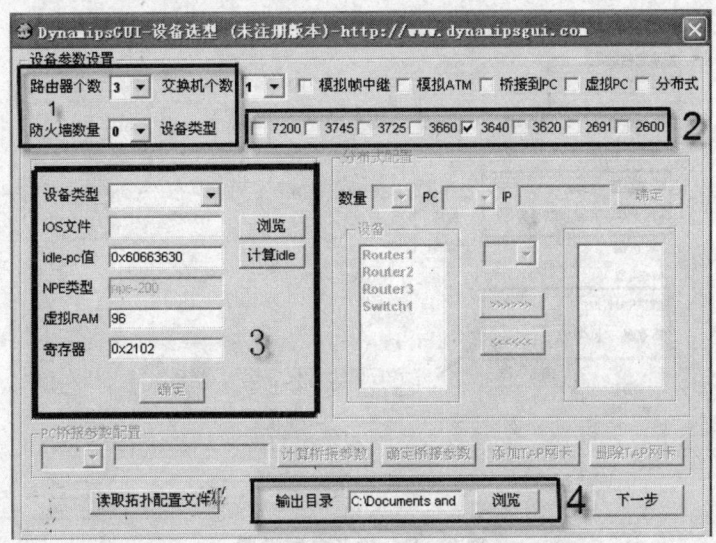

图 9-29 DynamipsGUI 主界面

对刚刚接触 DynamipsGUI 的用户来说,需要了解图 9-29 中 4 个黑色矩形里各项的使用。

矩形 1:在里面选择用户所要的设备,比如说你规划的网络中有几台路由器,几台交换机,也可以选择防火墙。

矩形 2:其作用是选择路由器的型号,例如用户网络规划中有 7200 的路由器那么就选 7200,选择是根据用户的实际情况出发的,有什么设备选什么型号(可以多选)。

矩形 3:对于刚接触 DynamipsGUI 的用户这里要重点了解。设备类型、IOS 文件、idle-pc 值以及虚拟 RAM,其中 idle-pc 值是为了解决在开启模拟器设备时用户的 CPU 占用率不至于达到 100%。

矩形 4:选择用户的配置文件的输出位置。

接下来用模拟器做一个静态路由的实例来了解这些选项的设置,拓扑图如图 9-30 所示。

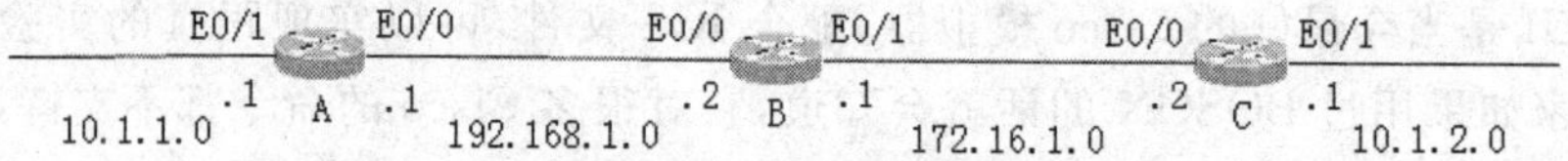

```
       E0/1      E0/0       E0/1      E0/0      E0/1
         .1   A   .1          .2   B   .1         .2   C   .1
    10.1.1.0      192.168.1.0      172.16.1.0       10.1.2.0
```

图 9-30 静态路由拓扑图

第一步:在 DynamipsGUI 界面选择设备数量:如图上拓扑有 3 台路由器,那么用户就选择路由器个数 3 台。

第二步:选择设备类型:假设的所有设备型号是 3640,那么用户在图 9-29 的矩形 2 里选择 3640 就可以了。

第三步:配置 3640 设备的 IOS 存放位置等参数就可用了,IOS 相当于操作系统,没有的朋友可以去网上下载。上面三步设置完成后其界面如图 9-31 所示。

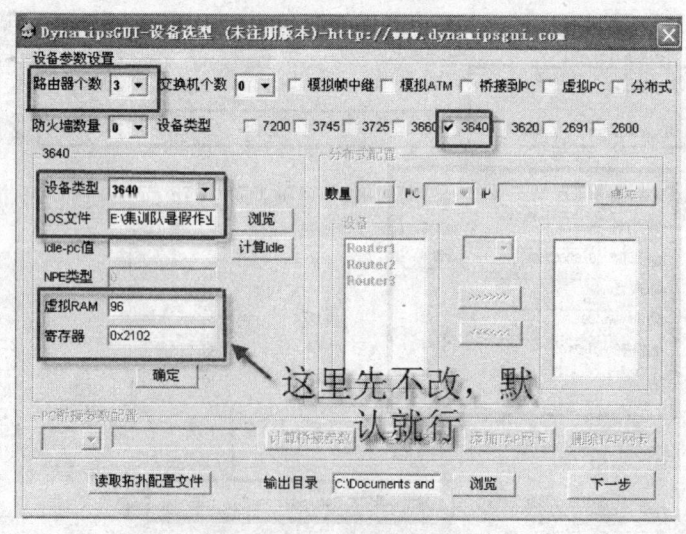

图 9-31 设备参数设置

第四步：计算 idle-pc 值。计算 idle 值是为了在开模拟器时占用较低的 CPU 等资源，所以这个值对于能做好实验很重要。单击"计算 idle"按钮，得到如图 9－32 所示的界面，并按任意键继续得到如图 9－33 所示的界面，然后按下 Ctrl＋]＋I 键即可获取 idle-pc 参数。

```
请按任意键继续. . .
Cisco Router Simulation Platform (version 0.2.8-RC2-x86)
Copyright (c) 2005-2007 Christophe Fillot.
Build date: Oct 14 2007 10:54:51

Virtual RAM size set to 96 MB.
IOS image file: E:\集训队暑假作业\黄帽子\IOS\c3640-advsecurity-mz.124-10.bin

ILT: loaded table "mips64j" from cache.
ILT: loaded table "mips64e" from cache.
ILT: loaded table "ppc32j" from cache.
ILT: loaded table "ppc32e" from cache.
CPU0: carved JIT exec zone of 16 Mb into 512 pages of 32 Kb.
```

图 9－32　基本信息

下面就是 idle 值：

```
0x605c8904 (count=51)IOMEM set to: 5
0x605c8ad0 (count=31)
0x605c9598 (count=28)5
0x604a9904 (count=69)
0x604a9964 (count=80) Rights Legend
0x604a9998 (count=53)
0x604a99ac (count=25)closure by the Government is
0x605c9e40 (count=50)as set forth in subparagraph
0x605c9ff0 (count=36)mputer Software - Restricted
0x60597318 (count=21). 52.227-19 and subparagraph
```

图 9－33　idle 值

我们这选最大 count 值所在行的前面的值，如"0x604a9964"。然后单击"下一步"按钮。注：也可以按多次 Ctrl＋]＋I 键，选择每次都出现的最稳定的值。

第五步：虚拟 RAM 值可通过反复的测试知道每个型号的最小值，我们一般 3640 设置到 90 以上。

第六步：选择输出位置就可以了。如 C:\Documents and Settings\Administrator\桌面，然后单击"下一步"按钮。

下面我们介绍路由器模块的配置。

(1) 接下来需要依次设置每一个路由器的设备型号和 slot，还要记住每台设备的 console 号，一般都是从 2001 开始的(第一个路由器一般是 2001，第二个路由器是 2002，依次类推。交换机一般是从 3001 开始)。另外还要注意，最后一定要单击"确定 Router 3 的配置"按钮，直到右边黑框中出现设备信息才可以，如图 9－34 所示。

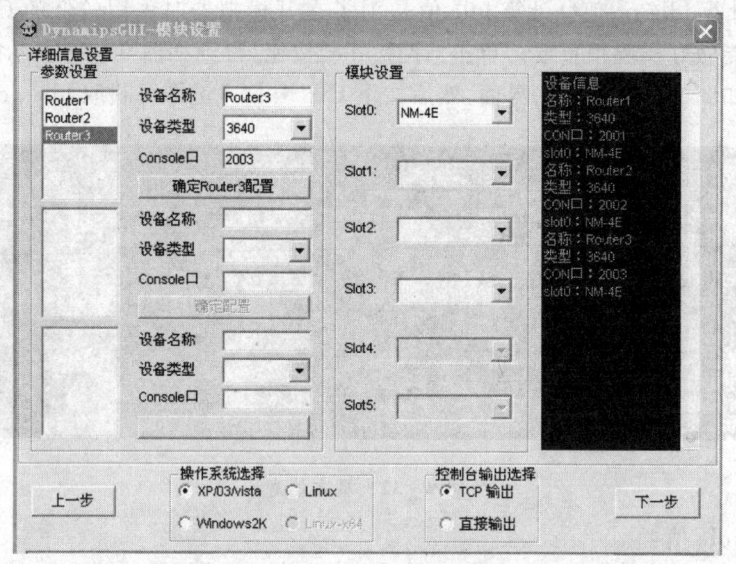

图 9-34 模块设置

这里解释一下界面下面的控制台输出。如果选择"TCP 输出"则需要用 telnet 连接,推荐使用 SecureCRT。如果是直接输出,就不用 telnet 连接了,可直接在窗口下输出 CLI 界面。

(2) 把拓扑图连起来,如图 9-35 所示。

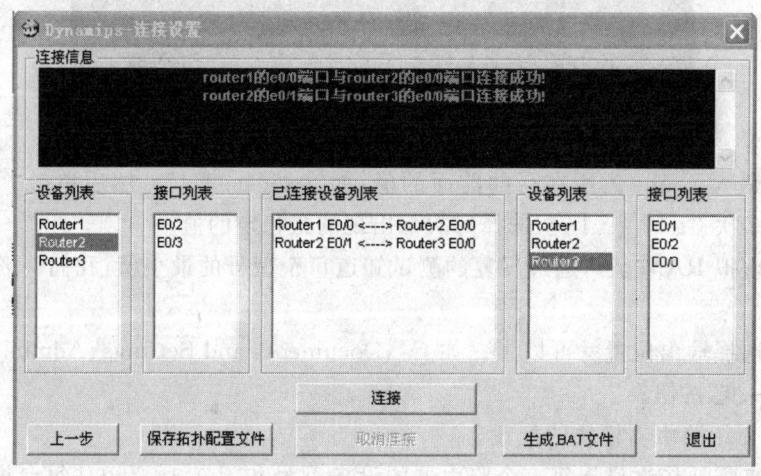

图 9-35 连接拓扑图

(3) 最后生成 BAT 文件,输出到用户之前设置的目录里,生成的文件如图 9-36 所示。

图 9-36 输出目录文件

然后打开 Router1.bat,Router2.bat,Router3.bat 三个批处理文件,就可以用 telnet 登录进行配置了。

9.8 最经典的 telnet 工具——SecureCRT

SecureCRT 是一款支持 SSH(SSH1 和 SSH2)的终端仿真程序,同时支持 Telnet 和 rlogin 协议。SecureCRT 是一款用于连接运行包括 Windows、UNIX 和 VMS 的远程系统的理想工具。通过使用内含的 VCP 命令行程序可以进行加密文件的传输。有流行 CRTTelnet 客户机的所有特点,包括:自动注册、对不同主机保持不同的特性、打印功能、颜色设置、可变屏幕尺寸、用户定义的键位图和优良的 VT100、VT102、VT220 和 ANSI 竞争。能从命令行中运行或从浏览器中运行。其他特点包括文本手稿、易于使用的工具条、用户的键位图编辑器、可定制的 ANSI 颜色等。

(1) 安装 SecureCRT。安装过程较简单,这里省略。

(2) 安装好 SecureCRT 后,界面如图 9-37 所示。

用户可以看到有协议、主机名、端口、防火墙这些选项。协议有 SHH2,SHH1,Telnet,Rlogin,Serial,TAPL 等,主机名填写主机 IP,用户在做实验的时候填写 127.0.0.1,端口如果是路由器就填写 2001,第二台路由器的时候填写 2002,第 3 台就是 2003;如果是交换机的话就填写 3001,第二台交换机填写 3002。注意:选上保存会话和在新标签中打开。然后单击"连接"按钮后就登录上去了,如图 9-38 所示。

(3) 单击"连接选项"能创建新的连接或者是打开以前的连接如图 9-39 所示。

(4) 单击工具栏里的文件选项,单击"连接"能新建会话;如图 9-40 所示。

(5) 在菜单栏里单击"选项"中的会话选项,出现图 9-41 所示的界面,里面可以设置很多内容,比如不喜欢默认的背景或字体颜色,那么可以在其中修改。

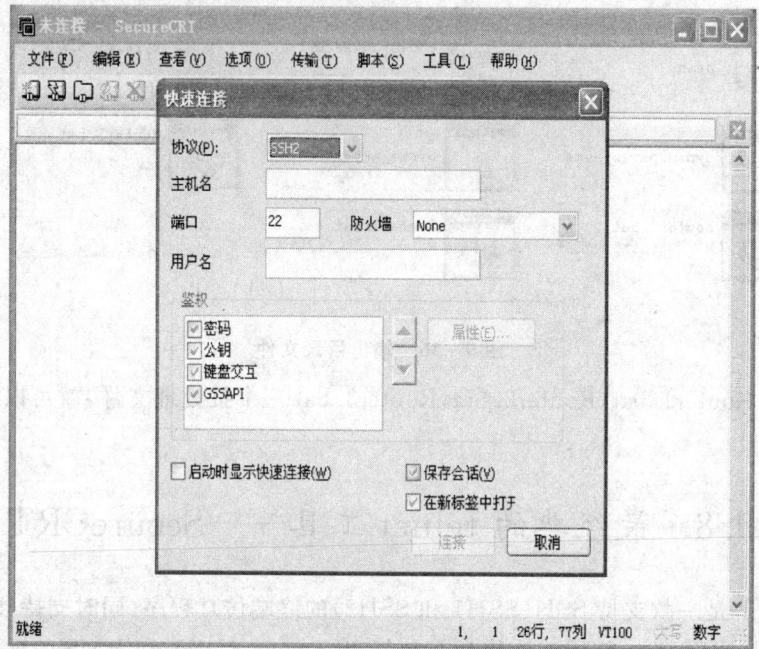

图 9-37 SecureCRT 主界面

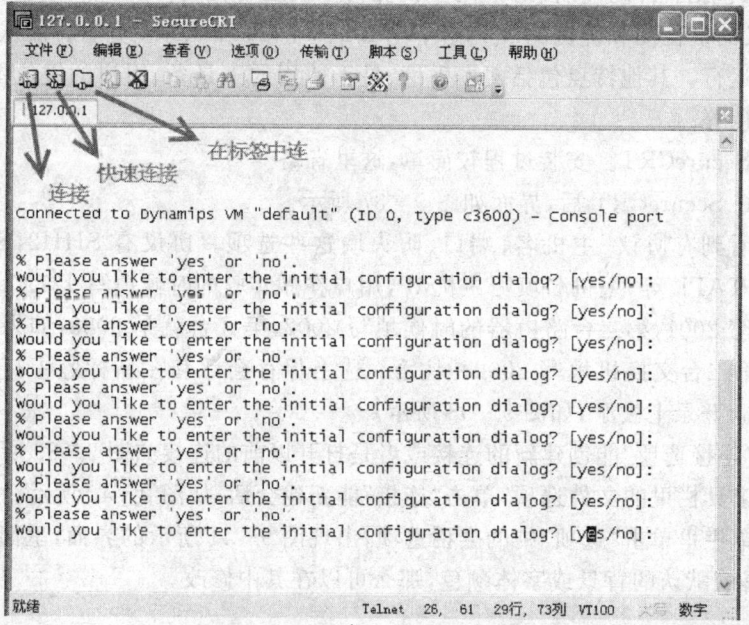

图 9-38 登录设备

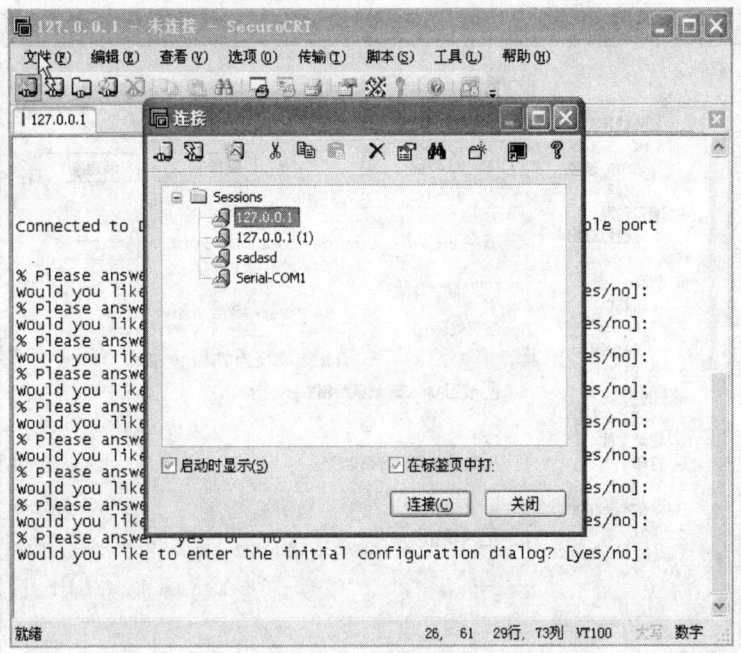

图 9-39 连接选项

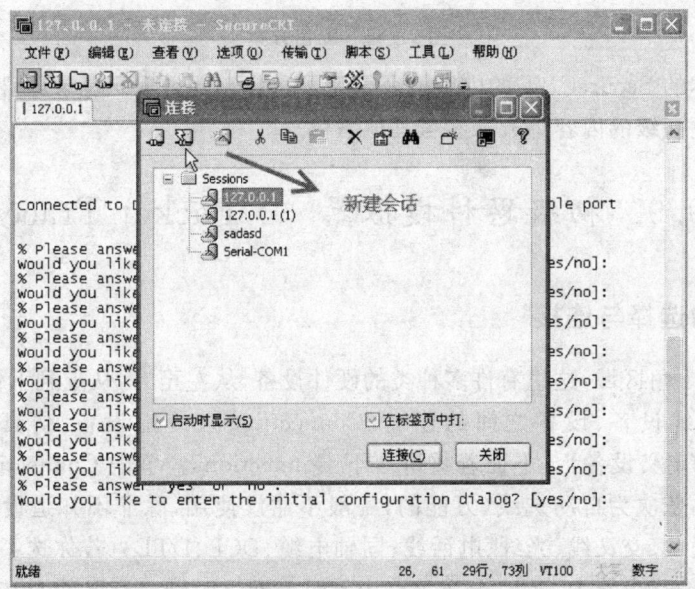

图 9-40 新建会话

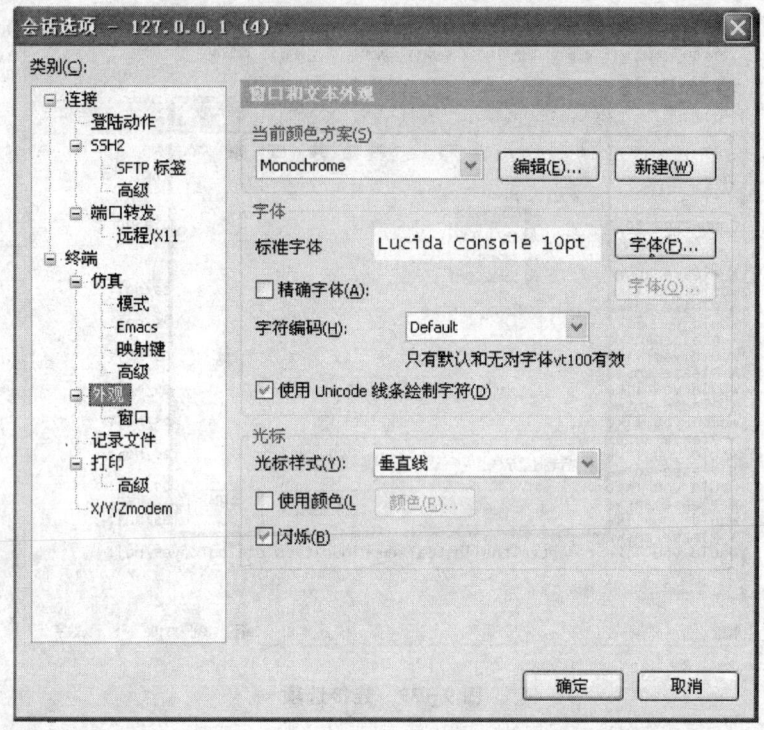

图 9-41 配色方案

到这里，基本的 SecureCRT 的内容就介绍完了，用 SecureCRT 登录思科的模拟器做实验应该没问题了，更高级的内容请大家参考其他书籍。

9.9 初级思科模拟器——Packet Tracer

9.9.1 设备的选择与连接

在界面的左下角区域，这里有许多种类的硬件设备，从左至右，从上到下依次为路由器、交换机、集线器、无线设备、设备之间的连线（Connections）、终端设备、仿真广域网、Custom Made Devices（自定义设备）。下面着重讲一下 Connections。单击 Connections，在右边会看到各种类型的线，依次为自动选线（万能的，一般不建议使用，除非不知道设备之间该用什么线）、控制线、直通线、交叉线、光纤、电话线、同轴电缆、DCE、DTE。若你选了 DCE 这一根线，则和这根线相连的路由器为 DCE，配置该路由器时需配置时钟。交叉线只在路由器和电脑或交换机和交换机之间相连时才会用到。

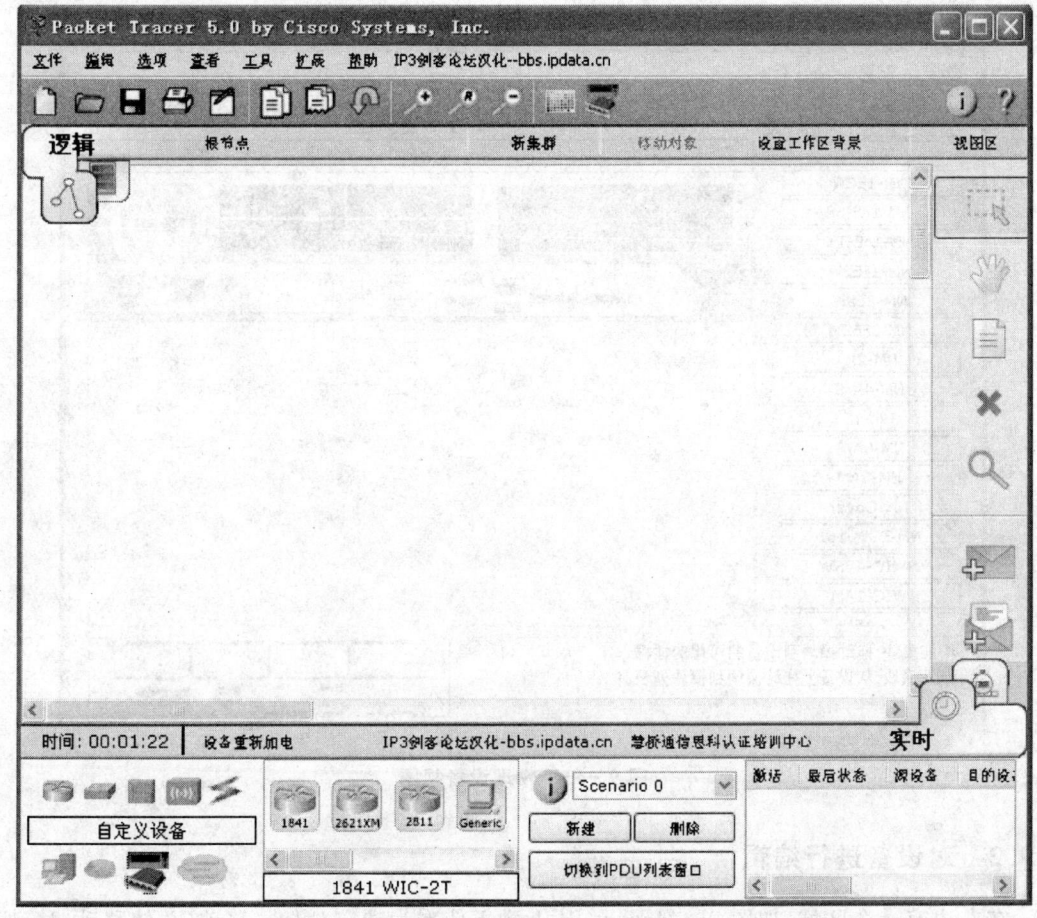

图 9-42 Packet Tracer 主界面

单击右下角的路由器,然后随便选择一个,这个时候路由器中只有最基本的 2 个快速以太网接口。如果需要其他接口需单击路由器进入"物理",如图 9-43 所示。此时断掉电源(直接在图上单击电源按钮),拖动模块到图中相应位置即可。

一般情况下,PC 不像路由器有 CLI,它只需要在图形界面下简单地配置一下就可以了。一般通过 Desktop 选项卡下面的 IP Configuration 就能实现简单的 IP 地址、子网、网关和 DNS 的配置。此外还提供了拨号、终端、命令行、Web 浏览器和无线网络功能。

这样每次做实验都要添加很多模块,很不方便,我们建议使用右下角的 Custom Made Devices(自定义设备)。在自定义设备中,接口已经为用户添加好了,比如路由器的串口就不需要再添加了。

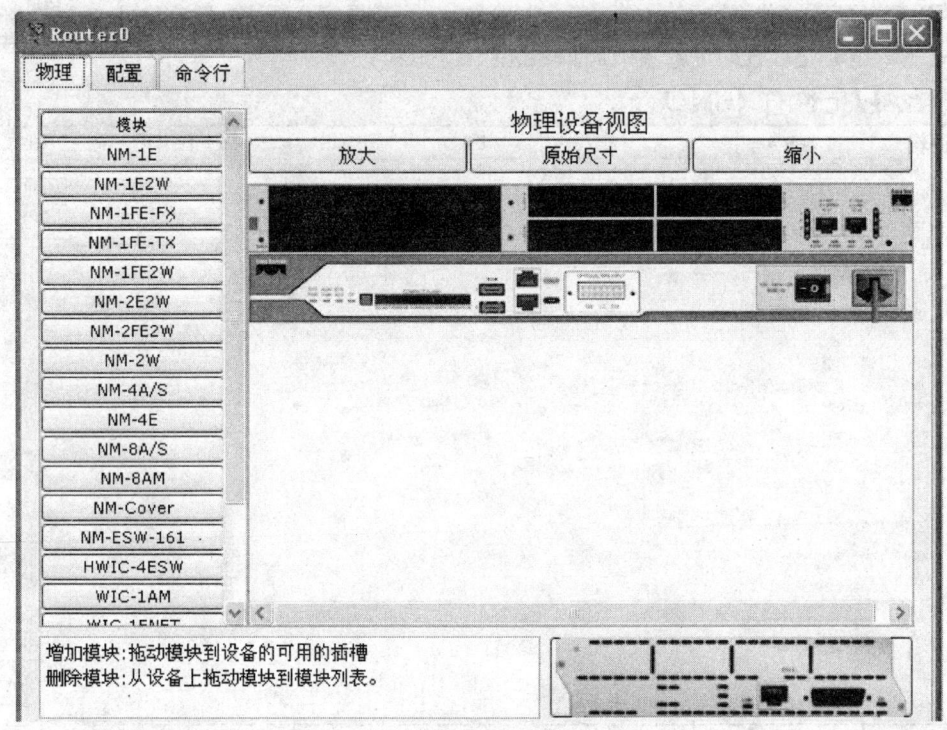

图 9-43 物理设备视图

9.9.2 对设备进行编辑

在右边有一个区域,如图 9-44 所示,从上到下依次为选定/取消、移动(总体移动,移动某一设备,直接拖动它就可以了)、标签、删除、查看(可查看路由表、ARP 表、NAT 表)、simple PPD、complex。

9.9.3 Realtime mode(实时模式)和 Simulation mode(模拟模式)

注意到软件界面的最右下角有两个切换模式,分别是 Realtime mode(实时模式)和 Simulation mode(模拟模式),实时模式也就是说是真实模式。举个例子,两台主机通过直通双绞线连接并将他们设为同一个网段,那么 A 主机 Ping B 主机时,瞬间可以完成,这就是实时模式。而模拟模式呢,切换到模拟模式后主机 A 的 CMD 里将不会立即显示 ICMP 信息,而是软件正在模拟这个瞬间的过程,以人们能够理解的方式展现出来。

1. 首先选择好需要查看的协议,然后单击 Auto Capture(自动捕获),那么 Flash 动画即直观显示了网络数据包的来龙去脉,如图 9-44 所示。

第 9 章 经典网络工具

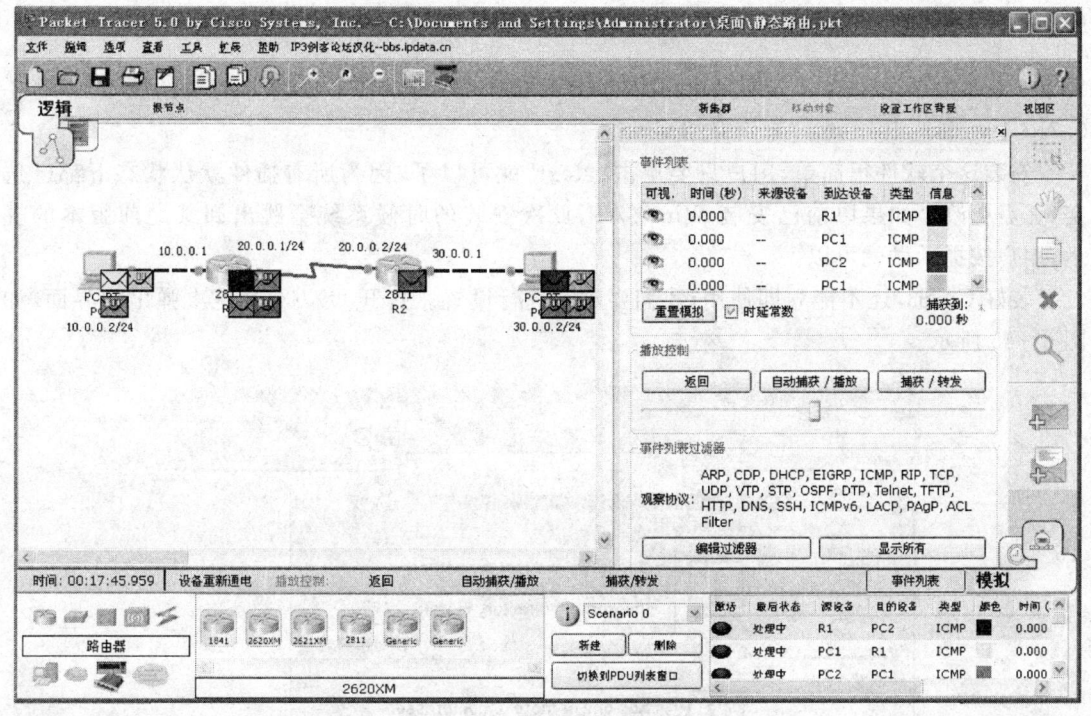

图 9-44 模拟模式

2. 单击 Simulate mode 会出现 Event List 对话框,该对话框显示当前捕获到的数据包的详细信息,包括持续时间、源设备、目的设备、协议类型和协议详细信息,非常直观。

3. 要了解协议的详细信息,请单击显示不用颜色的协议类型信息 Info,这个功能非常强大:很详细的显示 OSI 模型信息和各层 PDU。

9.10 高级思科模拟器——GNS3

GNS3 是一款优秀的具有图形化界面可以运行在多平台(包括 Windows,Linux,and MacOS 等)的网络虚拟软件。Cisco 网络设备管理员或是想要通过 CCNA,CCNP,CCIE 等 Cisco 认证考试的相关人士可以通过它来完成相关的实验模拟操作。同时它也可以用于虚拟体验 Cisco 网际操作系统 IOS 或者是检验将要在真实的路由器上部署实施的相关配置。

简单说来它是 dynamips 的一个图形前端,相比直接使用 Dynamips 这样的虚拟软件要更容易上手和更具有可操作性。

9.10.1 安装和设置

GNS3 可以在他的官方网站上下载(www.gns3.net)。本书以官方最新的版本(GNS3-0.7RC1-win32-all-in-one)为例介绍 GNS3。

安装这个软件很简单,用户只要单击"Next"就可以了,因为所有插件默认状态下都已选定,无需更改。如果以前已安装 WinPCAP,此次安装的时候系统会跳出卸载之前版本的提示,用户按提示做就可以。

装好 GNS3,还不能立即使用,我们要对它进行设置。打开 GNS3,其首次弹出的界面,如图 9-45 所示。

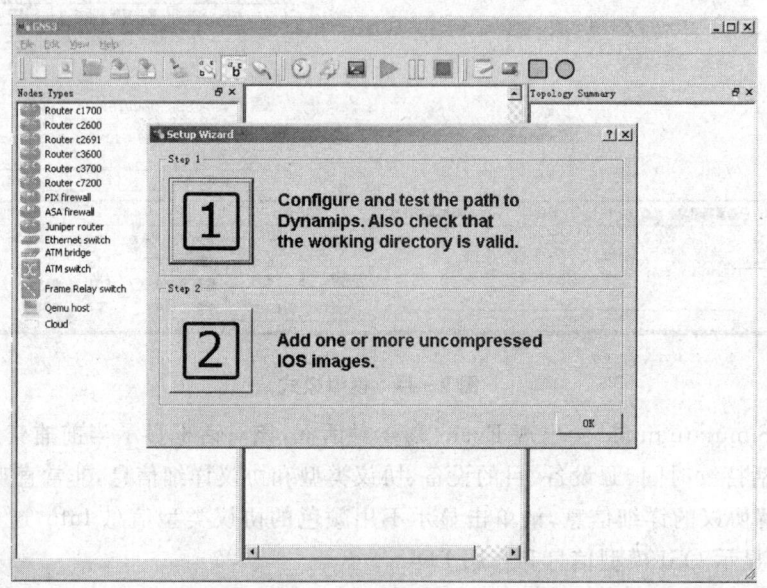

图 9-45 GNS3 初始界面

图中的 1 是初始化配置;2 是加载 IOS 系统。

(1) 对 GNS3 的设置很简单,我们只要 2 步就可以。由于 GNS3 是英文的,但是他本身提供简单中文转换,我们按下 Ctrl+Shift+P 就可以调出,如图 9-46 所示。接下来可以在其中设置用户所需要的语言了。下面再做一步很重要的设置。在图 9-46 的基础上单击 Dynamips 如图 9-47 所示。在这里单击 Test,别的设置全部默认。

(2) 加载 IOS 系统,快捷键是 Ctrl+Shift+I。图 9-48 所示是加载好的 IOS 系统。强调一下,IOS 的路径千万不要出现中文。做到这一步 GNS3 的设置就基本完成了。

第 9 章 经典网络工具

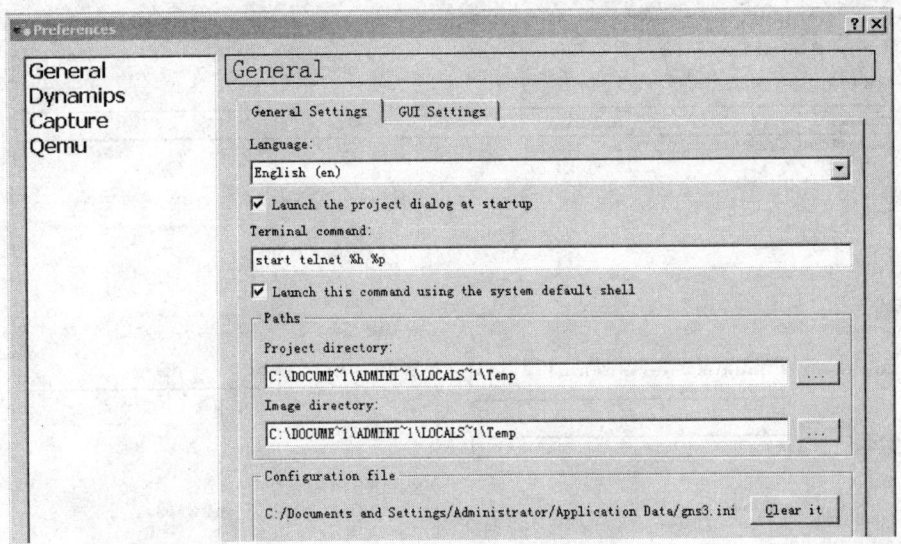

图 9-46 设置语言

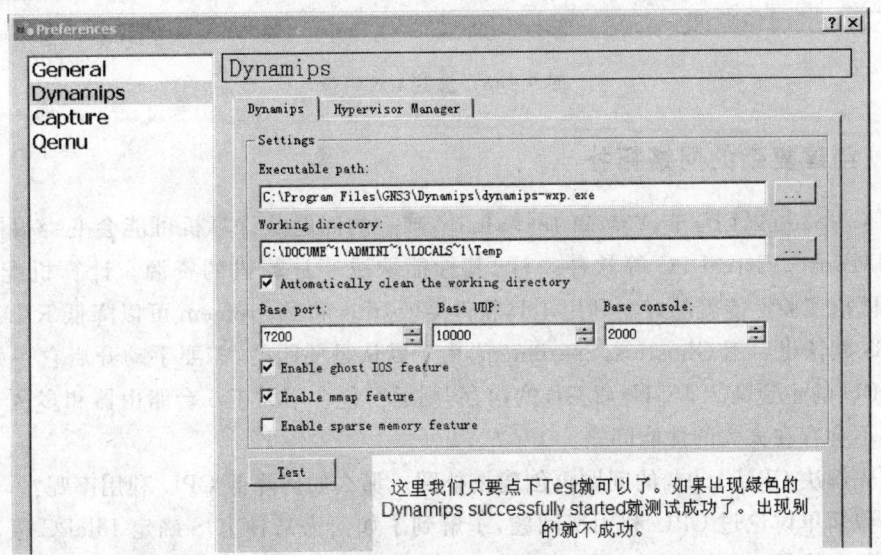

图 9-47 test 测试

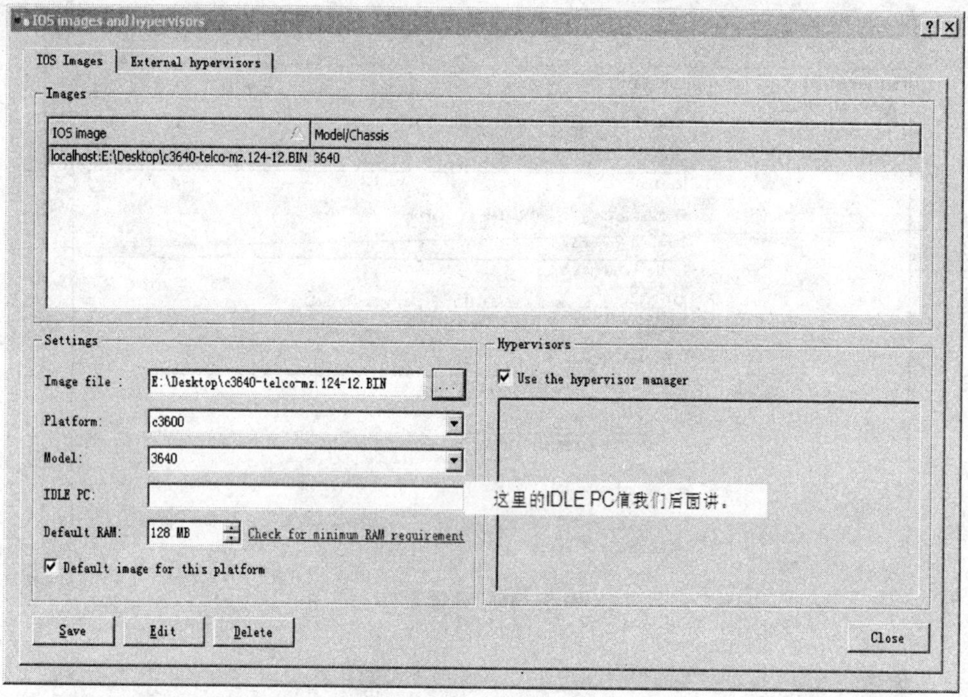

图 9-48 加载 IOS 镜像

9.10.2 创建复杂的网络拓扑

使用 GNS3 可以创建非常复杂的网络拓扑，唯一的问题是计算机可能会变得很慢。这如同运行 VMware、Virtual PC 等软件一样，其性能取决于计算机的资源。计算机配置越高，GNS3 的模拟实验性能就越好。利用工具软件 Ghostios 和 Sparemem 可以降低 RAM 的消耗量。GNS3 默认将启用 Ghostios，Sparemem，由于默认是关闭的，需要手动开启它。如果你的计算机 CPU 的主频是 2.5 GHz，2 GB 的内存，则运行包含不大于 6 台路由器和多台工作站的网络拓扑不会存在太大的性能问题。

这里先解决 CPU 100% 的问题再创建拓扑图。那么如何降低 CPU 利用率呢？

前面曾简单讨论过 CPU 利用率问题，了解到了如何为某种 IOS 确定 IdlePC 值，使 CPU 的利用率得以降低。如果没有 idle-pc，你会发现模拟时 CPU 的利用率几乎为 100%。其原因在于 GNS3 的核心程序，即 Dynamips 不知道你的路由器在什么时候处于空闲，什么时候处于忙状态。命令 idle-pc 对正在运行的 IOS 进行分析，以确定 IOS 正在执行哪些空闲循环。一旦确定好，Dynamips 将在路由器执行到空闲循环时将虚拟路由器强制 sleep。这将显著降低 CPU 利用率，同时并没有降低虚拟路由器的能力。

idle-pc 值只与特定的 IOS 映像有关。不同的 IOS 版本的 idle-pc 会显著不同，即使相同版本但特性不同的 IOS 的 IdlePC 值也会不同。但是，idle-pc 值与运行模拟实验的计算机、操作系统、GNS3 中 Dynamips 版本等没有任何关系。有时候，利用 idle-pc 命令可能无法找到最优的 idle-pc 值，甚至找不到 idle-pc 值，重试几次可能会有改观。

当为某个 IOS 确定 idle-pc 值时，需要启动 GNS3。将使用该 IOS 的路由器拖到工作区中，右击该路由器，选择 start，然后右击该路由器，选择 Console。此时，在 Console 窗口中需要按下 Enter 键，并且在提示"Would you like to enter initial configuration dialog?"时输入 No。等待路由器出现提示符"Router＞"。然后，在 GNS3 主窗口中，右击路由器图标，选择 idle-pc。GNS3 将花费一段时间计算 idle-pc 值，并弹出如图 9-41 所示窗口。

如图 9-49 所示选择某个 IdlePC 值，并应用。

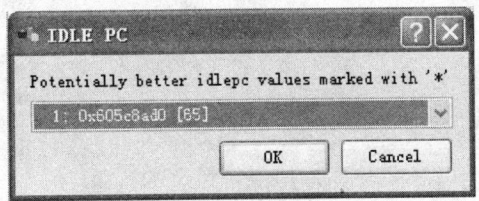 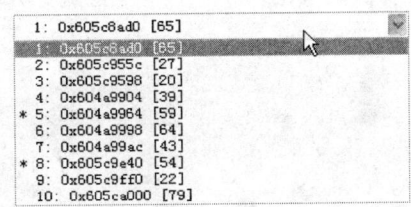

图 9-49 计算 IDLE PC 值

在选择 idle-pc 值时，最好开启 Windows 的任务管理器，检测 CPU 的利用率数据。当选择某个 idle-pc 值后 CPU 利用率被显著降低了，则该值就比较合适。

下面将创建如图 9-50 所示的网络拓扑。

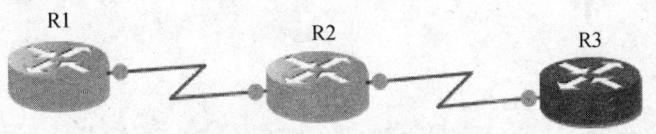

图 9-50 三路由器拓扑图

从 Node Type 拖 3 台路由器到工作区。右击每一台路由器，选择 Configure，在标签页 slot 中，包含一个 FastEthernet 适配器和一个 PA-4T 串行口适配器。

单击工具栏中的 Add a link 按钮，选择下拉菜单的 Manual 菜单项，鼠标将变成"十"字形。

单击 R1，选择 s1/0，然后单击 R2，选择 s1/0。

单击 R2，选择 s1/1，然后单击 R3，选择 s1/1。

再次单击工具栏中的 Add a link 按钮（已经变成了一个停止标志）。就这样一个拓扑图就创建好了。

第三部分

服务器配置篇

第 10 章 DHCP 服务器

在大型网络中,确保所有主机都拥有正确的配置是一件的相当困难的管理任务,尤其对于含有漫游用户和笔记本电脑的动态网络更是如此。经常有计算机从一个子网移到另一个子网以及从网络中移出。手动配置或重新配置数量巨大的计算机可能要花很长时间,而 IP 主机配置过程中的错误可能导致该主机无法与网络中的其他主机通信。

因此,需要有一种机制来简化 IP 地址的配置,实现 IP 的集中式管理。而 IETF 设计的动态主机配置协议(DHCP)正是这样一种机制。DHCP 是一种客户机/服务器协议,该协议简化了客户机 IP 地址的配置和管理工作以及其他 TCP/IP 参数的分配。基本上不需要网络管理人员的人为干预。网络中的 DHCP 服务器给运行 DHCP 的客户机自动分配 IP 地址和相关的 TCP/IP 的配置信息。

DHCP 服务器拥有一个 IP 地址池,当任何启用 DHCP 的客户机登录到网络时,可从它那里租借一个 IP 地址。因为 IP 地址是动态的(租借)而不是静态的(永久分配),不使用的 IP 地址就自动返回地址池,供再分配,从而大大节省了 IP 地址空间。

10.1 DHCP 的工作过程

DHCP 的工作过程分为 4 步:DHCP 发现、DHCP 提供、DHCP 请求、DHCP 应答。有些书上写成:IP 租借请求、IP 租借提供、IP 租借选择、IP 租借应答。意思是一样的,如图 10-1 所示为 DHCP 工作过程。

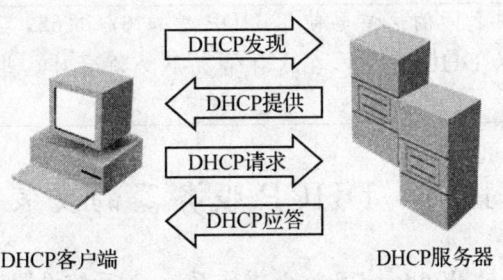

图 10-1 DHCP 工作图

下面详细介绍 DHCP 执行过程的 4 个步骤。

首先要明确启动 DHCP 过程的先决条件,只要发生以下两种情况之一就会启动 DHCP

过程:当客户机启动或初始化 TCP/IP 时;当 DHCP 客户本来已经租用一个 IP 地址,但是续订租约失败或终止使用其租约时(如客户机移动到另一个网络)也会产生这个过程。

(1) DHCP 客户发出租约请求,首先在本地子网上广播 DHCP 探索报文(DHCP DISCOVER),由于客户机现在还没有 IP 地址,因此使用 0.0.0.0 作为原地址,客户机也不知道 DHCP 服务器的 IP 地址,使用 255.255.255.255 作为目标地址,也就是产生整个子网的广播。在这个报文中包括了客户机网卡的 MAC 地址和计算机名,以标明申请 IP 地址的客户,以便对方回复。

(2) 当 DHCP 服务器收到客户请求时,如果在这个网段中,有可以分配的 IP 地址,则会使用 DHCP 提供的报文(DHCP OFFER)进行响应,即进行 IP 租约的提供。在这个报文中,包含的信息有客户的 MAC 地址、提供的 IP 地址、子网掩码、租约的有效时间与服务器标识。

(3) DHCP 客户会等待 1 s 来接受租约,如果没有收到任何租约,则在经过 2、4、8 和 16 s (随机加上一个 0~1 000 ms 的延时)后重复广播请求,共广播 4 次。如果经过 4 次广播仍没有收到提供的租约,则客户会启用自动配置 IP 地址(APIPA),从 IP 保留地址 169.254.0.1~169.254.255.254 中选择一个地址,从而可以让所有没有找到 DHCP 服务器的客户,位于同一子网中并可以相互通信。每隔 5 min,客户机将尝试寻找 DHCP 服务器一次。

DHCP 客户如果收到提供的租约(如果网络中有多个 DHCP 服务器,客户可能会收到多个响应),则会通过广播 DHC0 请求(DHCP REQUEST)报文来响应并接收到的第 1 个租约,进行 IP 租约的选择。DHCP REQUEST 报文包括提供这个租约的 DHCP 服务器的标识,其他的 DHCP 服务器收到这个报文后,将会取消它们提供的租约并将 IP 地址重新提供给其他客户。

(4) 在 IP 地址的确认过程中,被选择的 DHCP 服务器广播发送 DHCP 确认报文(DHCP PACK)表示租约已被批准。客户机接收确认报文后,就使用 DHCP 服务器提供的报文中的信息配置其 TCP/IP 协议,并将 TCP/IP 协议与网络服务与网卡绑定,以建立网络通信。

注:DHCP 服务器与客户之间的通信要使用 UDP 端口 67 和 68,某些交换机在默认设置下并不能转发在这些端口的 DHCP 广播,在这种情况下必须要对这些交换机进行适当配置才能让 DHCP 正常工作。

10.2 DHCP 服务器的安装

(1) 以管理员身份登录 Windows Server 操作系统,为系统设置好静态的 IP 地址。
(2) 打开"添加/删除程序"窗口,选择"添加/删除 Windows 组件"。
(3) 放入安装光盘后,选择"网络服务"中的"动态主机配置协议(DHCP)",如图 10-2 和图 10-3 所示。

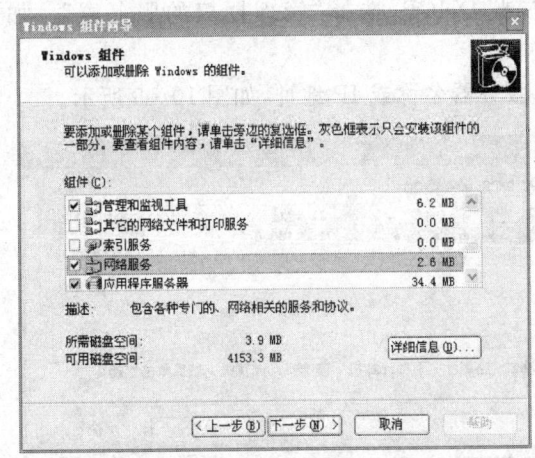 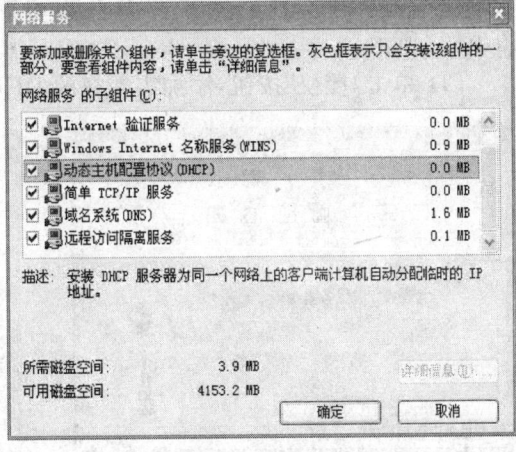

图 10 - 2 Windows 组件向导　　　　　图 10 - 3 添加 DHCP 组件

10.3 DHCP 服务器的授权

如果 DHCP 服务所在网络中存在"域"管理模式的活动目录,则安装完 DHCP 服务之后,必须通过 DHCP 服务器进行授权才能使它为客户分配 IP 地址。未授权的 DHCP 服务器缺乏统一管理,可能会为客户分配错误的 IP 地址,通过授权,网络管理员可以更好地控制 Windows 网络中的 IP 地址的分配。

在 DHCP 服务器进行授权后,当 DHCP 服务启动时,系统会自动对网络中非授权的 DHCP 服务器进行检测,会使用本地广播地址 255.255.255.255 发送 DHCP 信息报文,其他 DHCP 服务器通过使用 DHCP 确认报文进行响应,在 DHCP 确认报文中包括它们的活动目录服务的根域信息。这样初始化的 DHCP 服务器将得到本网络上的所有活动的 DHCP 服务器列表。DHCP 服务器会每 5 min 发送一次 DHCPINFORM 报文以检测网络上的其他 DHCP 服务器,并检测自己的授权状态是否发生变化。

初始化的服务器接着会对所属域的域控制器进行查询,查询活动目录中已授权的 DHCP 服务器地址列表。如果在授权列表中发现自己的 IP 地址,便进行正常的初始化,如果在授权列表中未发现自己的地址,则在系统日志中记录一个错误并停止提供 DHCP 服务。如果当一个 DHCP 服务器在网络中启动时,发现目录服务不可用,而且在本地网络上没有发现其他 DHCP 服务器,则该 DHCP 服务器启动 DHCP 初始化服务,并开始为 DHCP 客户机提供服务。

必须是"域"管理模式的活动目录中的 Enterprise Admins 组的成员才能为 DHCP 服务器授权。授权 DHCP 服务器需要以下几步:

(1) 在管理工具中打开 DHCP 控制台,右击 DHCP,选择"管理授权的服务器"。如图 10-4 所示。

(2) 单击"授权"按钮,添加需授权的 DHCP 服务器名称或 IP 地址,如图 10-5 所示。

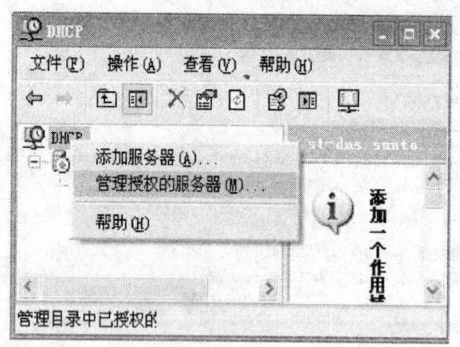

图 10-4 管理授权的服务器

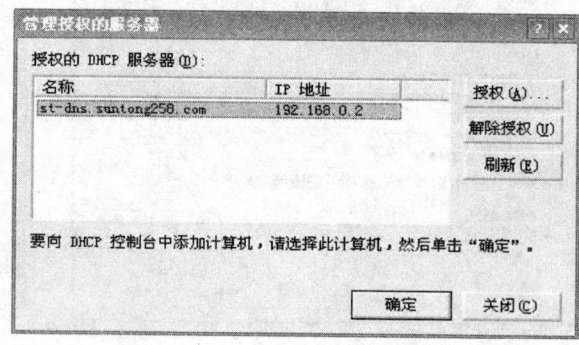

图 10-5 授权 DHCP 服务器

(3) 右击刚添加的 DHCP 服务器,在所有任务中选择"重新启动",当服务器出现绿色的向下箭头表示 DHCP 运行正常。

10.4 DHCP 作用域

DHCP 服务器是通过创建和配置 IP 作用域(Scope)来配置所分配的 IP 信息。作用域是指在本地子网中可以分配给用户的整个连续 IP 地址的范围,在作用域中有可使用的 IP 地址、子网掩码、租约期限等信息。

管理员可以通过配置 DHCP 服务器上的作用域来指定可以分配给客户的 IP 地址池。除此之外,还可以通过配置作用域的选项在 IP 地址租约中提供其他配置信息,如默认网关地址等,这些信息称为"作用域选项"(Scope Options),客户机将按照特定的顺序使用这些选项,当然可以通过指定不同优先级使得某些选项可以优先使用。

注:"起始 IP 地址"和"结束 IP 地址"用以指定 DHCP 服务器上包含在这个作用域中的 IP 地址范围。如果有两个 DHCP 服务器,为了避免 IP 地址冲突,不应在这两个作用域中指定同一个 IP 地址。为了平衡 DHCP 服务器的使用,对于一段 IP 地址,较好的作法是使用 80/20 规则划分作用域地址。如果将服务器 1 配置成可使用大多数地址(约 80%),则服务器 2 可配置成让客户机使用其他地址(约 20%)。

10.4.1 排除地址

网络管理员可能会不想把一个 IP 地址或一整段 IP 地址分配给客户机,如在公司的 DHPC

服务器上有一个作用域,其地址范围从192.168.0.1~192.168.0.50,若不想把192.168.0.13这个IP地址分配给公司内某一个员工的客户机,网管可以将192.168.0.13这个IP地址从作用域中去除。这可通过创建排除地址范围实现。

10.4.2 保留地址

如果想让某一客户总使用同一个IP地址,可以在DHCP服务器中通过配置"客户保留"来保留指定的IP地址。需要注意的是,如果客户可以从多个DHCP服务器中获得IP地址,就需要在每一台DHCP服务器上都进行客户保留的配置,以避免客户由于使用不同的DHCP服务器而得到不同的IP地址。

10.4.3 租约期限

DHCP租约的有效时间默认为8天,即DHCP客户在续订之前可以使用IP地址的时间。租约时间既可以在创建过程中设置,也可以在建立DHCP作用域之后,通过DHCP作用域的属性进行修改,如果要指定租约永不过期,则需要在创建作用域后再修改作用域的属性,而不能直接在创建过程中指定。通过合理地配置DHCP作用域来分配IP地址的租约期限,要考虑以下因素。

(1) 减小租约期:可以让有限的IP地址分配给更多的用户使用。这是由于当计算机关机或从网络上移走后,租约将在很短的时间内过期,于是这个IP地址就可以分配给其他用户,而提高了IP地址的使用效率。

(2) 增加租约期:可以减少由于租约续订带来的网络流量负担,这样DHCP服务器暂不可用,客户也可以保留其IP地址。但是,如果IP地址数量较少的话,由于租约期限太长,某些客户可能得不到IP地址。

(3) 如果把租约期设为永不过期,则只有在计算机启动时或手动续订租约时,DHCP才产生网络流量。即使DHCP服务器在相当长的时间内不能访问客户也可以保留其IP地址。其缺点也很明显,如果IP地址数量较少的话,部分客户将得不到IP地址。

10.4.4 选 项

前面已经介绍了DHCP服务器为DHCP客户机自动配置IP地址和子网掩码的方法,但是要实现联网还需要配置其他网络参数。例如,如果一台计算机要联网,至少还应该配置网关IP地址,以及DNS服务器的IP地址,这些可通过配置服务器选项来实现。

在DHCP服务器上的选项配置可应用于所有客户,也可以用于其中的一部分客户,甚至是单个客户。这可通过在DHCP管理器中进行设置实现。在DHCP管理器中提供了服务器选项、作用域选项、保留客户选项和类别选项4个级别。

➢ 服务器选项：服务器选项可以应用到所有的 DHCP 服务器的客户。如果所有子网的客户需要相同的配置信息则使用该选项，如让所有的客户使用相同的 DNS 服务器的 IP 地址。

下面简单介绍 Windows 操作系统的客户端可支持的常用的 DHCP 选项。

(1) 003 路由器：配置路由器的 IP 地址，如图 10-6 所示。

(2) 006 名称服务器：配置一个或多个 DNS 服务器地址。

(3) 015 DNS 域名：通过指定域名。

(4) 044 WINS 服务器：可以指定一个或多个 WINS 服务器的 IP 地址。

(5) 046 NetBIOS：可以指定适当的 NetBIOS 节点类型。

➢ 作用域选项：作用域选项对所有从该作用域获得 IP 地址的客户有效。作用域选项的优先级高于服务器选项。

➢ 保留客户选项：保留客户选项只适用于特定的 DHCP 客户。比如可以为特定客户指定一个特定的路由器以访问其他资源。保留客户选项在所有的选项级别中具有最高的优先级。

➢ 类别选项：只有客户表明是在 DHCP 服务器中所指定的特别的类别成员时，类别选项才对他们有效。类别选项具有比作用域选项和服务器选项更高的优先级。要配置类别选项，需要在"服务器选项"或"作用域选项"的窗口中，单击"高级"选项卡，在打开的窗口中选择"供应商类别"或"用户类别"，如图 10-7 所示。

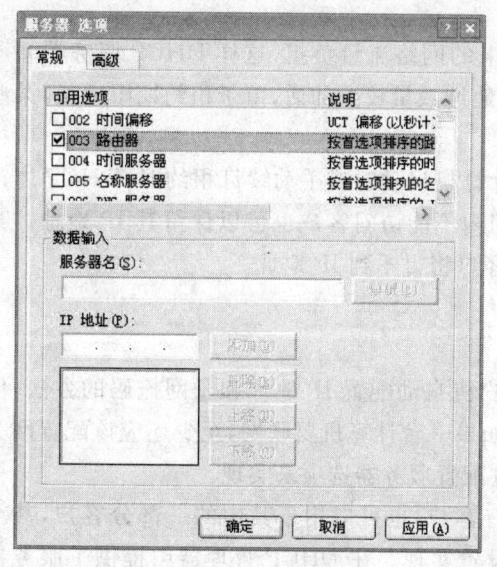

图 10-6　服务器选项

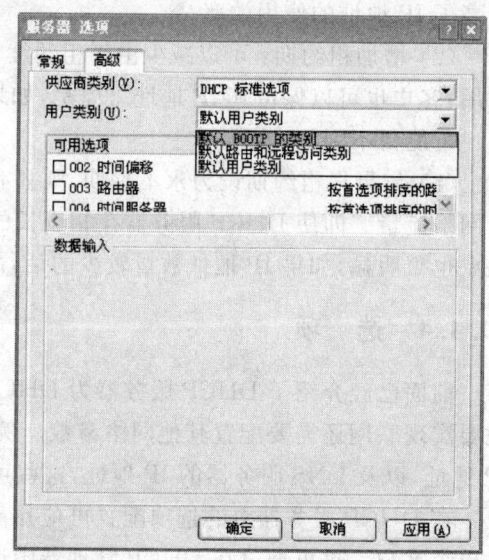

图 10-7　用户类别

10.5 DHCP服务器创建实例

(1) 在DHCP服务器授权以后,右击服务器选择"新建作用域",如图10-8所示。

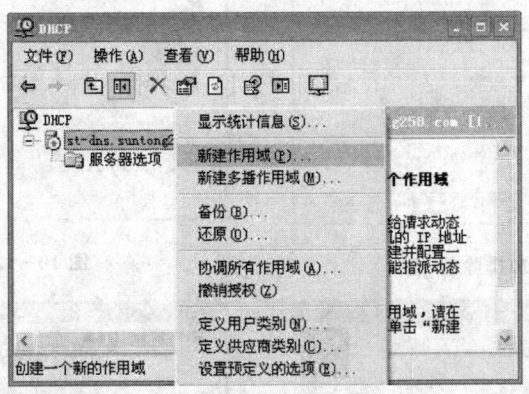

图10-8 新建作用域

(2) 新建作用域名称以及IP地址范围和子网掩码,如图10-9和图10-10所示。

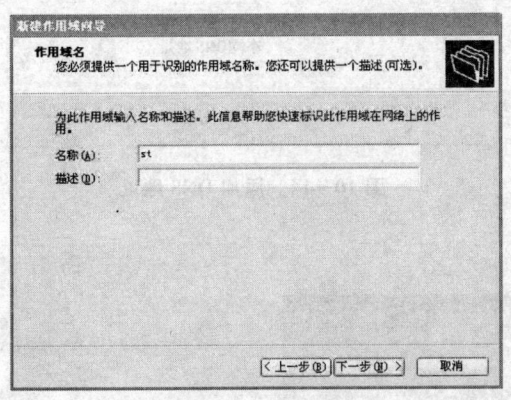

图10-9 新建作用域向导

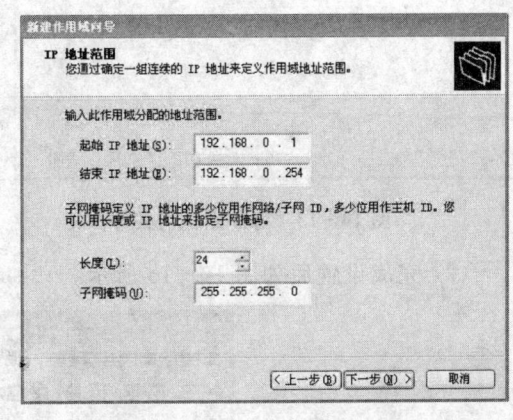

图10-10 作用域的IP范围

(3) 添加排除的IP地址,如图10-11所示。
(4) 设置租约期限,保留默认设置,如图10-12所示。
(5) 添加网关的地址,如图10-13所示。
(6) 添加域名和DNS服务器。这里添加的221.228.255.1是外网无锡电信的DNS地址,可根据实际情况填写,如图10-14所示。

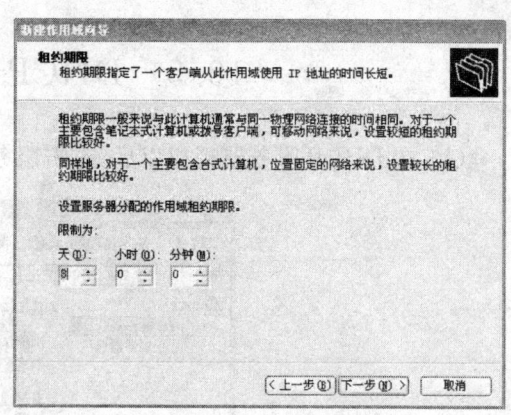

图 10-11 添加排除的 IP　　　　图 10-12 租约期限

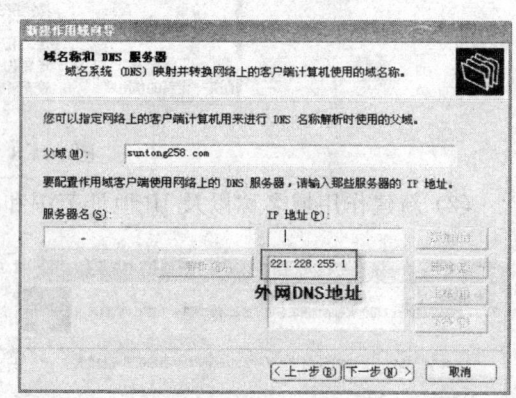

图 10-13 添加默认网关　　　　图 10-14 添加 DNS 地址

(7) 完成设置后如图 10-15 所示。

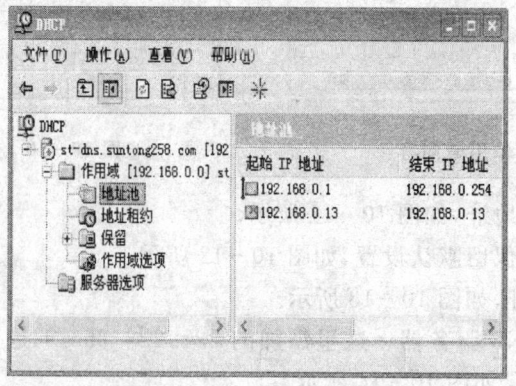

图 10-15 DHCP 地址池

第 11 章　DNS 服务器

　　IP 地址的概念是当代网络技术的核心之一,但是无论用二进制还是十进制记忆 IP 地址,都是十分枯燥和难以记住的,因此采用包含明确含义的字符,即名字(Name)来代替计算机的 IP 地址就十分必要了,然后把计算机名用域(Domain)的方式组织起来,并把域名与其 IP 地址一一对应,从而建立起具有严密逻辑关系的域名服务系统(Domain Name System,DNS),简称为 DNS 服务。DNS 服务,就是要把人工输入的计算机网络和主机的名字翻译为 IP 地址,然后利用网络软件根据 IP 地址实现各种网络功能。

11.1　DNS 域名解析过程

DNS 的查询分为递归查询和迭代查询两类。
- 递归查询:是指 DNS 客户端发出查询请求后,如果 DNS 服务器内没有所需的数据,则 DNS 服务器会代替客户端向其他 DNS 服务器进行查询。一般由 DNS 客户端提出的查询请求都是递归查询。
- 迭代查询(循环型):客户机送出查询请求后,若该 DNS 服务器中不包含所需数据,它会告诉客户机另外一台 DNS 服务器的 IP 地址,使客户机自动转向另外一台 DNS 服务器查询。迭代查询多用于 DNS 服务器与 DNS 服务器之间的查询方式。

假如某客户要访问 www.huawei.com,DNS 解析过程如图 11-11 所示。

(1) 客户机利用 DNS 解析器向本地的 DNS 服务器发送解析域名 www.huawei.com 的递归查询。

(2) 本地的 DNS 服务器检查自己的高速缓存及本地的 DNS 区域以寻找答案。如果没有找到,它会向根域的 DNS 服务器发送解析 www.huawei.com 的迭代查询。

(3) 根域的 DNS 服务器不知道答案,但它返回一个指针指向 .com 的域名服务器。

(4) 本地 DNS 服务器向该 .com 域服务器发送解析 www.huawei.com 的迭代查询。

(5) .com 域的域名服务器不知道答案,返回一个指针,指向 huawei.com 域名服务器。

(6) 本地 DNS 服务器向 huawei.com 服务器发送解析 www.huawei.com 迭代查询。

(7) huawei.com 域的授权服务器知道答案,所以它返回所请求的 IP 地址。

本地 DNS 服务器将结果告知 DNS 客户端,客户端依据此 IP 和目标服务器建立连接。

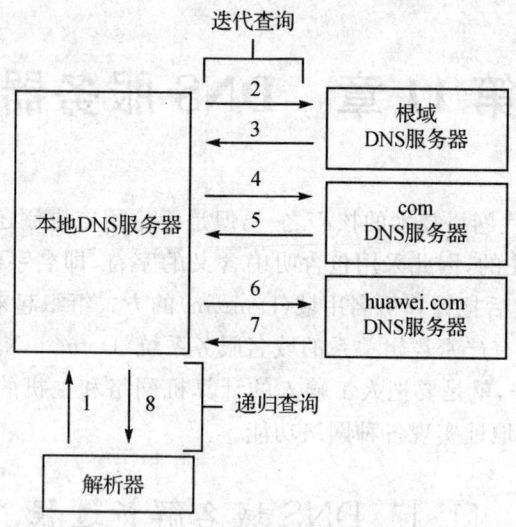

图 11-1 DNS 解析过程

11.2 DNS 的安装

11.2.1 安装 DNS 的基本条件

- DNS 的 IP 地址是不能由 DHCP 动态分配的，必须用手工的方式配置，首先要配置一个正确的静态 IP，然后把首选 DNS 服务器的地址指向本机的 IP 地址。
- 在配置时，需要先确定以后将建立的域的名称，因而要在 DNS 中先建立包含该域的区域，而且 DNS 服务器本身就是这个域的成员这就要事先修改 DNS 服务器自身的系统属性，并在网络标识后面增加以该域名命名的后缀。

下面介绍 DNS 安装前的配置（假设本机 IP 地址为：192.168.0.2，域名：suntong258.com，主机名：ST-dns，系统为 Windows Server 2003）

(1) 打开"Internet 协议(TCP/IP)属性"窗口，设置 IP 地址为 192.168.0.2 和子网掩码为 255.255.255.0，首选 DNS 服务器中输入本机的 IP 地址，如图 11-2 所示。

(2) 打开"系统属性"窗口选择"计算机名"选项卡，如图 11-3 所示。

(3) 单击"更改"按钮，弹出"计算机名称更改"对话框，如图 11-4 所示。

(4) 单击"其他"按钮，弹出"DNS 后缀和 NETBIOS 计算机名"对话框，输入首先规划好的域名 suntong258.com，单击"确定"按钮，如图 11-5 所示。

第 11 章 DNS 服务器

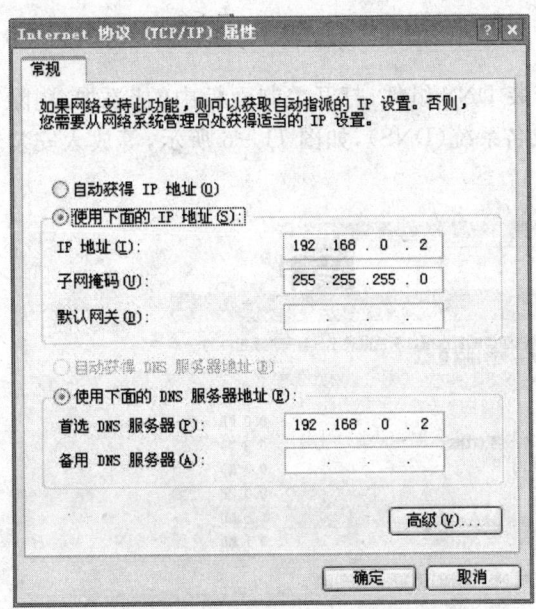

图 11-2 TCP/IP 属性　　　　图 11-3 计算机名

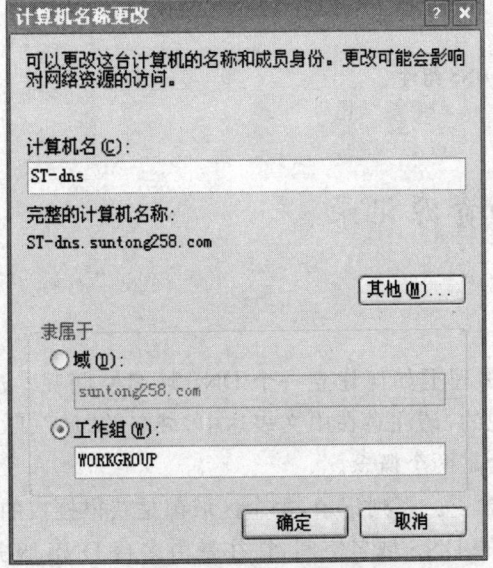

图 11-4 计算机名更改　　　　图 11-5 DNS 后缀和 NetBIOS 计算机名

11.2.2　DNS 服务组件的安装

默认情况下 Windous Server 2003 并没有安装 DNS 组件，打开控制面板中的"添加/删除 Windows 组件"，找到并打开"网络服务"，选择域名系统(DNS)，如图 11-6 所示，等放入安装光盘后单击"确定"按钮。

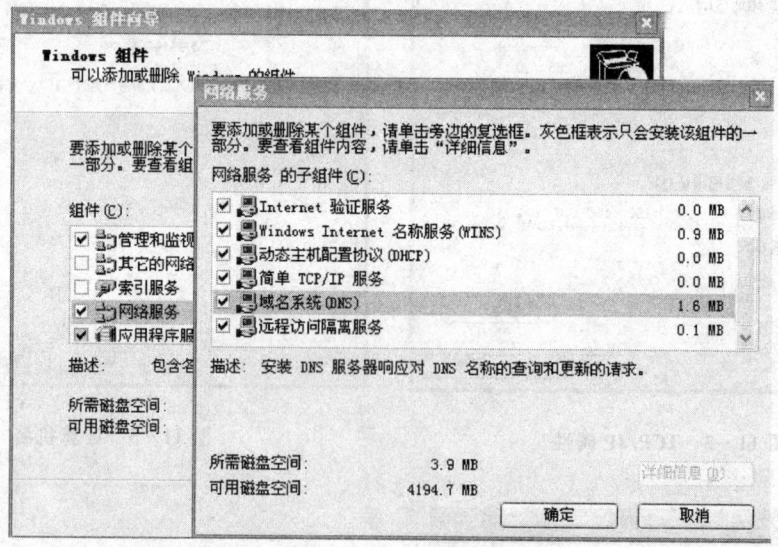

图 11-6　添加 DNS 组件

安装完成后，在"管理工具"中可找到 DNS。

11.3　区域和资源记录

11.3.1　区域(Zone)

DNS 域名空间是一个逻辑的概念，那么在物理上如何建立一个 DNS 域名空间呢？这就是通过在 DNS 服务器上建立区域(Zone)来实现的，请注意在中文表达中，域名的"域"(Domain)和现在介绍的区域(Zone)的"域"在这里完全是两个概念。

区域是 DNS 域名空间中一个连续的部分，包含了一系列记录，每个区域都是获得授权的，负责解析所规定的域名空间内的名字。一个完整的 DNS 域名空间，往往是由多台 DNS 服务器组成，但是在一台 DNS 服务器上可以创建多个区域，一个区域可以包括多个域，一个域也可以由多台 DNS 服务器共同解析。为了理解这一点，最明显的例子就是，在互联网上，在全世界各地都通过不同的 DNS 服务器访问同一个网站，此外，甚至在一个企业内部网络中，如果一个总公司分布在不同地点,为了使不同地点的用户都可以访问全公司的其他计算机,也要把相同的域名解析功能分布在不同地点,这些都是网管员在 DNS 管理方面需要完成的职责。

11.3.2 区域文件(Zone file)

在 DNS 服务器中每建立一个区域,都会产生相应的区域文件,用以存储资源记录。资源记录对区域进行定义,区域文件中存储的信息,用于"正向搜索"(Forward Lookup)和"反向搜索"(Reverse Lookup)。

正向搜索:用户通常要进行正向搜索,也就是要求把计算机名称映射为 IP 地址。

反向搜索:DNS 也支持用户的反向搜索请求,允许用户根据主机的 IP 地址查询其名称。

11.3.3 区域类型(Zone types)

DNS 服务器上的区域分为:标准主区域、标准辅助区域和 AD 集成区域。

(1) 标准主区域(StandardPrimary):包含可以读/写区域文件(标准的文本文件),把区域的更新记录在区域文件中。当建立一个新的区域的时候必须创建一个标准主区域。

(2) 标准辅助区域(Standard Secondary):包含了区域文件的一个只读的映射。当区域记录有更新的时候,在主区域文件中记录并复制到辅助区域文件。创建标准辅助区域实际上是复制标准主区域和区域文件,其作用是分担名称解析的工作负荷。

(3) 活动目录集成区域(Active Directory Intergrated):将区域信息存储在活动目录中,而不是一个区域文件中,在活动目录的复制过程中该区域记录全自动更新,从而无需为了指定怎样更新和何时更新而配置 DNS 服务器。这样既安全,又可靠方便与及时。

11.3.4 记录类型

区域中的名字与 IP 地址的映射称为资源记录(Resource Record)。资源记录有不同的类型,适用于不同的应用。在 Window Server 中主要的资源记录类型如下。

(1) A 资源记录:A(Address:主机地址)资源记录,用以把 FQDN 名映射为 IP 地址,提供主机名与 IP 地址的正向搜索。(FQDN:完全合格域名,是指从域名空间根域开始的,表示域的绝对位置的域名表示方法。)

(2) PTR 资源记录:PTR(Pointer:指针)资源记录,把 IP 地址映射为 FQDN 名,以提供地址与名称映射的反向搜索。

(3) SOA 资源记录:每个区域都包含一个 SOA(Start of Authority:起始授权机构)资源记录。SOA 记录中包括这个区域所特有的信息,如序列号、所在域、授权服务器、管理员负责人、TTL、刷新时间、重试时间、过期时间和最小 TTL 等。

（4）NS 资源记录：NS(Name Server,指运行 DNS 服务的服务器)资源记录说明了授权管理这个区域的 DNS 服务器。每个区域必须在根域中至少包含一个 NS 资源记录。

（5）CNAME 资源记录：CNAMA(Canonical Name,别名)资源记录,是某个 FQDN 的别名。可以用来向用户隐藏网络工作的细节,或是减少域名更改的影响。

（6）MX 资源记录：MX(Mail Exchange,邮件交换)资源记录,指明域名对应的邮件服务器。邮件服务器负责处理或转发此域中的邮件。需要注意的是,每个邮件服务器还需要输入对应的 A 记录。如果有多个邮件服务器的话,就需要多个 MX 资源记录。

（7）SRV 资源记录：SRV(Service,服务定位器)资源记录,由操作系统的服务自动注册,使得客户机能够利用 DNS 来查找服务。例如,活动目录的域控制器提供很多网络服务,例如确认用户登录资格等功能。SRV 资源记录无须人工手动添加,可利用动态更新协议,自动添加到 DNS 数据库中。

每条 SRV 资源记录都会有很多选项,主要有以下内容：
- Service(服务)：表明提供的服务名,如 http,telnet 等,大部分服务有标准的名称,其他服务可以自定义本地服务名。
- Proto(协议)：指明传输协议,一般为 TCP 或 UDP。
- Name(名称)：该资源记录所在的域名。
- Priority(优先权)：指明主机的优先级。用户将优先访问优先级最高的服务器。
- Weight(权重)：用于提供负载平衡机制。客户将会访问权重较大的服务器。
- Port(端口)：服务器提供服务的端口。
- Target(目标)：指明提供指定服务主机的 FQDN 名。

11.4 创建正向和反向搜索区域

下面具体介绍如何在 DNS 中创建正向搜索区域。

（1）安装 DNS 服务后,在"管理工具"中打开 DNS 管理器。

（2）右击"正向搜索区域",选择"新建区域",再选择"主要区域"。如图 11-7 和图 11-8 所示。

（3）在"区域名称"中输入"suntong258.com",再单击"下一步"按钮,按默认设置,无需修改,如图 11-9 和图 11-10 所示。

DNS 的正向查找区域建立后,可用同样的方法建立反向查找区域。选择新建的正向查找区域 suntong258.com,可以在右侧窗口看到该查找区的内容。右击该查找区,可以看到对该区域进行的相应设置。

第 11 章 DNS 服务器

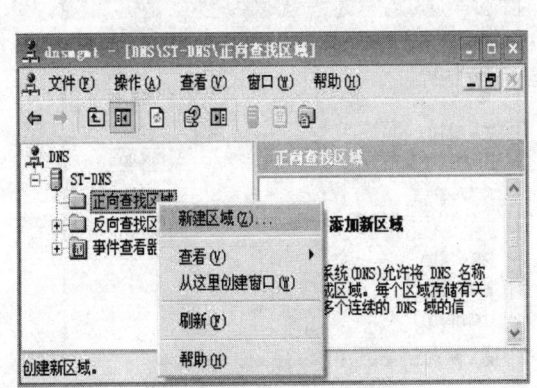

图 11-7 新建区域

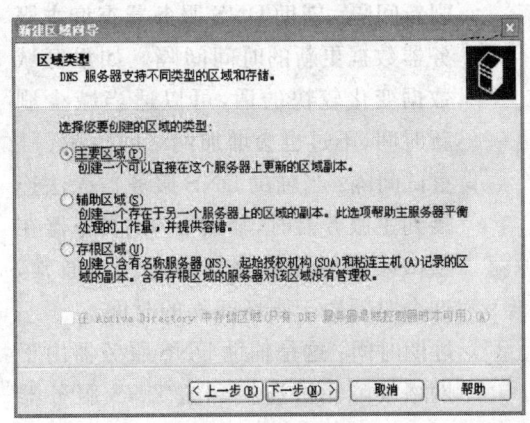

图 11-8 区域类型

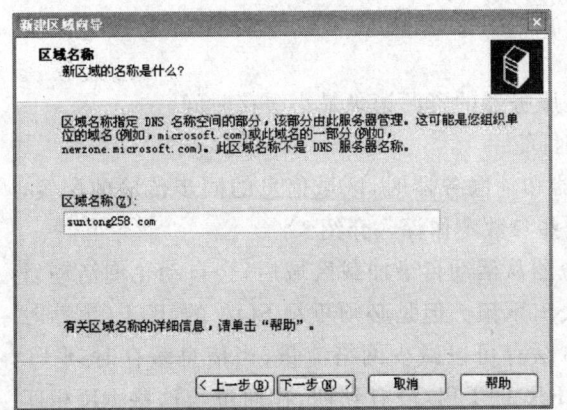

图 11-9 区域名称

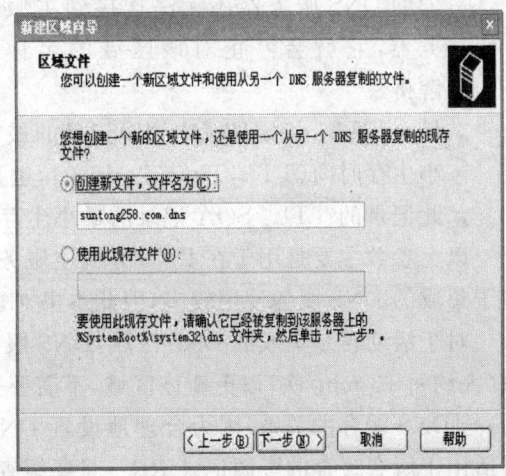

图 11-10 区域文件

11.5 区域属性及 SOA 参数

在建立了正向与反向搜索区域后,现在有必要对新建的搜索区域的属性作深入地了解。单击区域选择"属性",弹出"suntong258.com 属性"窗口,如图 11-11 所示。

- ➤ 序列号:该区域文件的修订版本号。每次区域中的资源记录改变时,序列号就会增加。
- ➤ 主服务器:主服务器的 FQDN。
- ➤ 负责人:管理员的电子邮件地址。在该地址中使用英文名点"."代替符号"@"。

153

➤ 刷新间隔：辅助 DNS 服务器查询主服务器数据更新的时间间隔。如果区域数据变化较快的话，可以适当减少刷新时间，不过也会增加网络的负荷。

➤ 重试间隔：当辅助 DNS 服务器无法连接到主服务器时，辅助 DNS 服务器在重试区域传送所等待的时间。通常，这个时间短于刷新间隔的时间。

➤ 过期时间：这是辅助 DNS 服务器由于网络故障无法连接到主 DNS 服务器时，辅助 DNS 服务器响应查询的时间。经过到期间隔的时间之后，如果辅助 DNS 服务器还无法连接到主服务器，它就会停止对该区域的名称解析。

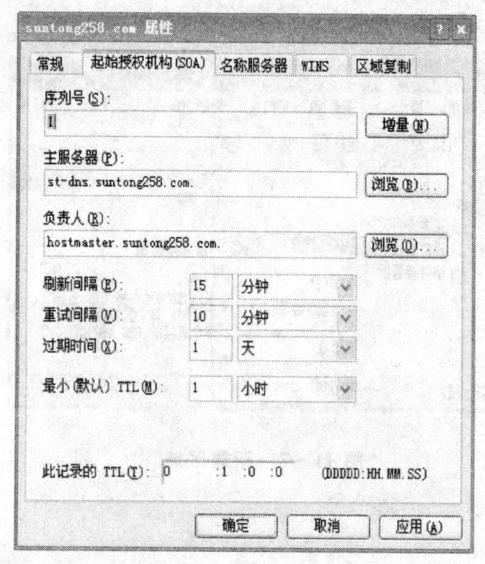

图 11-11 区域属性

➤ 最小 TTL：指定区域中资源记录的最小生存时间（TTL，Time To Live），也是服务器的资源记录最小缓存时间。

➤ 此记录的 TTL：SOA 记录的最小生存时间。

以上参数主要是用于在 DNS 分成主服务器和辅服务器时，区域信息的同步传输的配置，由于集成的 DNS 服务使用较多，因此本书对这些参数不作深入介绍。

对于活动目录集成的 DNS 区域，DNS 服务器从活动目录加载区域后，会自动轮询活动目录（大约每 15 min/次）以更新该区域，不需要人工干预。但是必须重视 SOA 的 TTL（生存时间）与 DNS 缓存的关系，因为合理地设置 DNS 缓存可以减少网络流量，当信息缓存时，TTL 值适用于所有缓存的资源记录 RR。只要缓存 RR 的 TTL 没有到期，在通过与这些 RR 相匹配的客户机来应答查询时，DNS 服务器就可再次俥用 RR。在默认情况下，最小的 TTL 为 3 600 s。

在对 DNS 进行先期配置、安装组件和建立区域后，已经基本上建立了一个初步可用的 DNS 服务器，但是在实际应用中对 DNS 服务还有更多的需求。例如为了既适应 DNS 客户机的增加和变动，又要减少网络管理人员的工作量，DNS 服务器需要建立动态更新的功能。为了适应 DNS 客户机所提出的搜索区域超过了本 DNS 服务器的搜索区域的情况，DNS 服务器还需配置一系列的功能，包括委派、根提示和转发，方可实现递归查询和迭代查询功能。根据网络应用的实际需要，DNS 服务器最终还将建立与活动目录的集成管理。

11.6 动态更新

DNS 服务器可以进行动态更新,允许客户机自动更新 DNS 服务器,而不需要网络管理人员手动添加、删减或修改资源记录。

DNS 客户机提出自动更新与添加资源记录的情况通常有以下两种。

(1) DHCP 自动分配 IP 地址。

(2) 网络新增加同一个 DNS 区域内的计算机,并且有人工配置的 IP 地址参数。

这时需要在 DNS 服务器上为正、反向搜索区域配置动态更新的功能。打开如图 10-12 所示的 DNS 正向搜索区域的属性窗口,选择"常规"选项卡,在"动态更新"里选择"非安全"。

为反向搜索区域配置动态更新的操作步骤与配置正向搜索区域的动态更新的操作相似,这里就不详述了。

为了让 Windows 系统的客户机动态更新 DNS 服务器的 A 资源记录,需要进行如下配置。

(1) 打开"Internet 协议(TCP/IP)属性"对话框。

(2) 单击"高级"按钮,打开"高级 TCP/IP 设置"对话框,选择 DNS 选项卡。如图 11-13 所示。

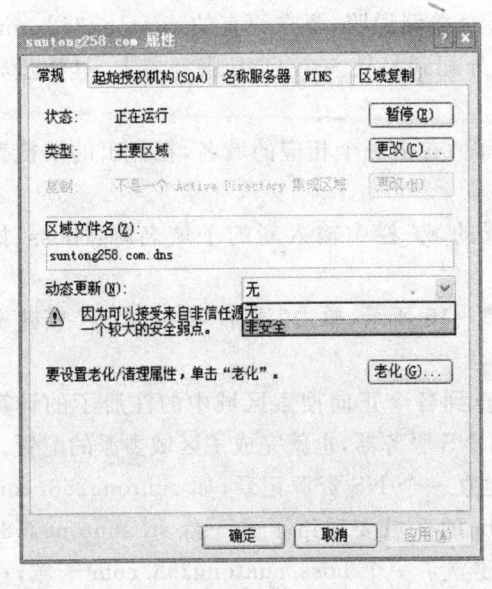

图 11-12 动态更新

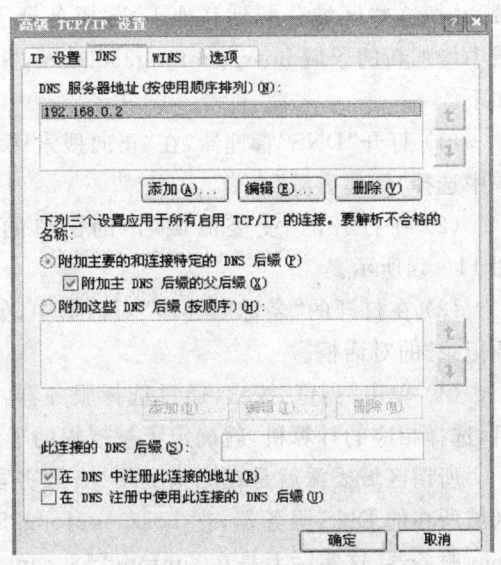

图 11-13 高级 TCP/IP 设置

(3) 选择"在 DNS 中注册此连接的地址",从而允许客户机目前的计算机名加上 DNS 后缀(即 FQDN),与此连接的 IP 地址自动注册 DNS 记录。"在 DNS 注册中使用此连接的 DNS

后缀"选项适用于 DNS 后缀与域名不同的情况。

至此为止,经过对于 DNS 功能的配置,作为一个独立的 DNS 服务器,配置已经比较完善。另外需要注意在建立活动目录的域管理之后,授权的 DNS 服务器将可以对在活动目录中有计算机账号的计算机进行"安全动态更新",这样可由活动目录系统自动对 DNS 记录进行注册和更新。需要指出的是,只有区域转换为活动目录集成的区域之后,才会在"动态更新"列表框中新增加"只允许安全更新"选项。

11.7 区域委派

由每个 DNS 服务器建立的域,都只是 DNS 域名空间中的一个成员,在域名空间中的每一个域,既是上一级域下面的子域,其自身又可能带有子域。

子域就是一个域在 DNS 层次结构中的直接分支,如 training.Microsoft.com 就是 microsoft.com 的一个子域,要在一个区域内创建子域,只要右击要创建子域的区域,选择"新建域",在打开的"新建域"对话框中输入子域名称即可。

当一个组织的 DNS 域名空间管理任务较为复杂的时候,可以考虑把它们进行分散管理,使用不同的 DNS 服务器管理不同的子域。DNS 使用区域委托可以把域名空间分割为几个区域,并把这些区域分配到其他 DNS 服务器上。下面举例说明,要在原有的 suntong258.com 域中增加新的子域 boss.suntong258.com,并将之分配到另外一个 DNS 服务器上,具体步骤如下。

(1)打开"DNS"管理器,在"正向搜索区域"下面,右击一个相应的域名,在弹出的快捷菜单中选择"新建委派"命令。

(2)在打开的"受委派域名"的窗口的"委派的域"栏中输入新的子域名称:boss,如图 11-14 所示。

(3)在打开的"名称服务器"对话框中,如图 11-15 所示,单击"添加"按钮,打开"新建资源记录"的对话框。

(4)单击"浏览"按钮,通过选择服务器,可以查到各个正向搜索区域中的注册了的计算机,选择相应的计算机,就确定了被授权的子域的 DNS 服务器,也就完成了区域委派的配置。

所谓区域委派就是在原来的 DNS 服务器上建立一个 NS 资源记录,如 suntong258.com 区域所在的 DNS 服务器,把 boss.suntong258.com 的区域委派给了另一台 st.suntong258.com 服务器,这实际上是在 suntong258.com 域中建立了一个 boss.suntong258.com 子域,在此子域中只有一条记录指向 st.suntong258.com 的 NS 资源记录,但在 st.suntong258.com 服务器必须具有 boss.suntong258.com 域的全部 A 资源记录。也就是说当用户需要查询某一个子域的主机时,会把请求发给上一级 DNS 服务器,由此返回下一级子域的 DNS 服务器的名称和 IP 地址,然后由该子域 DNS 服务器提供相应的查询结果。

第 11 章　DNS 服务器

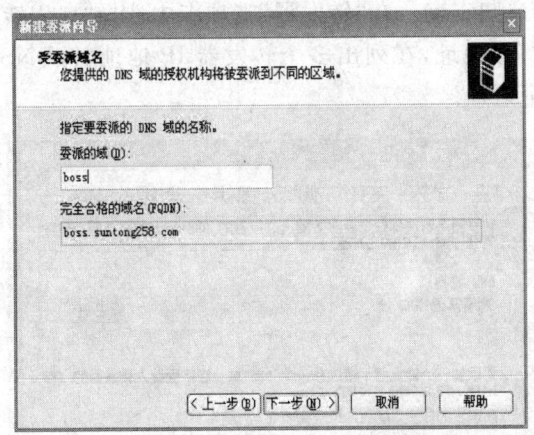

图 11-14　受委派域名

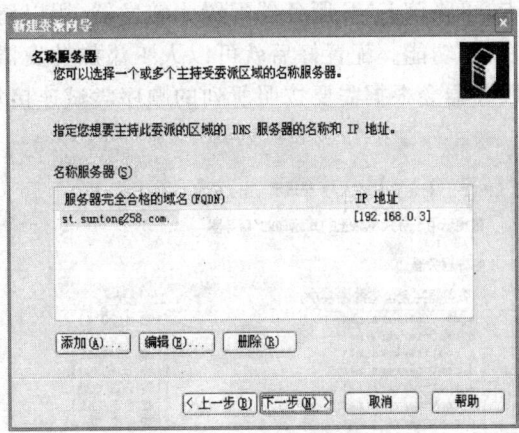

图 11-15　名称服务器

11.8　根提示和转发

当计算机不能使用本地的 DNS 数据进行查询时，有多种选择，既可以发出查询向根域迭代查询，也可以使用 DNS 转发器，由 DNS 转发器进行递归查询。下面分别论述根提示和转发功能。

11.8.1　DNS 根提示

在 DNS 的域名空间中有一个最高级，称之为根域（用"."表示）。为了实现向根域控制器进行迭代查询的功能，在安装 DNS 服务器后，都自动建立一个 cache.dns，存放着根域 DNS 服务器的地址，可用如下方法查看和编辑这些信息。

（1）打开 DNS 管理器，选择相应的 DNS 服务器的名称，右击打开其属性对话框，单击"根提示"选项卡，显示的就是这些根域 DNS 服务器（即 root-server.net）的地址。如图 11-16 所示。

（2）如果 DNS 没有与 Internet 连接，只用于内网 Intranet 的查询，而且也有多个 DNS 服务器，其中有一个就是内网根域控制器，那么内网所有的 DNS 服务器，都需要删除"根目录提示"中现有的地址，然后输入内网根域控制器的地址。

11.8.2　DNS 转发器

某些情况下，网管出于安全等原因，不希望内网用户直接连接到外网的 DNS 服务器上，要解决这个问题要用到 DNS 转发器。在图 11-17 中选择"转发器"选项卡。通过设置该选项卡,可将该 DNS 服务器配置为转发器,用以请求递归查询。在"转发器"选项卡中选择"启用转发器"功能。配置好后就可以人工添加转发器的 IP 地址,在列出多个转发器 IP 地址时,DNS 服务器会根据需要按照所列的顺序尝试连接每个地址。

图 11-16 "根提示"选项卡　　　　　图 11-17 DNS 转发器

11.9 测试 DNS 的常用命令

- Ipconfig/displaydns：可以查看客户机的 DNS 缓存。
- Ipconfig/flushdns：可以清除客户机的 DNS 缓存内容。只清除动态添加的记录,不删除从本地主机文件中预加载的记录。
- Ipconfig/registerdns：可以手动启动 DNS 名称和 IP 地址的动态注册。在默认情况下,此命令刷新所有的 DHCP 地址租约并注册客户机配置和使用的所有相关 DNS 名称。
- Nslookup：后跟计算机名或 IP 地址,可相互转换查看。
- Net start "DNSService"：启动 DNS 服务。
- Net stop "DNSService"：停止 DNS 服务。

第 12 章　FTP 服务器

搭建 FTP 服务器的软件有多种,其中较常用的是 IIS 中的 FTP 功能与 Serv-U FTP Server。IIS 中的 FTP 功能它属于非专业的 FTP 软件,但由于它集 Windows 集成,所以熟悉的人比较多,这里主要介绍后者。

使用 Serv-U 完全可以搭建一个专业的 FTP 服务器,现在互联网专用的 FTP 服务一般采用此软件,Serv-U 支持 Windows 9x/ME/NT/2K 等全 Windows 系列。它设置简单,功能强大,性能稳定。FTP 服务器用户通过它用 FTP 协议能在 internet 上共享文件。它并不是简单地提供文件的下载,还为用户的系统安全提供了相当全面的保护。例如:您可以为您的 FTP 设置密码、设置各种用户级的访问许可等。Serv-U 不仅 100%遵从通用 FTP 标准,也包括众多的独特功能可为每个用户提供文件共享完美解决方案。它可以设定多个 FTP 服务器、限定登录用户的权限、登录主目录及空间大小等,支持 SSL 加密连接保护您的数据安全等。

12.1　Serv-U 的安装

Serv-U FTP Server(以下简称 Serv-U)是一款专业的 FTP 服务器软件,与其他同类软件相比,Serv-U 功能强大,性能稳定,安全可靠,且使用简单,它可在同一台机器上建立多个 FTP 服务器,可以为每个 FTP 服务器建立对应的账号,并能为不同的用户设置不同的权限,能详细记录用户访问的情况等。任务过程示意图如图 12-1 所示。

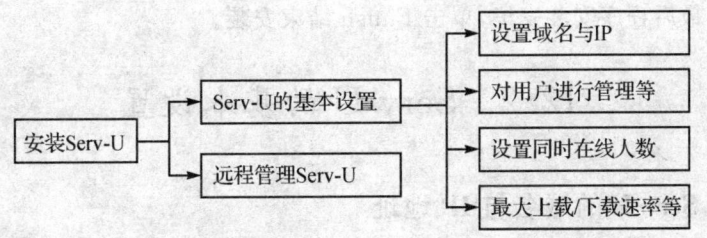

图 12-1　任务过程示意图

安装 Serv-u

可以从 http://www.serv-u.com 处下载最新 FTP Serv-U Server(下文简称 Serv-U),然后把它安装到计算机。这里以版本 6.3 为例,操作步骤如下。

(1) 双击 susetup.exe,运行 Serv-U 安装程序,弹出欢迎窗口,单击 Next 按钮。

(2) 接着弹出 Serv-U 的一些信息介绍,单击 Next 按钮继续,弹出协议对话框。与大多数软件一样,安装之前必须得同意他们的协议。点选 I have read and accept the above license agreement,单击 Next 按钮。

(3) 在选择路径对话窗口中,单击 Browse 按钮,选择所需安装 FTP Serv-U 的路径,建议不要安装到系统盘。修改安装路径后,单击 Next 按钮,如图 12-2 所示。

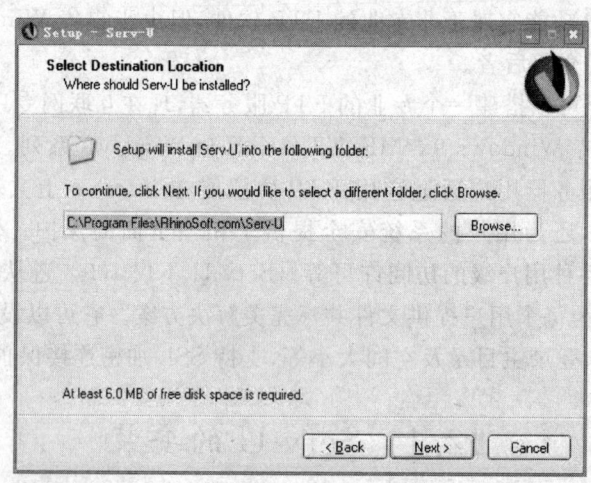

图 12-2　更改 Serv-U 安装路径

(4) 选择所需的程序组件,Server program files(FTP Serv-U 服务程序文件)和 Administrator program files(管理程序文件)必须勾选,其他 ReadMe and Version text files 与 Online help files 可选可不选,单击 Next 按钮继续;接着计算机提示输入计算机组名,取默认值,单击 Next 按钮继续;最后程序安装安毕,单击 Finish 结束安装。

12.2　Serv-U 的基本设置

12.2.1　设置 Serv-U 的域名与 IP 地址

安装完 Serv-U 以后,需要对此进行设置,才能正式投入使用,首先对域名与 IP 地址进行设置,操作步骤如下:

(1) 第一次启动该程序时,会自动运行 Serv-U 设置向导,一直单击界面上的 Next 按钮,如图 12-3、图 12-4、图 12-5 所示。

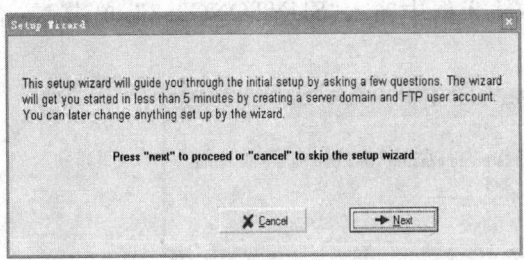
图 12-3 运行设置域名与 IP 向导

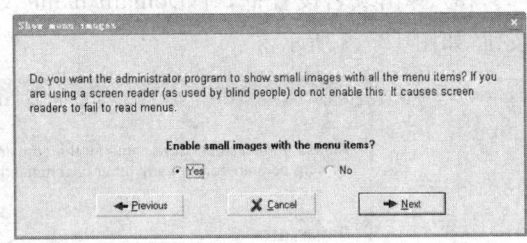
图 12-4 运行后最小化

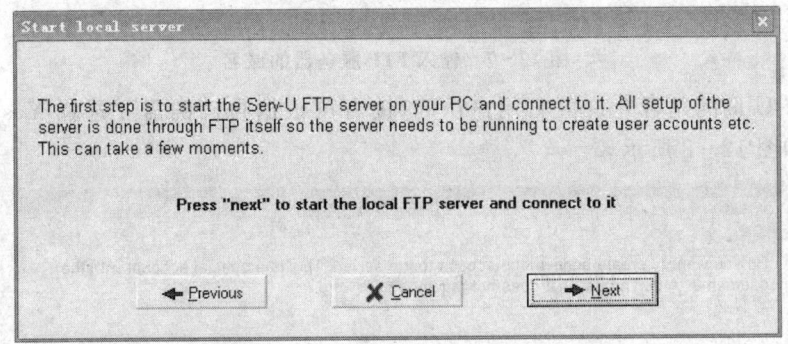
图 12-5 连接到本地 FTP 服务器中

（2）Serv-U 要求输入 FTP 主机 IP 地址，在 IP address 文本输入框中输入本机的 IP 地址，单击 Next 按钮，如图 12-6 所示。

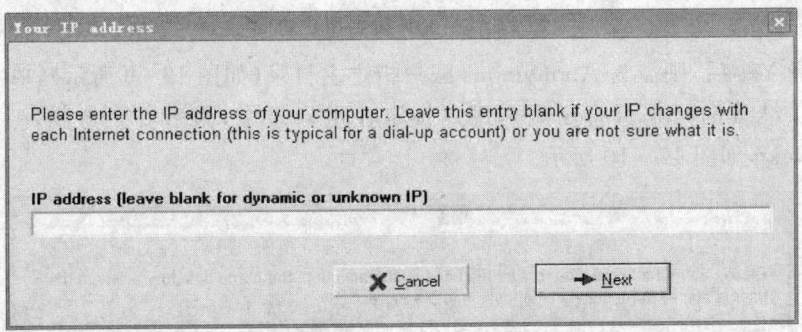
图 12-6 输入 FTP 服务器的 IP 地址

【注意】 IP 地址可为空，含义是本机所包含所有的 IP 地址，这在使用两块甚至三块网卡时很有用，用户可以通过任一块网卡的 IP 地址访问到 Serv-U 服务器，如果读者的 IP 地址是动态分配的，建议此项保持为空。

(3)弹出域名设置框,在 Domain name 文本输入框中输入"SUNTONG258",单击 Next 按钮,如图 12-7 所示。

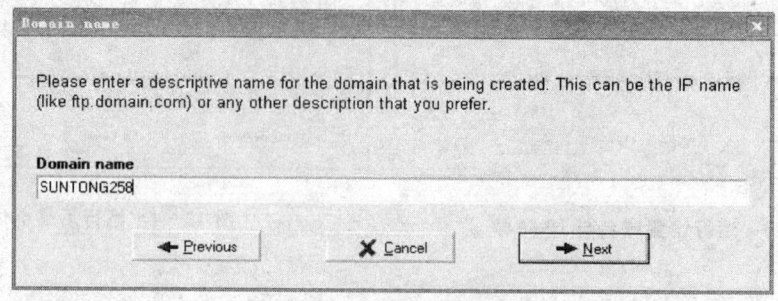

图 12-7 输入 FTP 服务器的域名

(4)Serv-U 询问是否允许匿名用户访问,读者可根据自己的需要选择 Yes 或 No,单击 Next 按钮,如图 12-8 所示。

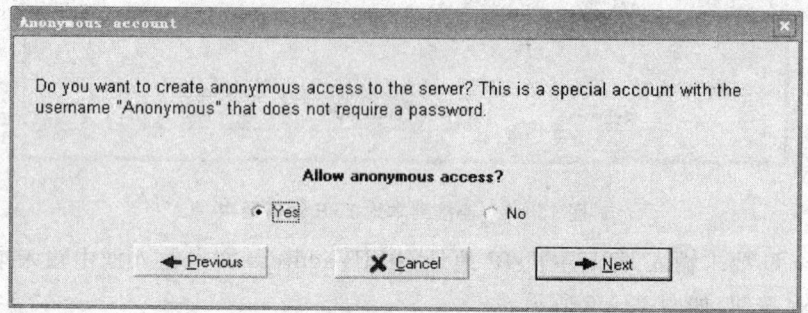

图 12-8 允许匿名用户访问

(5)选择 Yes 后,则需为 Anonymous 账户指定主目录(如图 12-9 所示),单击 Next 按钮继续;Serv-U 继续询问是否将用匿名用户锁定在主目录中,为了安全考虑,一般情况回答"是",单击 Next,如图 12-10 所示。

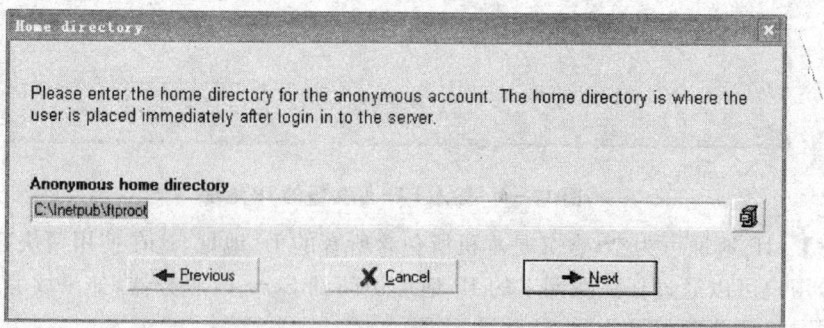

图 12-9 指定匿名用户的主目录

第12章 FTP服务器

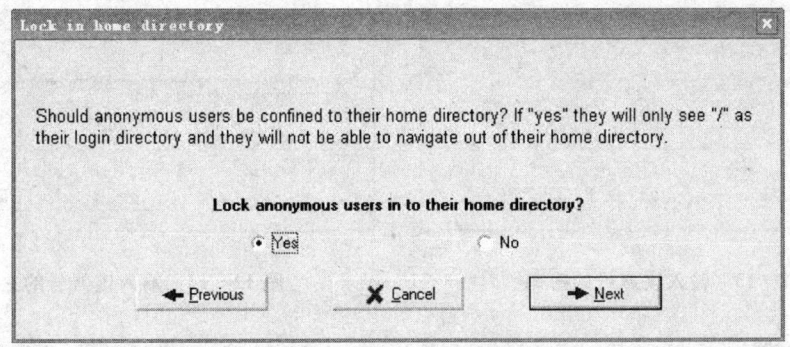

图 12-10　是否锁定账号的主目录

12.2.2　创建新账户

Serv-U 已经允许匿名用户登录,并取得访问权限,但最好还是建立一套自己的完整用户管理制度。

具体操作步骤如下:

(1) 在对匿名用户设置了主目录,并回答是否锁定主目录后,单击 Next 按钮,此时 Serv-U 运行创建账户向导,单击 Yes,然后再单击 Next 按钮,在弹出的对话窗口中的 Account login name 文本输入框中输入所要设置的账户名称,然后单击 Next 按钮,如图 12-11 和图 12-12 所示。

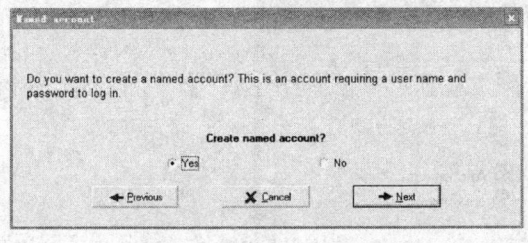

图 12-11　询问是否创建账号

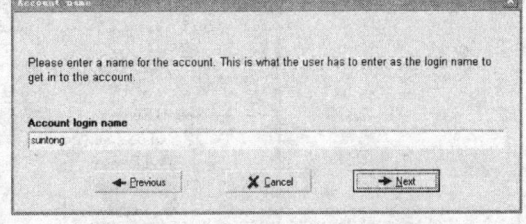

图 12-12　输入新创建的账号名

(2) 在 Password 文本输入框中输入所需的密码,此时密码为明文显示,且只需要输入一次,单击 Next,如图 12-13 所示;然后要求设置该账户的主目录,单击 Next 按钮,如图 12-14 所示。

(3) Serv-U 询问是否将该账户锁定在主目录当中,一般回答"是",单击 Yes,然后再单击 Next 按钮继续,如图 12-15 所示;接着要求设置该账户的管理权限,建立选择 No Privilege,从安全角度考虑只给账户赋予最普通的权限,能够访问即可,单击 Next 按钮确认操作,如图 12-16 所示。

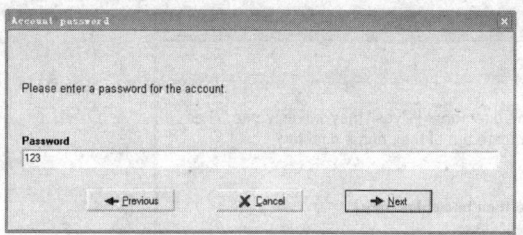
图12-13 输入该账号的密码

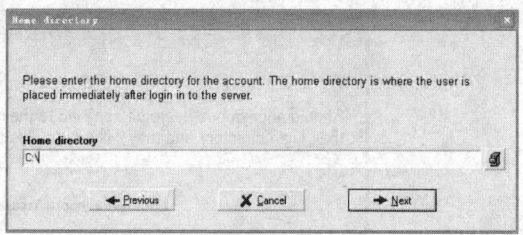
图12-14 输入该账号的主目录

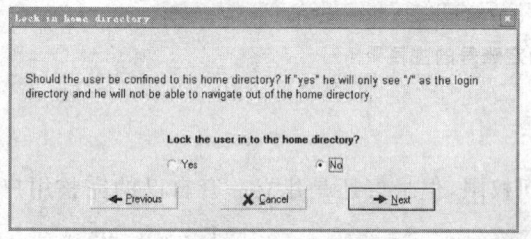
图12-15 是否锁定该账号在主目录中

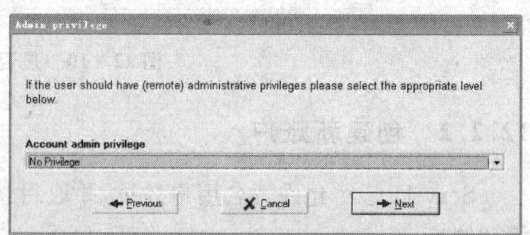
图12-16 给账号设定权限

以上步骤是用Serv-U向导完成,也可按以下步骤完成账户的添加。

展开Domains,再展开SUNTONG258,最后找到Users并右击Users,在弹出的菜单中单击New User,开始新建账户,过程与向导类似,如图12-17所示。

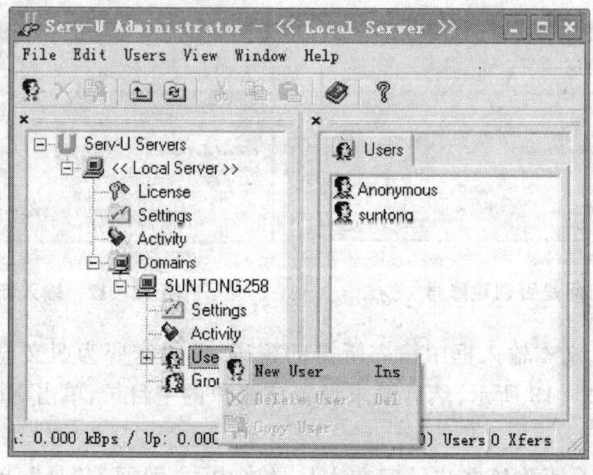
图12-17 新建账号

以上设置结束后,用Serv-U建立的FTP服务器即可正常投入使用。建议在使用前对FTP服务器进行测试。测试一般分本地测试和远程测试:本地测试即在自己计算机上进行测试,远程测试指在网络上其他计算机上或请网友帮忙测试,告诉网友 IP 地址、用户名与密码。打开 IE,在地址栏中输入 ftp://IP 地址,然后输入用户名和密码,确认后看是否能访问。另外亦可使用专业的 FTP 客端端软件,例如 CuteFTP Pro。

12.2.3 设置虚拟目录

这里的虚拟目录概念与 IIS 中 FTP 功能所讲的虚拟目录是一样的,即为了简化操作,同时获得更大的磁盘空间。

下面以 e:\mysoft 映射为虚拟目录,mysoft 为例进行说明。

具体操作步骤如下:

(1) 单击"开始菜单"→"程序"→Serv-U FTP Server→Serv-U Administrator 启动 Serv-U 的管理程序,在管理工具的左侧选中 SUNTONG258 下的 Settings,然后单击右边的 General 选项卡,如图 12-18 所示。

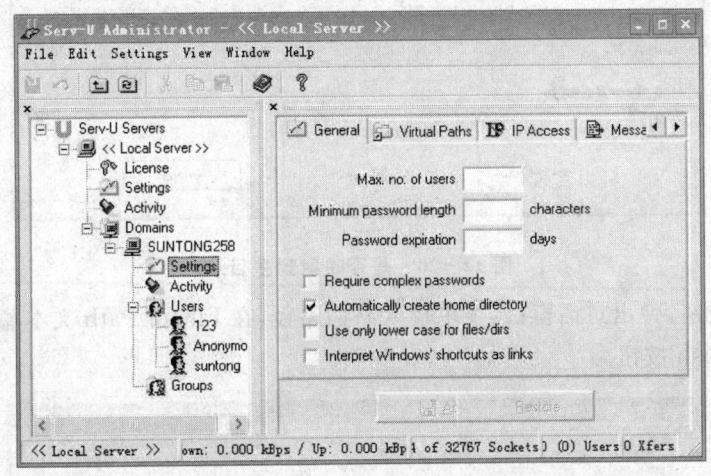

图 12-18 General 的默认画面

(2) 单击 Virtual path mapping 下的 Add 按钮,弹出添加虚拟目录向导,在 Physical path 的文本输入框中输入实际路径 e:\mysoft,单击 Next 按钮,如图 12-19 所示。

(3) 在 Map Physical path to 文本输入框中输入%home%,如图 12-20 所示。即映射到主目录中。

(4) 输入虚拟目录别名,在 mapped path name 文本输入框中输入 mysoft,即 e:\mysoft 所对应的虚拟目录的别名,单击 Finish 按钮。

虚拟目录建立完毕后,并不像 IIS 所提供的那样,每个用户都能访问,还需对用户的路径进行设置。还是以 suntong 账户为例,让这个账户能访问到 e:\mysoft。

操作步骤:单击 suntong 账户,然后再单击右边的 Dir Access,如图 12-21 所示,单击该

网络组建与管理

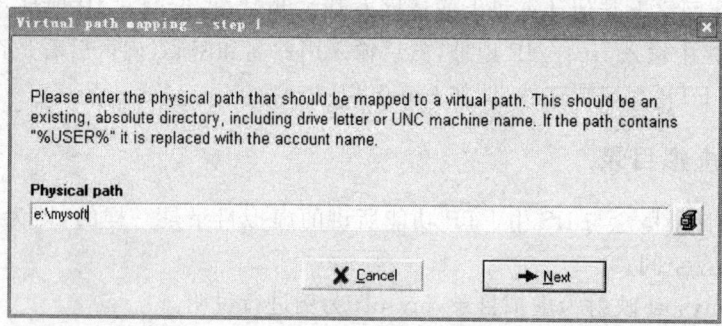

图 12-19　要求输入物理路径

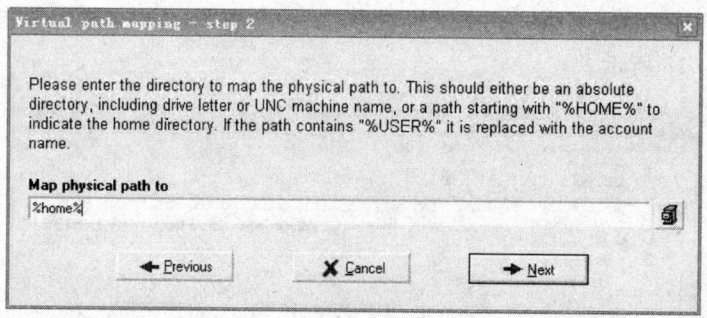

图 12-20　是否映射到主目录

选项卡的 Add 按钮,弹出对话窗口,要求输入添加路径,在 File or Path 文本输入框中输入 e:\mysoft,单击 Finish 按钮。

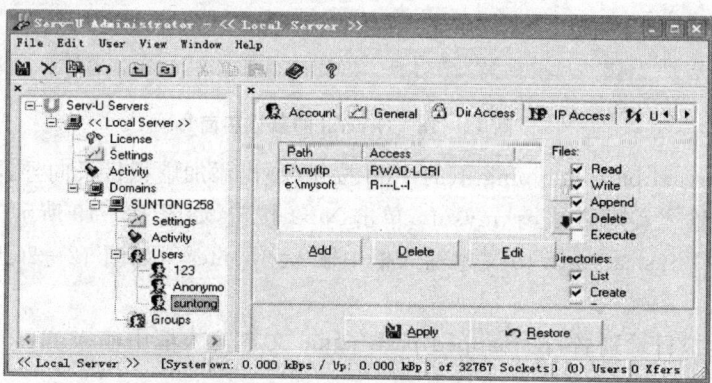

图 12-21　Dir Access 选项卡

此时,可以看出,该账户目录访问除了有 f:\myftp 主目录以外,还有 e:\mysoft。

12.2.4 设置访问目录权限

访问目录权限即是对用户或用户组所访问的目录的权限设置,新建账户一般默认为读取、查看、继承权限,并没有上载、删除等权限。我们知道,即使是同一个账户,也会有对不同目录有不同权限的要求。

设置访问目录权限较简单,下面以 suntong 账户为例,对 e:\mysoft 目录进行权限设置,具体操作步骤如下:

(1) 单击 suntong 账户,然后再单击右边的 Dir Access;

(2) 单击 Dir Access 目录列表框中的 e:\mysoft,此时我们可以看出,fengyun 账户所拥有的权限为 Read,List,Inherit,即读取、查看、继承权限;

(3) 在选项框中,勾选所需的权限。

下面对各个权限的含义进行介绍:

权限分三大块,即 Files,Directories,Sub-directories,分别是文件、目录、子目录进。

Files 是对文件权限进行设置,各子选项的含义是:

- Read(读):对文件拥有"读"操作的权限,可下载文件,不能对列出目录;
- Write(写):对文件拥有"写"操作的权限,可上载权限,但不能断点继续;
- Append(附加):对文件拥有"附加"操作的权限,即常说的断点续传;
- Delete(删除):对文件进行"改名"、"删除"、"移动",但不能对目录进行操作;
- Execute(执行):可直接运行可执行文件的权限,此权限较危险,慎用之。

Directories 对目录进行设置,各子选项的含义是:

- List(列表):拥有目录的查看权限;
- Create(建立):可以建立目录;
- Remove(移动):拥有对目录进行移动、删除和更名的权限。
- Sub-directories 对当前目录的子目录进行设置,一般情况下是勾选该项。

【注意】 一般来说,访问目录的权限尽量设置低些,不要设置的过高。比如一般账户只允许下载,而不允许上载,上载可以开设单独的账户,上载时选定 Write 和 Append,不要轻易给用户删除、执行、创建等权限。

12.2.5 新建并管理用户组

Serv-U 可为每个账号设置不同的权限和访问目录,但如果账号较多怎么办?而大部分账号的权限基本相同,如为多个账号设置相同的权限,却是费时费力的,如果需要改动权限,则又要对账号逐一进行修改。其实,Serv-U 在用户管理也提供了跟 Windows 一样的用户组管理。用户组就是将多个账号组在一起,他们将拥有相同的权限,不必为每个账户进行设置,只需对组设置即可。设置用户组的方法比较简单,类似于用户的创建,下面将建立一个 Class

组,然后将 suntong 添加到该组,并对该组进行一些具体的设置。具体操作步骤如下。

(1) 启动 Serv-U 的管理程序,右击管理工具左侧找到 SUNTONG258 下的 Groups,单击弹出的菜单的 New Group。

(2) 要求输入用户组的组名,在 Group name 下的文本输入框中输入 Class,如图 12-22 所示。

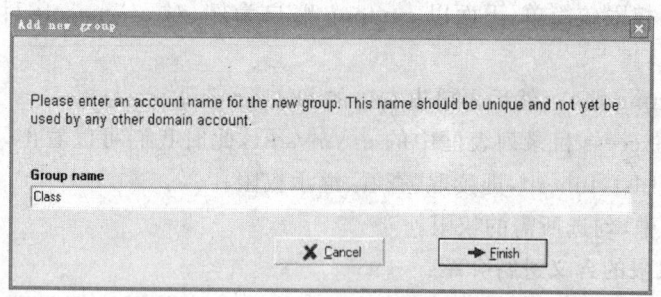

图 12-22 输入用户组的组名

(3) 在管理工具的左侧找到 suntong258 下的 Users,单击 suntong 账号,然后再单击右边的 Account,在 Groups 文本输入框中输入 Class,或单击 图标,在弹出的对话框中选择 Class 组,然后单击 OK 按钮。

12.3 Serv-U 高级管理

Serv-U 有着较合理且严密的管理体系,它包括设置 FTP 服务器的最大连接数,分别为用户设置最大上载、下载速度、设置磁盘配额、各种提示信息、上载下载比率等,在下面的介绍中,读者将体会到 Serv-U 管理功能所带来的便利,比 IIS 的 FTP 功能方便,且强大多了。

12.3.1 设置最大上载下载速度

由于是在个人计算机上建立 FTP 服务器,我们不能因为给其他用户提供无偿的 FTP 服务而影响自己的正常上网,所以,合理配置 FTP 服务器的上载下载速度能够将部分网络带宽留给自己使用。

假如你的宽带 10 Mb/s,而考虑一些网络因素,实际上访问网络便只有 700 Kb/s,自己留 100 Kb/s,把其余 600 Kb/s 的带宽分给 Serv-U FTP 服务器。

操作方法是:单击 Local Server 下在 Settings,在右侧单击 General 选项卡,然后在 Max. speed 文本输入框中输入 600,这里的单位是 KB,即每秒传输 600 Kb,而不是 b/s。

【提示】 这里的最大上载或下载速度,不是指单个账户的上载与下载速度,而是指整个 FTP 服务器所占用的带宽。

12.3.2 设置 Serv-U FTP 服务器最大连接数

每台计算机接入 Internet 的带宽是有限的,为了保证让接入的用户提供比较合理的带宽,则需要对最大连接数进行设置。

单击 Local Server 下的 Settings,在右侧单击 General 选项卡,在 Max. no. of users 的文本框中输入最大连接数,如要提供给每个用户有 50KB 的速度,则设置 15 比较合理。

12.3.3 取消 FTP 服务器的 FXP 传输功能

FXP 传输是指用户通过某个指令,使两个 FTP 服务器的文件直接传送,而不是直接上载到本地计算机,较著名的 FTP 客户端工具 FlashFTP、CuteFTP 都支持这个功能。大家知道,专用 FTP 服务器速度是比较快的,如果启用该功能,而又没设置最大传速速度,那么个人 FTP 服务器所有带宽将会被此连接所占用,所以建议一般取消该功能,勾选 Block"FTP_BOUNCE" attacks and FXP,勾选以后,该功能将被禁用。

12.3.4 设置 FTP 服务器提示信息

用户通过 FTP 客户端软件连接到 FTP 服务器,FTP 服务器会通过客户端软件返回一些信息,通过这些信息可以让用户更多地了解我们所建 FTP 服务器,同时也可以通过这些信息告诉用户一些注意事项。这些信息是通过调用文本文件实现,下面将通过实践告诉读者怎样设置。

具体操作步骤:

(1) 利用记事本或其他文本编辑工具编辑四个文件,保存在 f:\myfile 目录下,分别为:readme1.txt:记录用户登录时的欢迎信息,可以根据要求输入合适的内容,比如管理员的联系方法、只允许用户用一个 IP 地址连接和其他 FTP 的注意事项;readme2.txt:记录用户断开连接的提示信息,比如欢迎用户下次访问等;readme3.txt:记录用户切换访问目录的信息;readme4.txt:记录在 FTP 服务器中未找到文件的信息;

(2) 单击 Local Server→Domains→SUNTONG258 下的 setting,然后单击右边的 Messages 选项卡,分别在 Signon message file, signoff message file, Primary dir change message file, Secondary dir change message file 文本框中输入 f:\myfile\readme1.txt, f:\myfile\readme2.txt, f:\myfile\readme1.txt, f:\myfile\readme1.txt。设置完毕后可用 Cute FTP Pro 等 FTP 客户端软件登录服务器验证。

12.3.5 设置账号使用线程数

有些多线程下载工具如迅雷、网际快车等,对于个人 FTP 服务器来说,将严重影响 FTP 服务器性能,一般只开通一个线程就够了,但对于使用 CuteFTP 等 FTP 客户端软件来说,又需要两个线程,一个用来浏览,另一个用于下载。

设置线程的方法是：选中需要设置的账号，单击右边的 General 选项卡，勾选 Allow only login(s) from same IP address，在此选项的文本输入框中输入 2。

12.3.6 设置账号的最大上载下载速度

如果我们不对用户的最大速度进行设置，也许少数用户将耗尽 FTP 服务器所有的带宽。Serv-U 可以分别对上载与下载速度进行设置，一般下载速度可以设置慢些，而上载速度则尽可能的大，网友上载文件是为网站做贡献的，让他享受高速也是应该的。

在 Max. upload speed 文本输入框中输入 100，以 KB 为单位，即每秒上载速度最高可到 100 KB，在 Max. download speed 文本输入框中输入 50，即每秒下载速度最高只能到 50 KB。

12.3.7 合理设置上载/下载率

一个好的 FTP 站点需要更多的人来参与，光靠管理员收集资料是远远不够的，但网友中有太多的潜水员，他们只下载并不会上传来贡献资料。怎样杜绝这种现象呢？Serv-U 为我们提供一项很好的功能，就是上载/下载率，合理的设置上载/下载率不仅能让 FTP 得到更好的发展，同时也提高了网友的参与热情，正是一分付出，多倍收获啊。

设置上载/下载率方法是：选中需要设置的账户，然后单击右边的 UL/DL Radios 选项卡，勾选 Enable upload/download ratios，单击 count bytes per session 选项，在 Ratio 中的 Uploads 文本输入框中输入 1，Downloads 文本输入框中输入 3，意思是不管上载文件的个数，只计算文件容量，只要网友上载 1 MB 便可下载 3 MB 的文件。

12.3.8 配置账号的磁盘配额

做 FTP 服务器的初衷是让自己的有限空间能为用户提供无限的服务，但前提是不能影响自己计算机的正常运转。

比如一块硬盘有 500 GB，我们需要留 100 GB 给自己存放文件，其他用于 FTP 服务器用，但 Serv-U 在默认状态下，并不会只使用 400 GB 的空间，用户不断的上载，会将 500 GB 所有的空间耗尽，如何让 FTP 服务器只使用 400 GB 空间呢？此时便利用到了 Serv-U 的磁盘配额功能。

操作方法是：选中需要设置磁盘配额的账号，单击右边的 Quote 选项卡，勾选 Enable disk quote，表示启用磁盘配额，单击 Calculate current 按钮获取已经使用的磁盘空间，然后在 Maximum 右边的文本输入框中输入相应的值，这里是以 KB 为单位，在 Current 文本输入框中显示的是已经使用的磁盘空间。

12.3.9 远程管理 Serv-U

做为管理员，不可能时时刻刻都坐在 FTP 服务器旁边，有时出差或者回家需要对办公室的 FTP 服务器进行管理。Serv-U 提供的远程管理非常简单,只要你知道方法,操作起来便像在本地 FTP 服务器上一样。

具体操作步骤:

(1) 在本地 FTP 服务器的 Serv-U 管理窗口中,选择某个账号,然后单击右边的 Account 选项卡,在 Privilege 边的选择列表中选择 System Administrator,对该账号赋予管理员身份。

(2) 在远程计算机安装 Serv-U 软件,安装完后运行它,并在管理工具左侧右击 Serv-U Server,在弹出菜单中选择 New Server;

(3) 在弹出的对话窗口输入 FTP 服务器的 IP 地址或域名,单击 Next 按钮继续;然后输入 FTP 服务器的端口号和 FTP Server 的名称,单击 Next 按钮继续;最后输入管理员账号和密码即可。

【注意】 当利用远程管理 Serv-U 停止 FTP 服务后,远程管理将无法启动 Serv-U 服务,只能通过本地启动。

第 13 章　Web 服务器(IIS,Apache)

13.1　Internet 信息服务简介

　　IIS(Internet Information Server,互联网信息服务)是一种 Web(网页)服务,其中包括 Web 服务器、FTP 服务器、NNTP 服务器和 SMTP 服务器,分别用于网页浏览、文件传输、新闻服务和邮件发送等方面,它使得在网络(包括互联网和局域网)上发布信息成了一件很容易的事。本章将向你讲述 Windows Sever 2003 中自带的 IIS 6.0 的配置和管理方法。

13.2　IIS 的安装

　　请进入"开始"→"设置"→"控制面板",依次选"添加/删除程序"→"添加/删除 Windows 组件",将"Internet 信息服务(IIS)"前的小钩去掉(如有),重新勾选中后按提示操作即可完成 IIS 组件的添加。用这种方法添加的 IIS 组件中将包括 Web、FTP、NNTP 和 SMTP 全部四项服务。

　　当 IIS 添加成功之后,再进入"开始"→"程序"→"管理工具"→"Internet 服务管理器"以打开 IIS 管理器,对于有"已停止"字样的服务,均在其上右击,选"启动"来开启。IIS 运行后的画面如图 13-1 所示:

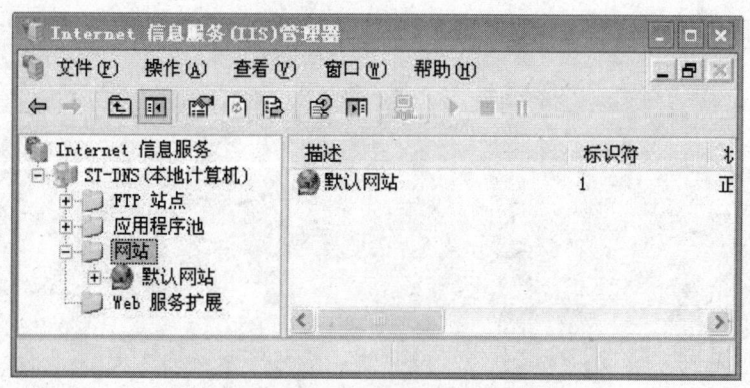

图 13-1　Internet 信息服务管理器

在本章中,我们要介绍如何通过 Internet 信息服务(Internet Information Sever,IIS),来架设 Web 站点。

13.3 实例一

假设本机的 IP 地址为 192.168.5.1,自己的网页放在 D:\web 目录下,网页的首页文件名为 Index.htm,现根据上述条件建立自己的 Web 服务器。

对于此 Web 站点,我们可以用现有的"默认 Web 站点"来做相应的修改后,就可以轻松实现。请先在"默认 Web 站点"上右击,选"属性"。

(1) 修改绑定的 IP 地址。转到"Web 站点"窗口,再在"IP 地址"后的下拉菜单中选择所需用到的本机 IP 地址 192.168.5.1,如图 13-2 所示。所谓"全部未分配"是表示:如果计算机上设置多个 IP 地址,则 Web 站点会回应全部 IP 地址的要求。举例说来,如果 new web 所在计算机设置了两个 IP 地址,在"全部未分配"的情况下,客户在网址行输入两个 IP 地址都可以连接到 web 站点。

(2) 修改主目录。转到"主目录"窗口,再在"本地路径"输入 D:\web。如图 13-3 所示。

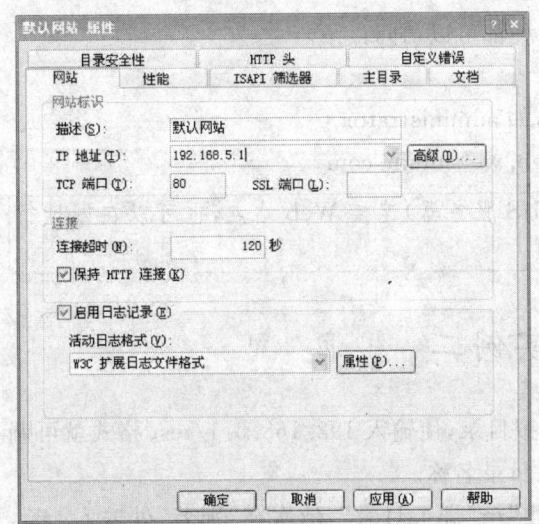

图 13-2 网站选项卡

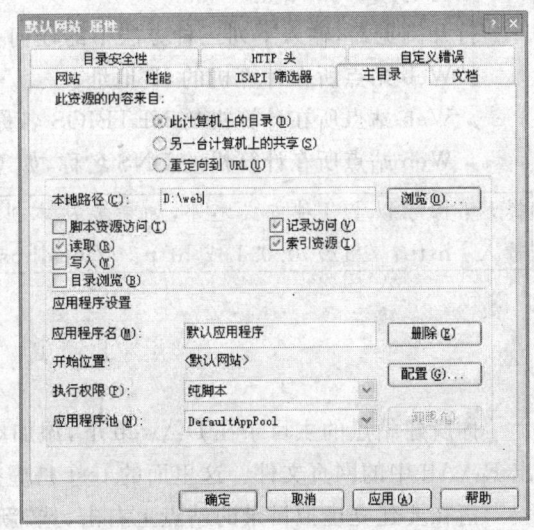

图 13-3 主目录选项卡

(3) 添加首页文件名。转到"文档"窗口,再按"添加"按钮,根据提示在"默认文档名"后输入自己网页的首页文件名 Index.htm,如图 13-4 所示。

(4) 效果的测试。打开 IE 浏览器,在地址栏输入"192.168.5.1"之后再按回车键,此时就能够调出你自己网页的首页,则说明设置成功。

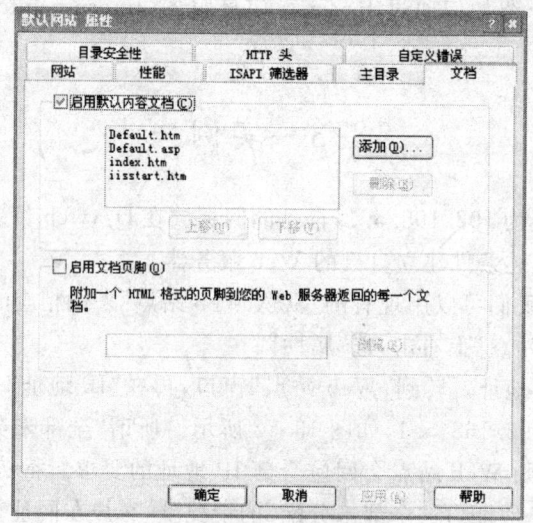

图 13-4 文档选项卡

如何访问 Web 站点

打开浏览器,输入下列三种方法中的任何一种都可以访问:

➤ Web 站点所在计算机的 IP 地址。

➤ Web 站点所在计算机的 NETBIOS 名称,如 administrator。

➤ Web 站点所在计算机的 DNS 名称,如 web.webadmin.com。

提示:除了以上 3 种方式之外,如果要从本机(IIS 服务器)连接 Web 站点,也可以在网址行输入:http://127.0.0.1 或 http://localhost。

13.4 实例二

你所建站点的主目录在 D:\web 下,添加虚拟目录,使输入 192.168.5.1/test 格式就可调出 E:\All 中的网页文件。这里面的 test 是虚拟目录名称。

请在要建立虚拟目录的站点上右击,选"新建"→"虚拟目录",依次在"别名"处输入 test,在"目录"处输入 E:\All 后再按提示操作即可添加成功。除了利用虚拟目录创建向导之外,我们也可以直接在文件夹上右击选"属性"操作。

(1) 切换到"Web 共享"选项卡。

(2) 打开下拉列表,选择 WEB 站点。

(3) 选择"共享这个文件夹"。

(4) 输入虚拟目录的名称。

(5) 按"确定"完成设置。

> 提示:实际存放在主目录的子文件夹,称为物理目录;然而,若要将位于其他本机路径,甚至是其他计算机上的文件夹加入主目录,成为 Web 站点的内容,则必须使用虚拟目录。虚拟目录可以看成是文件夹位于 Web 站点主目录的一个指针。

13.5 IIS 站点的高级管理

13.5.1 IIS 管理的层次

我们可以针对整个 IIS 服务器、服务器内的 Web 站点、站内的物理/虚拟目录和目录中的文件等 4 个层次来管理整个服务器。4 个层次默认的关系如图 13-5 所示。

IIS 服务器的设置 ——→ WEB 站点的设置 ——→ 站内各目录的设置 ——→ 目录内各文件的设置

图 13-5 从左往右继承下去

如果在服务器作限制,不允许来自 10.136.0.10 的用户访问整个 IIS 服务器,则服务器内的所有站点、站内的物理/虚拟目录及目录中的文件,都会继承这项设置。在服务器限制 IP 地址,参看如下步骤。

(1) 右击服务器图标,执行"属性"命令;
(2) 保留默认,设置这台 IIS 服务器中的 WWW 服务,单击"编辑"按钮;
(3) 切换到"目录安全性";
(4) 单击"编辑"按钮,出现"服务器属性"对话框,框中有 10 个选项卡;
(5) 保留默认值,单击"添加"按钮;
(6) 输入拒绝访问服务器的 IP 地址;
(7) 单击"确定"按钮;
(8) 单击"确定"按钮;
(9) 选择将此设置继承给的站点及目录;
(10) 单击"确定"按钮。

13.5.2 启用 HTTP 压缩和带宽节流设置

HTTP 压缩能够让服务先将数据压缩之后再传送给客户端,以提升传送效率,但客户端必须支持 HTTP 压缩功能(IE4 以上)。

1. 启用 HTTP 压缩功能,步骤如下:

(1) 在服务器图标上右击,执行"属性"命令。
(2) 单击"编辑"按钮。

(3) 切换到"服务"选项卡。

(4) 依次选择"站点"、"压缩类型(动态或静态数据)"、"临时文件夹的位置及大小",完成后按"确定"。

2. 启用带宽节流设置,步骤如下:

(1) 右击服务器图标,执行"属性"命令。

(2) 勾选"启用带宽限制",设置 Web 服务能够使用的总带宽(以 Kb/s 为单位)一般为 64 Kb/s,专线最大带宽为 8 Kb/s。

13.5.3 备份/恢复服务器的设置数据

服务器图标上右击,执行"备份/还原配置"命令

> 注:1. 备份文件默认保存在\WINNT\system32\inetsrv\Metaback 2. 执行备份工作时,只会备份 IIS 服务器的设置数据(例如:权限设置、虚拟目录等),并不会备份站点及目录中的文件(例如:HTML、ASP 与图形文件等)。

13.5.4 管理 Web 站点

本节中,我们以 Web 站点为例,说明各项管理设置的意义。原则是:上层的设置会继承给下层;若对下层个别设置,则新设置会覆盖原先继承自上层的设置。(即最近原则)

打开 Internet 信息管理器主窗口,在 WEB 站点图标上右击,弹出 Web 站点属性对话框如图 13-6 所示,对话框中有 10 个功能选项卡,现对这 10 个选项卡作一一介绍。

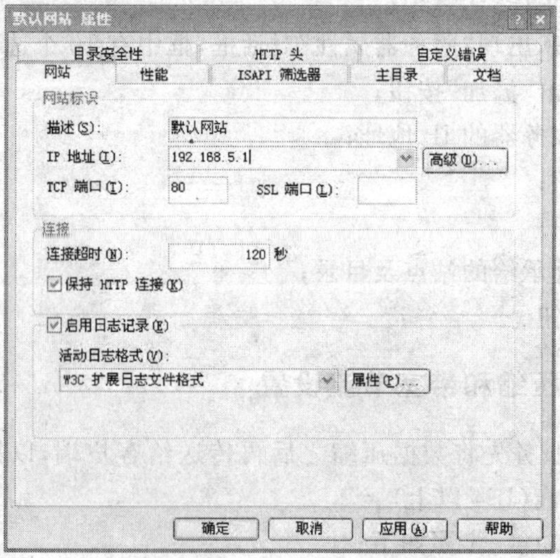

图 13-6 网站选项卡

1. Web 站点标识

- 说明：即站点名称，在 IIS 服务管理器主窗口左窗口的树状目录中用以标识站点。
- IP 地址：此站点要使用的 IP 地址
- TCP：如果不使用 80 作为给 HTTP 服务的默认端口，则用户浏览时必须输入站点所设置的端口值。

2. 连接

- 无限：不限制连接数目。
- 限制到：此站点最多允许建立多少个连接。
- 连接超时：设置客户端建立连接后在指定时间内若没有任何访问操作，便将其强制断线。
- 启用保持 HTTP 激活：默认勾选，让网页与其中所有的文件（如链接图文件、Flash 动画等）通过同一个连接传送，有助于降低 WEB 站点的负担。

★若取消"启用保持 HTTP 激活"，则当网面内有 100 个图文件时，客户端每下载一个图文件，就必须和 Web 站点建立一条连接。光应付一个客户端的需求，Web 站点就必须维持 100 条连接，大大降低了执行性能。

3. "主目录"选项卡

连接资源来源：
- 此计算机上的目录。
- 另一计算机上的共享位置：WEB 站点的主目录在远程计算机。
- 重定向到 URL：重定向到别的网络资源（可以是某个网页、目录或是站点）。

4. "文档"选项卡

启用默认文档

默认文档相当于 Web 站点的首页，可以是 HTML 文件或 ASP 文件，当用户通过浏览器连接至 Web 站点时，若未指定要浏览哪一份文档（如输入：http：//www.nh.edu.sh.cn），则 Web 站点会传送默认文档供用户浏览。我们可以自行设置默认文档；Web 站点会优选传送上方的文件给客户端。

启用文档页脚是为每个 HTML 文档自动在文档底部插入一段文字作为页脚。

注：页脚文件的 html 文档并非完整的 html 文档，该文档不能包含<HTML></HTML>，<BODY></BODY>，只能包含设置文字大小及颜色的类的标记，如：<h3 align=right>信息中心网管员培训</h3>

5. "操作员"选项卡

Web 站点操作员拥有管理 Web 站点的能力。系统默认 Administrator 组是所有 Web 站点的操作员，而且不能移去，只要是 Administrator 组的成员，就可以增加其他操作员。

6. "性能"选项卡
- 性能调整：设置每日估计连接次数。
- 启用带宽限制：同服务器设置，这里的设置会覆盖服务器设置。
- 启用进程限制：不勾强制性限制，则应用程序超过 CPU 处理时间，只会在事件监视器中警告。

7. "自定义错误信息选项"选项卡

当用户连接到 Web 站点时，可能因为权限不足或是服务器本身的错误等因素，导致站点不能回应要求，此时便会返回默认错误信息。我们在此选项卡中自定义错误信息，举例来说，将"403.6 禁止访问：IP 地址被拒绝"改成"您来自不被允许访问的 IP 地址；"要自定义错误信息，请先将错误信息编写成一个 HTML 文档，然后切换到"自定义错误信息"选项卡：用定义好的文件替换默认文件。

注：可以留下联系方式，当用户发现站点异常时可以和管理人员联系。

8. "HTTP 头"选项卡
- 启动内容失效：设置站点内容到期的时间，有 3 种选择：立即过期、在此时刻以后过期、在此时刻过期。
- 自定义 HTTP 头：设置 HTTP Header，如传送 Cookiet 等。
- 内容分级：内容分级是在 HTTP 头中嵌入说明标签，只要启动浏览器的内容分级功能，用户便不能浏览超过设置级别的内容。
- MIME 映射：MIME 映射是在 HTTP 头中嵌入说明标签，客户端通过此说明标签，可以知道网页文件扩展名与网页属性的关系。一般无需设置这种映射关系。

实例 3. 只有一台 IIS 服务器，要同时运行多个 Web 站点，如何解决？

IIS 服务器中的 Web 站点有 3 种身分标识码：IP 地址、TCP 端口及主机名称，客户端必须通过这些标识连接到目标站点。要在 IIS 服务器中同时运行多个 WEB 站点，有 3 种方式：
- 不同的站点使用不同的 IP 地址
- 不同的站点使用相同的 IP 地址、不同的端口
- 不同的站点使用相同的 IP 地址与端口、不同的主机名称

解决这个问题有如下几种方法。

1. 使用不同的 IP 地址，即设置多个 IP 地址，每个 IP 地址对应一个 Web 站点。假若要在一台 IIS 服务器上建立"webadmin"和"adminweb"这两个站点，分别使用 192.168.5.1，192.168.5.2 这两个 IP 地址，我们必须完成以下两个步骤：

（1）在计算机上增加两个 IP 地址 192.168.5.1 与 192.168.5.2。

（2）增加两个 WEB 站点，分别使用 192.168.5.1 与 192.168.5.2 两个 IP 地址。

如果本机已绑定了多个 IP 地址，想利用不同的 IP 地址得出不同的 Web 页面，则只需在"默认 Web 站点"处右击，选"新建"→"站点"，然后根据提示在"说明"处输入任意用于说明它

的内容(比如为"我的第二个 Web 站点"),在"输入 Web 站点使用的 IP 地址"的下拉菜单处选中需给它绑定的 IP 地址即可;当建立好此 Web 站点之后,再按上步的方法进行相应设置。设置完后,用户可以在网址行输"192.168.0.2","192.168.0.3"来连接这两个站点。

2. 使用不同端口,即我们可以设置一个 IP 地址同时运行多个 Web 站点,其做法是:使用不同的端口或使用不同的主机头名称。

当按上步的方法建立好所有的 Web 站点后,对于 IIS 服务器,可以通过给各 Web 站点设不同的端口号来实现,比如给一个 Web 站点设为 80,一个设为 81,…,则对于端口号是 80 的 Web 站点,访问格式仍然直接是 IP 地址就可以了,而对于绑定其他端口号的 Web 站点,访问时必须在 IP 地址后面加上相应的端口号,如 http://192.168.0.1:81 的格式。

9. 使用不同的主机头名称

很显然,改了端口号之后使用起来就麻烦些。如果你已在 DNS 服务器中将所有你需要的域名都已经映射到了此唯一的 IP 地址,则用设不同"主机头名"的方法,可以让你直接用域名来完成对不同 Web 站点的访问。

举例说来,你本机只有一个 IP 地址为 192.168.0.1,你已经建立好了两个 Web 站点,将 webadmin 站点的主机头名称设为 www.webadmin.com,将 adminweb 站点的主机头名称设为 www.adminweb.com,用户就可以网址行输入 www.adminweb.com 或 www.webadmin.com 连接到目标站点。

用户要能够通过主机头名称连接到目标站点,必须设置下面两项数据:
➢ 不同的 Web 站点设置不同的主机头名称
➢ 设置 Web 站点的 DNS 数据

设置主机头名称的操作步骤如下。

(1) 请确保已先在 DNS 服务器中将你这两个域名都已映射到了那个 IP 地址上;并确保所有的 Web 站点的端口号均保持为 80 这个默认值。

(2) 再依次选"默认 Web 站点"→"右键"→"属性"→"Web 站点",单击"IP 地址"右侧的"高级"按钮,在"此站点有多个标识下"双击已有的那个 IP 地址(或单击选中它后再单击"编辑"按钮),然后在"主机头名"下输入 www.webadmin.com,如图 13-7 所示。

(3) 接着按上步同样的方法为"我的第二个 Web 站点"设好新的主机头名为 www.adminweb.com 即可。

设置 DNS 数据的方法如下。

因 webadmin 站点和 adminweb 站点都使用同一个 IP 地址 192.168.0.1 所以我们必须在 DNS 中增加记录,让用户输入 www.webadmin.com 或 www.adminweb.com 时,实际上都会连接到 192.168.0.1。(操作省略)

注:要正确浏览网页,还需正确设置 DNS 服务器的地址。

多个域名对应同个 Web 站点(*)

图 13-7 Web 站点标识

你只需先将某个 IP 地址绑定到 Web 站点上,再在 DNS 服务器中,将所需域名全部映射到你的这个 IP 地址上,则你在浏览器中输入任何一个域名,都会直接得到所设置好的那个网站的内容。总而言之,要同时运行多个 WEB 站点可分为:使用不同的 IP 地址和使用相同的 IP 地址两种。使用相同的 IP 地址必须设置不同的端口或主机头。

10. 远程管理 IIS 服务

(1) 在"管理 Web 站点"右击,选"属性",再进入"Web 站点",选择好"IP 址"。

(2) 转到"目录安全性"窗口,单击"IP 地址及域名限制"下的"编辑"按钮,点选中"授权访问"以能接受客户端从本机之外的地方对 IIS 进行管理;最后单击"确定"。

(3) 则在任意计算机的浏览器中输入如 http://192.168.0.1:3598(3598 为其端口号)的格式后,将会出现一个密码询问窗口,输入管理员账号名(Administrator)和相应密码之后就可登录成功,现在就可以在浏览器中对 IIS 进行远程管理了! 在这里可以管理的范围主要包括对 Web 站点和 FTP 站点进行的新建、修改、启动、停止和删除等操作。

13.6 Apache 简介

1995 年 4 月,最早的 Apache0.6.2 版由 Apache Group 公布发行。Apache Group 是一个完全通过 Internet 进行运作的非盈利机构,由它来决定 Apache Web 服务器的标准发行版中应该包含哪些内容,并且准许任何人修改错误之后将它进行提交或者移植到新的平台上。当

第 13 章 Web 服务器(IIS, Apache)

新的代码被提交给 Apache Group 时,该团体会审核它的具体内容并进行测试,如果满意则该代码就会被集成到 Apache 的主要发行版本中。

Apache 的主要功能如下。

(1) 支持最新的 HTTP 1.1 协议(RFC2616)。

(2) 极强的可配置和可扩展性,充分利用第 3 方模块的功能。

(3) 提供全部的源代码和不受限制的使用许可。

(4) 广泛应用于 Windows 9x/NT/2000/2003/XP、Netware 5. x、OS/2 和 UNIX 家族及其他操作系统,所支持的平台多达 17 余种。

(5) 强大的功能涵盖了大部分用户的需求,其中包括认证中的 DBM 数据库支持、错误和问题的可定制响应的目录导向功能、不受限的灵活的 URL 别名机制和重定向功能、超强的日志文件功能、利用站点的分析、拓展于维护等。

正因为这些强大的优势,使得 Apache 与其他的 Web 服务器相比,充分展示了高效、稳定及功能丰富的特点。

13.7 Apache 的安装与配置

Apache 的最新版本可以访问 http://httpd.apache.org/download.cg 网页之后下载得到,它的安装非常简单,第一次使用的用户可以参照下述步骤完成安装。

运行 Apache 安装程序之后将激活安装向导,在选择接受许可协议后进入服务器信息配置对话框,如图 13-8 所示。

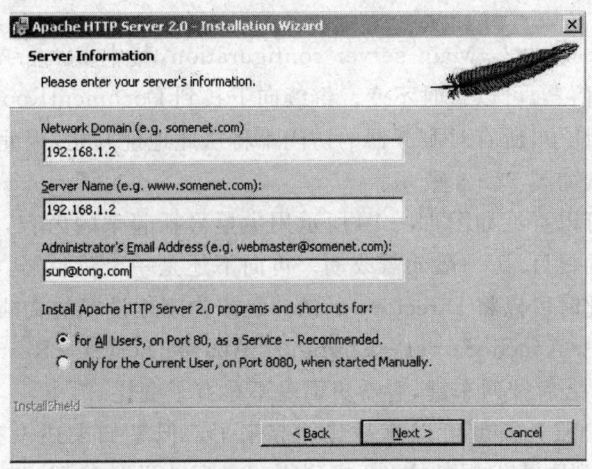

图 13-8 信息配置对话框

第一个文本框"Network Domain"中需要输入域名信息,在这里填入服务器的域名,如果已经申请到域名则填入申请的域名。不过需要注意的是,这里要填的是域名,只是申请到的完整域名的后半部分,不包括"www"部分;如果申请的是二级域名,就是第一个"."之后的部分。如果还没有申请域名,则可以把本机的 IP 地址填写进去。

第二个文本框是服务器名,在此需要填入完整的域名或 IP 地址。

第三个文本框是管理员 E-mail 地址。

单击 Next 按钮之后,选择 Apache 默认的 Typical 模式进行安装。接着需要设置安装路径,Apache 默认的安装路径是 C:\Program Files\ApacheGroup 目录。

安装完成后,在开始菜单的 Apache HTTP Server 菜单中可以看到有 5 个选项,单击 Control Apache Server 目录下的 Start 命令即可启动服务器,此时可以看到系统状态栏里出现 Apache 羽毛状并带有绿色箭头的图标,说明服务器启动成功。打开 IE 浏览器,输入 localhost 或者"127.0.0.1"之后按回车键进行确认,如果安装正确就能看到 Apache 测试页面了。

设置站点参数

安装好了 Apache,运行"开始"→Apache Server→Configure Apache Server→Edit the Apache httpd.conf Configuration File 命令,打开 httpd.conf 文件。虽然这是一个 900 多行的英文文件,但是关键的参数只是其中的几行而已,通过下面几步配置 httpd.conf 文件就能把自己的网站展示出来了。

找到 Section 1: Global Environment 的位置,这一部分是 Apache 的全局设置。由于文件的大部分都是以♯开头,程序将忽略这些内容,所以也没有必要去研究它们。找到从此开始没有♯的第一行,在 ServerRoot 后面的部分就是 Web 服务器的根目录了,把它改成所需的目录即可。

继续向下找到 Section 2: Main server configuration,其中 ServerAdmin 和 ServerName 是有关服务器的一些信息,可以暂时不变。继续向下找到 DocumentRoot 一行,这后面的地址就是服务器文档的地址了,所有对服务器的访问都将从此地址开始,因此可以将这个地址替换成网站的文件夹地址,如图 13-9 所示。

继续往下浏览,可以看见如图 13-10 所示用尖括号括起来的内容,其中第一个尖括号内的"/"就代表服务器的根目录,一般无需改动。再向下还是一个尖括号,这是刚才设置的文档文件夹的权限设置,此时可以将 Directory 后的路径改为刚才设置的文档文件夹的路径。

依次运行"开始"→ApacheServer→Configure Apache Server→Restart 命令,再打开浏览器并且输入 localhost 之后按回车键,看看页面是不是有了变化。

到此为止,HTTP 服务器就可以算是建立起来了。但是如果还没有想要的网页显示出来,也不要着急,再回到刚才编辑的文件,找到刚才最后改动的位置,继续往下找到一行 Options Indexes FollowSymLinks,在 Indexes 前面加一个减号将其变更为 Options—Indexes FollowSymLinks,这样可以禁止显示目录。

第13章　Web服务器(IIS,Apache)

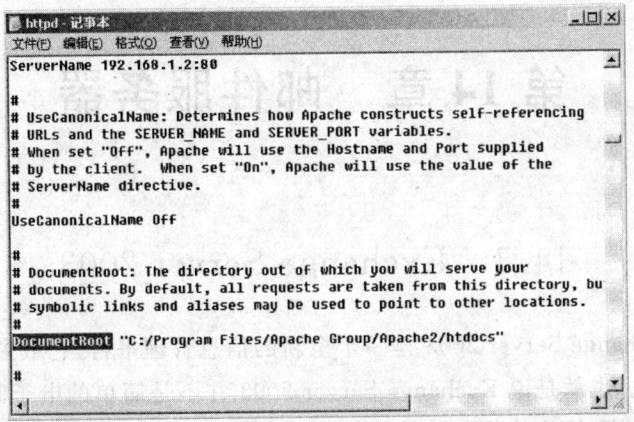

图 13-9　配置网站目录

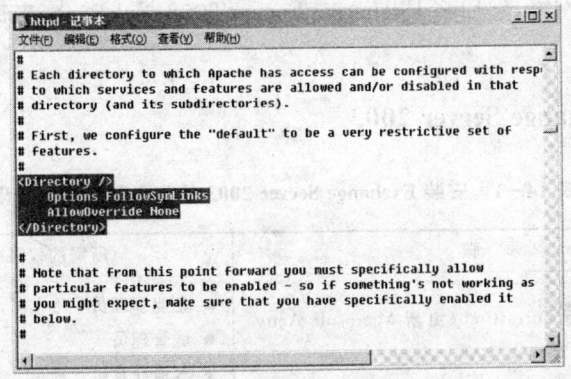

图 13-10　配置目录权限

再下面几行还有一个 DirectoryIndex,后面是服务器默认的主页名称,服务器将按顺序依次在目录中查找这些文件,并将最先找到的显示出来。此时可以把 index.html 和 index.asp 之类网站默认页面的文件名称写在这后面。

现在,只要开着计算机并且接入 Internet,那么你就是 Internet 上一个 Web 服务器的管理员了。

第 14 章 邮件服务器

14.1 Exchange Server 2003

Microsoft Exchange Server 2003 是一个全新的信息管理平台，它最主要的两大功能是信息管理和协同作业。也就是说 Exchange Server 2003 并不是简单的电子邮件服务器代名词，而是一种交互式传送和接收的重要场所。由于现代企业信息管理的基础在于通信管理及组织管理，它的首要条件是先架设一个畅通无阻的企业内部网络，因此可以先用 Windows Server2003 架设企业内部网络，然后将 Exchange Server 2003 导入整合，来达到通信及组织管理的目的。

14.1.1 安装 Exchange Server 2003

表 14-1 安装 Exchange Server 2003 的步骤和对应的权限

步　骤	所需的权限或角色
在域控制器上运行 ForestPrep（更新 Microsoft Active Directory ® 录服务架构）	● 企业管理员 ● 域管理员 ● 本地计算机管理员
运行 DomainPrep	● 域管理员 ● 本地计算机管理员
在域中的第一台服务器上安装 Exchange Server 2003	● Exchange 管理员（完全控制） ● 本地计算机管理员
安装第一个连接器实例	● Exchange 管理员（完全控制）

14.1.2 Exchange Server 2003 部署工具

Exchange Server 2003 部署工具是引导您完成安装或升级过程的工具和文档。要确保所有必需的工具和服务都得到安装并正确运行，建议您通过 Exchange Server 2003 部署工具来运行 Exchange Server 2003 安装程序。

启动 Exchange Server 2003 部署工具的方法是：

(1) 将 Exchange Server 2003 CD 插入 CD-ROM 驱动器。
(2) 在"欢迎使用 Exchange Server 2003 安装程序"页上,单击"Exchange 部署工具"。
(3) 如果在插入 CD 之后没有出现"欢迎使用 Exchange Server 2003 安装程序"页,请双击 Setup.exe,再单击"Exchange 部署工具"启动该工具。
(4) 按照 Exchange Server 部署工具文档中的逐步说明进行操作。
(5) 启动工具并指定想要执行"新的 Exchange Server 2003 安装"过程之后,系统将提供一份清单,详细列出以下安装步骤:
(1) 验证您的组织满足指定的要求。
(2) 安装并启用必需的 Windows 服务。
(3) 运行 DCDiag 工具。
(4) 运行 NetDiag 工具。
(5) 运行 ForestPrep。
(6) 运行 DomainPrep。
(7) 运行 Exchange 安装程序。

14.1.3　Exchange Server 2003 的全系统要求

安装 Exchange Server 2003 之前,请确保网络和服务器满足以下全系统要求:
(1) 域控制器正在运行 Windows 2000 Server Service Pack 3(SP3)或 Windows Server 2003。
(2) 全局编录服务器正在运行 Windows 2000 SP3 或 Windows Server 2003。建议每个计划安装 Exchange Server 2003 的域中都要有全局编录服务器。
(3) 在 Windows 站点中,已正确配置域名系统(DNS)和 Windows Internet 名称服务(WINS)。
(4) 服务器正在运行 Windows 2000 SP3 或 Windows Server 2003 Active Directory。

14.1.4　安装和启用 IIS 服务

Exchange Server 2003 安装程序要求在服务器上安装并启用下列组件和服务:
(1) .NET Framework。
(2) ASP.NET。
(3) Internet 信息服务(IIS)。
(4) World Wide Web Publishing 服务。
(5) 简单邮件传输协议(SMTP)服务。
(6) 网络新闻传输协议(NNTP)服务。
如果在运行 Windows 2000 的服务器上安装 Exchange Server 2003,则 Exchange 安装程

序会自动安装并启用 Microsoft．NET Framework 和 ASP．NET。在运行 Exchange Server 2003 安装向导之前，必须手动安装 World Wide Web Publishing 服务、SMTP 服务和 NNTP 服务。

如果在原始 Windows Server 2003 目录林或域中安装 Exchange 2003，默认情况下不会启用这些服务。在运行 Exchange Server 2003 安装向导之前，必须手动启用这些服务。

14.1.5　运行 Exchange 2003 ForestPrep

Exchange 2003 ForestPrep 用于扩展 Active Directory 架构，使其包含 Exchange 特有的类和属性。ForestPrep 还会在 Active Directory 中为 Exchange 2003 组织创建容器对象。用来运行 ForestPrep 的账户必须是 Enterprise Administrator 和 Schema Administrator 组的成员。运行 ForestPrep 时，需要您指定对组织对象拥有 Exchange 管理员（完全控制）权限的账户或组。此账户或组有权在整个目录林内安装和管理 Exchange 2003。安装第一台服务器之后，此帐户或组还有权委派其他 Exchange 管理员（完全控制）权限。

Exchange 2003 ForestPrep 运行步骤如下：

(1) 将 Exchange CD 插入 CD-ROM 驱动器。

(2) 单击"运行"，然后键入 X:\setup\i386\setup /ForestPrep。

(3) 在"欢迎向导"页上，单击"下一步"按钮。接受条款，然后单击"下一步"按钮。

(4) 在"产品标识"页上，键入 25 位产品密钥，然后单击"下一步"按钮。

(5) 在"组件选择"页上，确保"操作"已设置为 ForestPrep。如果不是，请单击下拉箭头，然后单击 ForestPrep。单击"下一步"按钮。如图 14-1 所示。

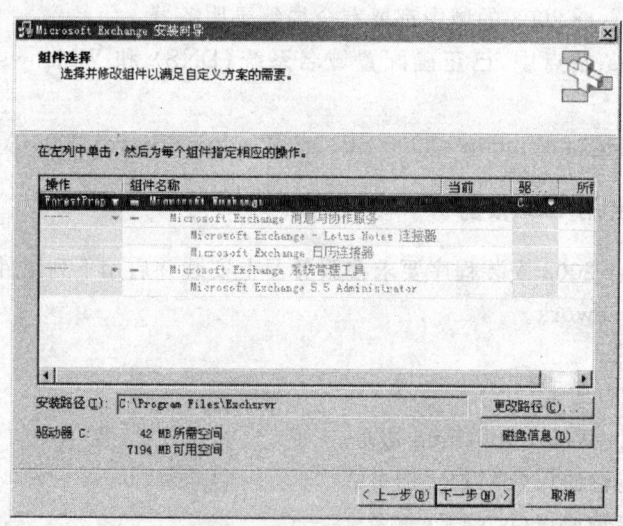

图 14-1　组建选择

(6) 在"Microsoft Exchange 服务器管理员帐户"页上的"帐户"框中,键入负责安装 Exchange 的账户或组的名称,如图 14-2 所示。

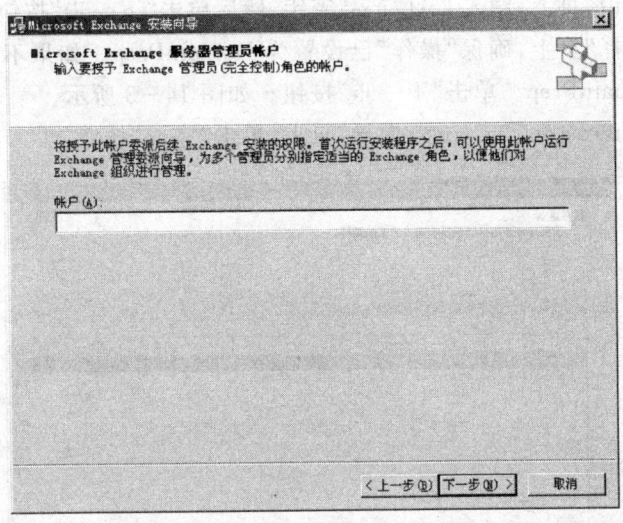

图 14-2 服务器管理员帐户

(7) 单击"下一步"按钮启动 ForestPrep。ForestPrep 开始运行之后,将无法停止该过程。在"完成 Microsoft Exchange 向导"页上,单击"完成"按钮。

14.1.6 运行 Exchange 2003 DomainPrep

运行 ForestPrep 并且完成复制之后,必须运行 Exchange 2003 DomainPrep。DomainPrep 用于创建 Exchange 服务器在读取和修改用户属性时所必需的组和权限。Exchange 2003 版本的 DomainPrep 将在域中执行以下操作:

(1) 创建 Exchange Domain Servers 和 Exchange Enterprise Servers 组。
(2) 将全局 Exchange Domain Servers 组嵌套到 Exchange Enterprise Servers 本地组中。
(3) 创建"Exchange 系统对象"容器,该容器用于存放已启用邮件的公用文件夹。
(4) 在域的根位置设置 Exchange Enterprise Servers 组的权限,使收件人更新服务有正确的权限来处理收件人对象。
(5) 修改 Windows 用来为本地 Domain Administrator 组的成员设置权限的 AdminSd-Holder 模板。
(6) 将本地 Exchange Domain Servers 组添加到 Pre-Windows 2000 Compatible Access 组中。
(7) 执行安装程序的安装前检查。

Exchange 2003 DomainPrep 运行步骤如下:
(1) 将 Exchange CD 插入 CD-ROM 驱动器。可以在域中任何计算机上运行 DomainPrep。

(2) 在命令提示符处,键入 X:\setup\i386\setup /DomainPrep。

(3) 在"欢迎向导"页上,单击"下一步"按钮。接受条款,然后单击"下一步"按钮。

(4) 在"产品标识"页上,键入 25 位产品密钥,然后单击"下一步"按钮。

(5) 在"组件选择"页上,确保"操作"已设置为 DomainPrep。如果不是这样,请单击下拉箭头,然后单击 DomainPrep。单击"下一步"按钮。如图 14-3 所示。

(6) 在"完成 Microsoft Exchange 向导"页上,单击"完成"按钮。

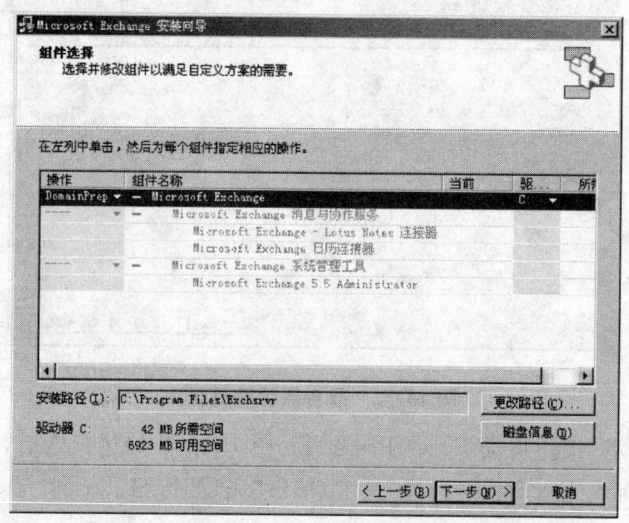

图 14-3 DomainPrep

14.1.7 运行 Exchange 2003 安装程序

按照所列出的要求和步骤规划和准备 Exchange 组织之后,即可开始运行 Exchange 2003 安装程序。要在目录林中安装第一台 Exchange 2003 服务器,必须使用在组织级别具有 Exchange 管理员(完全控制)权限并且是计算机本地管理员的账户。具体来说,可以使用在运行 ForestPrep 时指定的账户或您指定的组中的账户。

Exchange 2003 安装步骤如下:

(1) 在"开始"菜单上,单击"运行",然后键入 X:\setup\i386\setup /ForestPrep。

(2) 在"欢迎向导"页上,单击"下一步"按钮。接受条款,然后单击"下一步"按钮。

(3) 在"产品标识"页上,键入 25 位产品密钥,然后单击"下一步"按钮。

(4) 在"组件选择"页上的"操作"列中,使用下拉箭头为每个组件指定适当操作,然后单击"下一步",如图 14-4 所示。

(5) 在如图 14-5 所示的"安装类型"页上,单击"新建 Exchange 组织",然后单击"下一步"按钮。

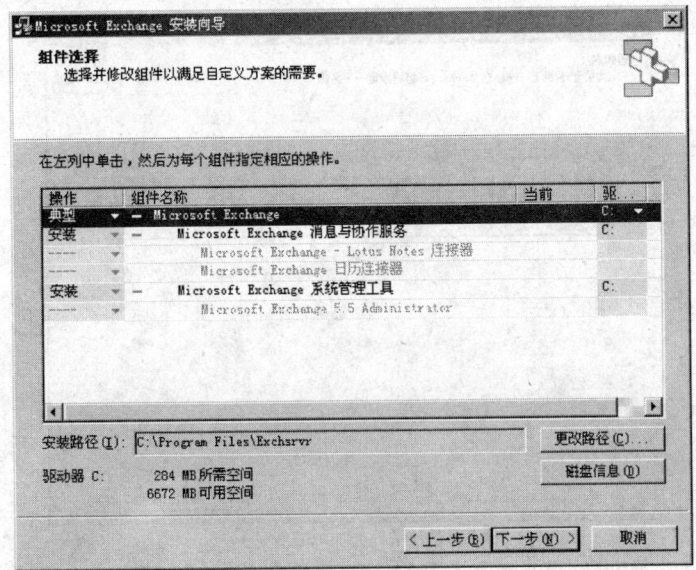

图 14-4　组建选择

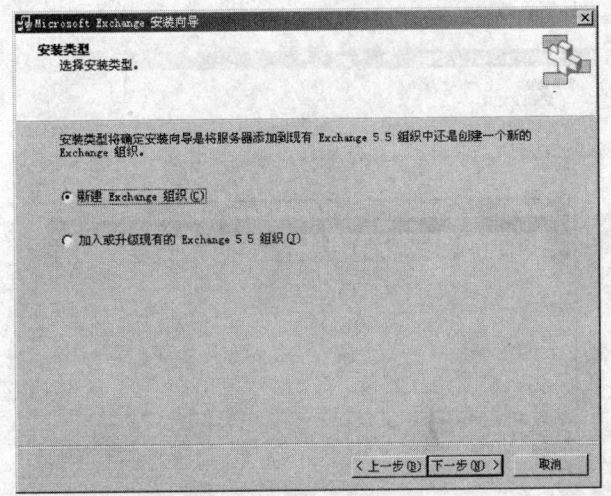

图 14-5　新建 Exchange 组织

（6）在如图 14-6 所示的"组织名"页上的"组织名"文本框中键入新的 Exchange 组织名称，然后单击"下一步"按钮。

（7）在"许可协议"页上，单击"我同意"按钮，然后单击"下一步"按钮。

（8）在"组件选择"页上的"操作"列中，使用下拉箭头为每个组件指定适当操作，然后单击"下一步"按钮。

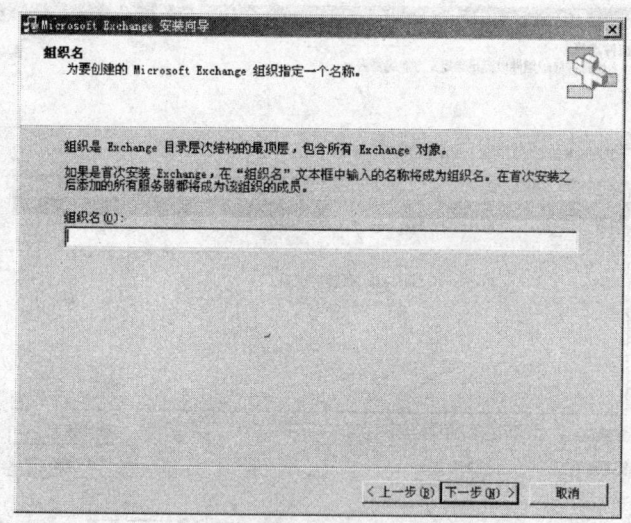

图 14-6 组织名

（9）在如图 14-7 所示的"安装摘要"页上，确认 Exchange 安装选择是正确的，然后单击"下一步"按钮。

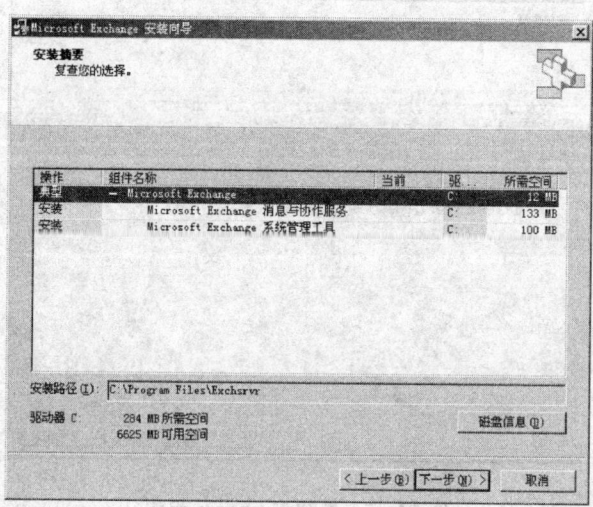

图 14-7 安装摘要

（10）在"完成 Microsoft Exchange 向导"页上，单击"完成"按钮。

14.1.8 新建用户电子邮箱

在"Active Directory 用户和计算机"中新建用户，在向导中选择"创建 Exchange 邮箱"。

完成后右击用户的属性中有"Exchange 常规"、"Exchange 功能"、"Exchange 高级"选项卡。

14.1.9 收发邮件

1. 通过 Outlook Express 收发邮件

主要填写好正确的 POP3 和 SMTP 服务器就可以了。如果出现错误提示：由于服务器拒绝接受收件人的电子邮件地址，这封邮件无法发送。可通过 Exchange 系统管理器中"第一个组织→服务器→USER→协议→SMTP"，右击"默认的 SMTP 虚拟服务器"，在属性中的访问选项卡下找到"身份验证"，勾选允许匿名访问就可以了。

2. 通过 Web 方式收发邮件

确保安装配置好 IIS，在 IE 浏览器中输入 http：//IP/exchange 就可以访问邮件收发的 Web 界面了。

14.2 MDaemon

MDaemon 是一个基于 Windows 的邮件服务器，可以支持从 6 用户到几千用户的邮件服务。它是一个可靠、配置简单的邮件服务器解决方案，同时价格合理，与目前市场上的其他邮件产品相比具有更多的优良性能。

14.2.1 软件的安装

（1）双击安装文件，出现如下界面时输入域名：lixin.com，如图 14-8 所示。

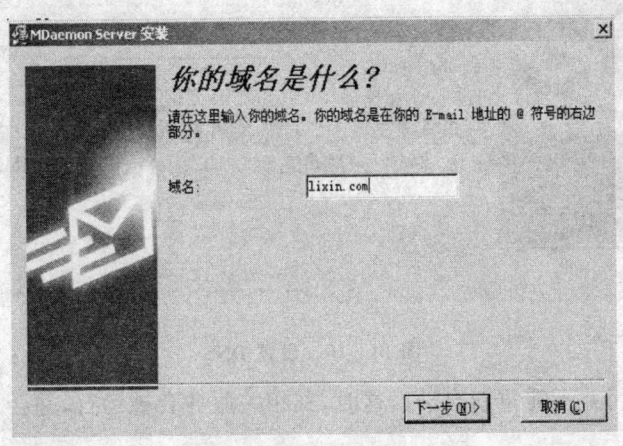

图 14-8 输入域名

（2）出现账户设置时，分别在文本框中输入全名为 suntong，邮箱为 st，密码为 12345678，如图14-9所示。

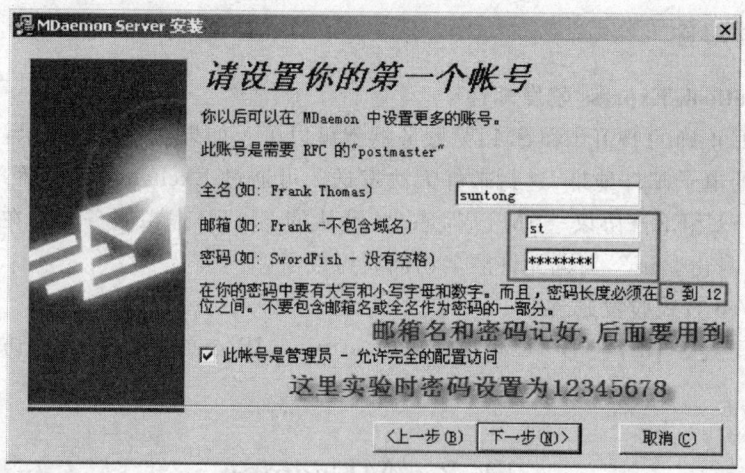

图14-9 设置第一个帐号

(3) 当出现DNS时,输入本机IP地址.实验时DNS服务器在本机配置好,如图14-10所示。

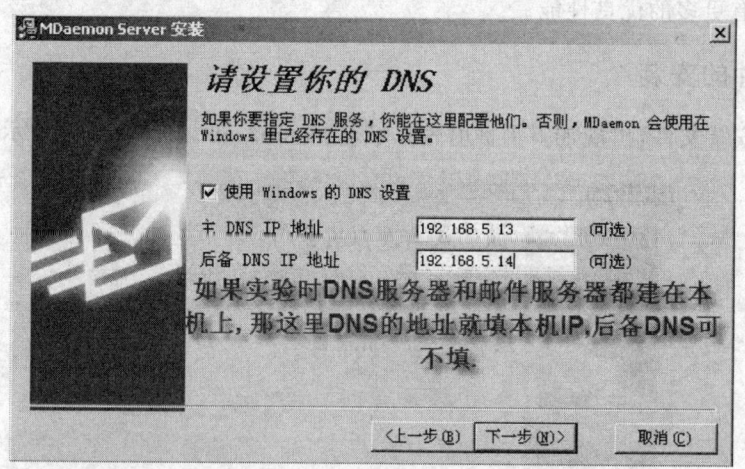

图14-10 设置DNS

(4) 安装完成后,并不需重新启动。这时,其相关服务会被运行,并会自动打开MDaemon的管理器。

14.2.2 DNS的设置

(1) 假设你本地服务器的IP地址为192.168.0.13,计算机名为st2000。

(2) 打开 DNS 管理器建立域名"lixin.com",并在其下新建主机和 IP 地址之间的映射记录。实验中是本地计算机则不需添加主机记录了。

(3) 在 lixin.com 下新建邮局交换器,邮件服务器可在"浏览"中找,如图 14-11 所示。

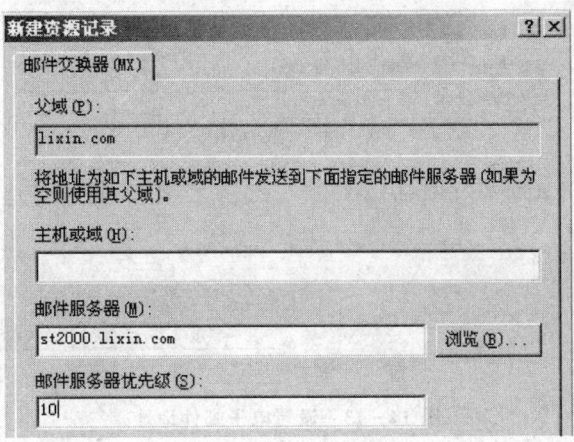

图 14-11 新建资源记录

14.2.3 测试邮件服务器

在本机通过 Outlook 把邮件自己发给自己的方式,看能否收到。

(1) 打开 Outlook 进行设置,显示姓名填自己名字。接下来的设置如图 14-12～图 14-14 所示。

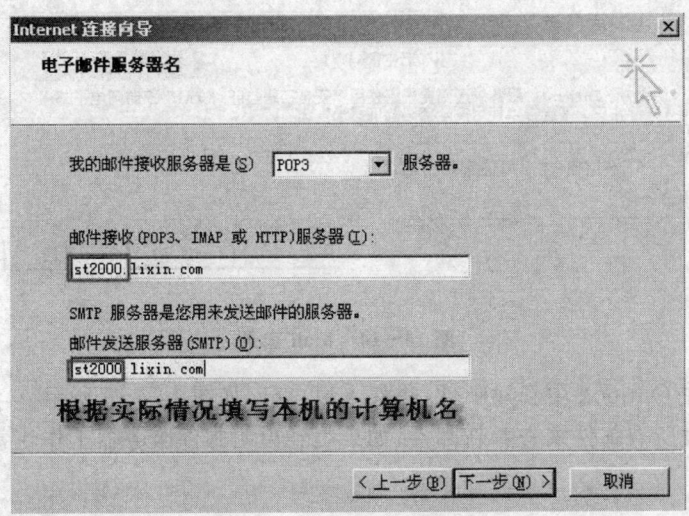

图 14-12 设置电子邮件服务器名

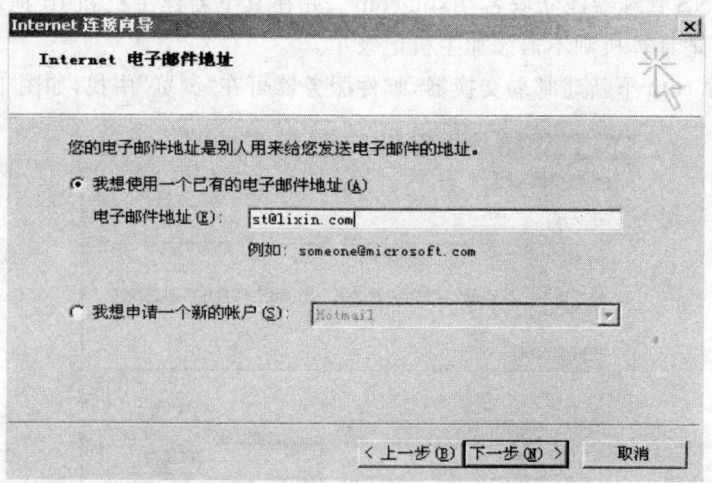

图 14-13 设置电子邮件地址

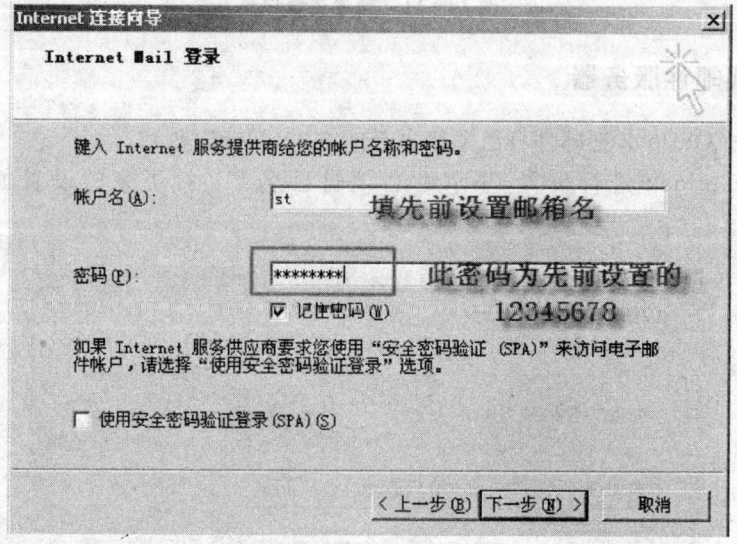

图 14-14 Mail 登录

(2) 接下来在 Outlook 中新建邮件,收件人填自己,如图 14-15 所示。
(3) 单击接收所有邮件来查看新邮件,如果收到说明邮件服务器工作正常。

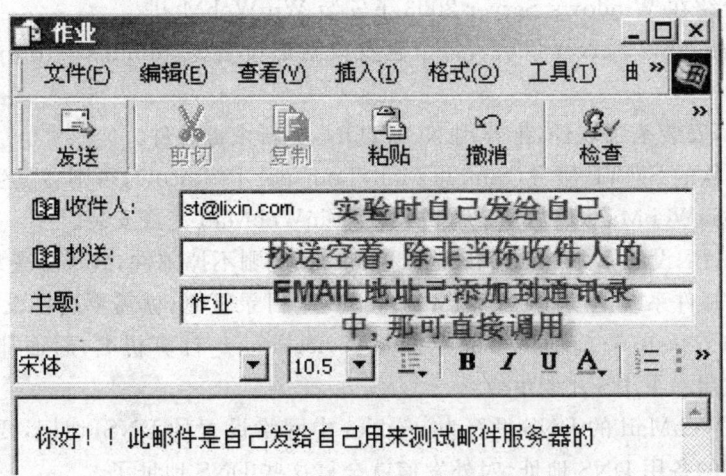

图 14-15 Outlook 中新建邮件

14.2.4 用 Web 方式收发邮件

(1) 在 MDaemon 中,有一个名为"WorldClient"的服务,它允许用户在浏览器对 MDaemon 服务器进行远程配置和管理。

(2) 默认的,安装好了 MDaemon 之后,WorldClient 服务并没有被激活。还需要进入其安装之后所在的目录,比如为 C:\MDAEMON\WorldClient 目录,再双击里面的 WorldClient.exe 文件即可;或者,进入 Message Router(消息路由器)的主窗口里,在左边栏目中最下方找到 WorldClient 项,右击选 Toggle Active/Inactive(激活/停止),使它后面由原来的 Inactive(未激活)变成 Active(已激活)为止。

(3) 远程访问地址为 http://服务器 IP:3000。

14.3 WinWebMail

WinWebMail 是多功能的邮件服务器,由于是国内开发的软件,在许多方面都考虑了中国用户的使用习惯。这一点,无论是使用 SMTP 客户端程序收发邮件,还是使用 Web 客户端收发邮件,都得到了充分的体现。WinWebMail 邮件服务器小巧灵活,功能强大,它支持 SMTP、POP3、SSL-SMTP、SSL-POP3 等,支持邮件防病毒功能,提供日程管理功能和通讯组,使用数字证书加密邮件,支持网络存储和网络硬盘,首创问题回答投递机制,支持多层垃圾邮件防御体系。WinWebMail 对多域名的支持很好,非常适合多个企业"合租"服务器的情况,尤其适合提供网站空间的公司为用户提供多域名的电子邮件系统。

下面简单介绍在 Windows Server 2003 下安装 WinWebMail。

（1）安装 Windows Server 2003，每个磁盘权限都设置为 administrators；system 权限访问即可。

（2）打补丁，安装杀毒软件，推荐用 NORTON，更新杀毒软件。

（3）卸载微软的 SMTP 服务（Simple Mail Transpor Protocol），否则会发生端口冲突。

（4）安装 WinWebMail，然后重启服务器使 WinWebMail 完成安装。

（5）权限设置：设置不好的话会出现从 webmail 里删不掉邮件，或账号登录不了 webmail 等状况。比如：邮件系统是安装在 E:\WinWebMail 目录下时，就需要这样设权限：E:\根目录 administrators；system；前面两个完全控制 sevice；iuser_计算机名，后面那两个读取及运行。设置完后重启一下 IIS 才能生效。

（6）将 WinWebMail 的 DNS 设置为 win2k3 中网络设置的 DNS，切记，要想发的出去最好设置一个不同的备用 DNS 地址，对外发信就全靠这些 DNS 地址了。

（7）设置 HELO 信息。现在的各大邮局为了防垃圾邮件一般都会要求你的邮局发送正确的 HELO 信息，要不然就拒收，设置的方法是：在"系统设置"→"重要设置"里填写。如果你的域名（如：domain.com）做了 MX 记录时（如 MX 记录为 mail.domain.com），可以设置 HELO 为该 MX 记录（如：mail.domain.com）。如果你的域名（如：domain.com）没有做 MX 记录时，可以设置 HELO 为域名（如：domain.com）。

（8）打开 IIS 6.0，确认在"Web 服务扩展"下启用了 Active Server Pages 支持，然后在默认站点下建一个虚拟目录（如：mail），然后指向安装 WinWebMail 目录下的 \Web 子目录，打开浏览器就可以按下面的地址访问 webmail 了：http://IP 或域名/mail/。

该软件功能强大，这里只是简单介绍，以抛砖引玉。关于系统设置、域名管理、用户管理、域管理员管理、多域管理等内容请读者参考其他书籍。

第 15 章　影音服务器

15.1　美萍 VOD 点播系统

15.1.1　安装美萍 VOD 点播系统

首先双击 mpvod84.exe 文件运行安装程序。在弹出的"授权协议"对话框中，单击"我同意"按钮，进入下一步。在"选择安装组件"对话框中，选择需要安装的组件，然后单击"下一步"按钮。在"选择安装位置"对话框中选择"目标文件夹"，这里使用默认文件夹即可。然后单击"安装"按钮就可以安装软件了。

15.1.2　配置 VOD 点播系统

安装完以后，启动美萍 VOD 点播服务器，界面如图 15-1 所示。

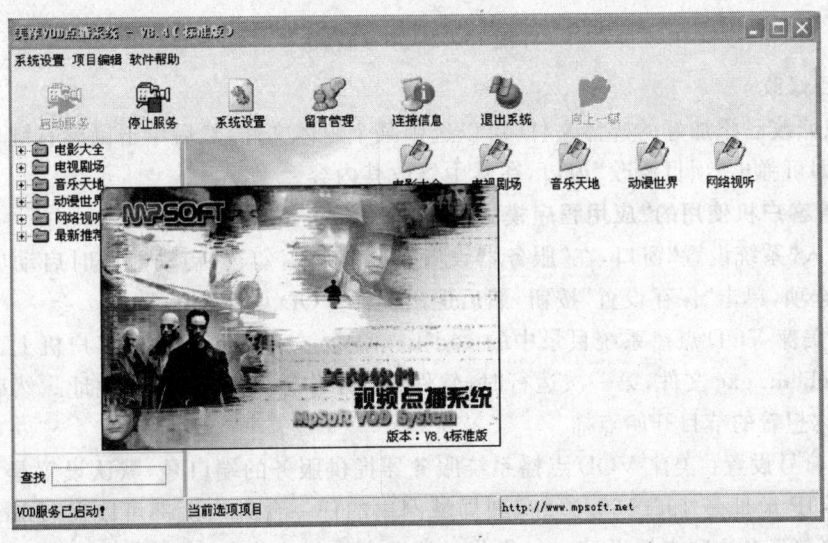

图 15-1　美萍 VOD 点播系统主界面

1. 节目添加

先在左侧窗口中选择媒体内容的某个分类，在进入最下层的分类后，再在右侧窗口右击，在弹出的菜单中选中"项目添加"选项,在弹出的项目添加窗口中,可以直接输入路径、名称、简介等内容,其中格式项必须输入,且输入 mp3、swf、mpg、rm 等媒体格式。如想一次添加多个文件可以将选中的需要添加的媒体文件拖入到美萍 VOD 的窗口中即可。因为我们将来要用客户机通过美萍 VOD 服务器来点播媒体文件,所以在播放方式中要选中"此节目客户机通过美萍 VOD 服务器点播"选项,如图 15-2 所示。

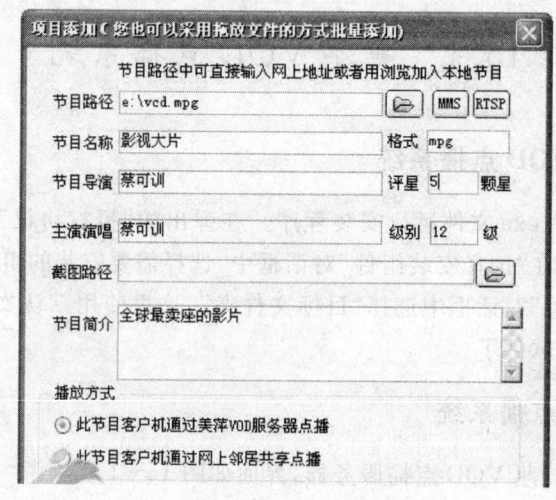

图 15-2 项目添加

2. 节目修改

如果想修改已添加好的媒体文件,可以选中某个媒体文件,然后单击鼠标右键,选择"项目修改"选项即可弹出"项目修改"窗口,在其中修改其内容。

3. 设置客户机使用的"应用程序模式"

(1) 进入"系统设置"窗口,在"服务器设置"标签项中,勾选"启动时同时启动应用程序客户端服务"选项,单击"保存设置"按钮,然后退出美萍 VOD 点播系统。

(2) 将美萍 VOD 点播系统目录中的 vodclient.exe 文件拷贝到每台客户机上。在客户机上运行 vodclient.exe 文件,第一次运行时,软件会提示你输入服务器 IP 地址。然后进入点播界面,双击你想看的节目开始点播。

(3) 端口号设置:美萍 VOD 点播系统服务器提供服务的端口号,默认设置是 6666,如果服务器内部 IP 地址是 192.168.0.10,则局域网中的任一台客户机都可以通过 http://192.168.0.10:6666 来访问点播系统。如果你的服务器上没有安装 IIS 服务,你可以把这个端口改成 80,由于 IE 浏览器默认的端口号是 80,这时你只需在客户机上输入 http://192.168.0.10 即可访问美萍 VOD 点播系统服务器了。

可在图 15-3 中修改默认的端口号。

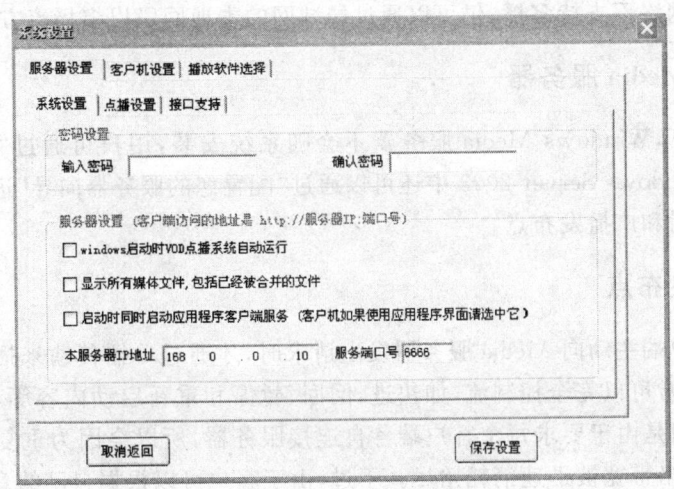

图 15-3 IP 和端口设置

15.2 Windows Media 服务器

15.2.1 搭建 Media 服务

当今社会,流媒体技术的发展速度非常迅猛,以流媒体技术搭建的视频点播服务应用非常广泛。视频点播服务可以先下载一部分流媒体格式文件到本地计算机,然后,边下载边播放,主要用来为 Internet 提供音频和视频点播。通过视频信息可以为企业做介绍、推介产品、播放广告,还可用于多媒体远程教学、网上广播电台及实时网络视频会议等。视频点播服务通过 Windows Server 2003 自带的 Windows Media Services 即可实现。

从服务器端传输数据的方式来划分,可将流媒体服务分为单播、多播和广播 3 种方式。

单播(Unicast)是指客户端与流媒体服务器之间点到点的连接,即客户端和服务器是一对一的连接。每个客户端都接收不同的流,并且只有那些请求流的客户端才接收流。在使用单播传输时,数据被定向到网络上的特定客户端,所以单播也称为定向通信。单播流式传输是 Windows Media 服务器的默认传输方式。

使用单播传输时,可以采用点播或广播方式发布点。

多播(Multicast)又称组播,是指 Windows Media 服务器和接收流的客户端建立一对多的关系,无论有多少个接收流的客户端,服务器只传输一个数据流,也就是客户端共享同一个流数据。采用这种方式最大的好处就是可以节省网络带宽,一台服务器甚至能够对数万台客户机同时发送连接的数据流,且无延时现象出现。不过,多播要求网络上的路由器和交换机必须启用多播。如果网络不支持多播,仍可以通过局域网的本地网段以多播流方式传递内容。

15.2.2 安装 Media 服务器

在默认情况下,Windows Media 服务器不会随系统安装,用户可通过"Windows 组件向导"来安装,在 Windows Server 2003 中还可以通过"配置您的服务器向导"进行安装。安装完成后需要配置点播和广播发布点。

15.2.3 点播发布点

点播是指客户端主动向 Media 服务器发出请求时,才通过单播传输来播放相应内容。在点播时,客户端通常可以完全控制流,如快进、倒回、暂停和重新启动内容等,这种方式可以最大限度控制流。但是由于要求每个客户端各自连接服务器,所以会因为重复占用而浪费大量的带宽,从而使网络带宽被迅速消耗殆尽。不过,由于客户可以根据自己的意愿播放并控制节目,因此,其仍然被广泛应用于网络内的多媒体服务。

1. 设置默认点播发布点

在安装 Windows Media Services 时,系统会自动创建一个点播发布点;默认文件夹为 c:\WMPub\WMRoot,并内置有多个 WMV、ASF 和 JGP 文件。

打开 Windows Media Services 管理窗口,如图 15-4 所示,在"发布点"下选择"<默认>(点播)"选项,即可在右侧窗口显示默认点播发布点属性,打开"源"选项卡,显示默认点播主目录文件夹及其中的流媒体文件。

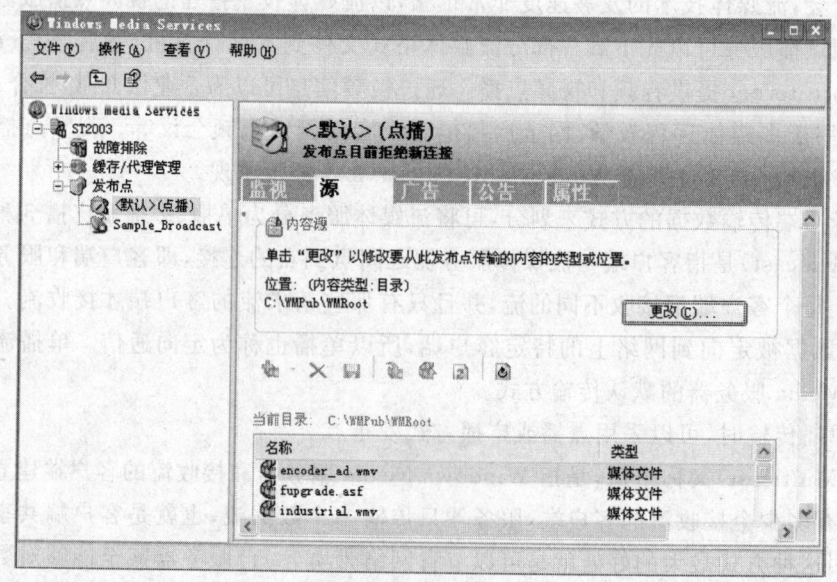

图 15-4 Windows Media Services 管理窗口

单击"内容源"栏中的"更改"按钮,显示如图所示的更改内容源对话框,在"位置"文本框中指定点播主目录文件夹位置。不过,由于系统盘的容量有限,同时为了确保系统正常而稳定地运行,建议将流媒体文件保存在非系统分区。完成后右击"<默认>(点播)"选项,在快捷菜单中选择"允许新连接"选项启用该点播发布点,此时,客户端计算机便可使用下述 URL 访问流媒体文件,并在 Windows Media Player 中播放。

> mms://Media 服务器 IP 地址/流媒体文件名。
> mms://Media 服务器域名/流媒体文件名。

2. 创建点播发布点

由于带宽限制、访问授权、缓存启用等有关访问安全和服务性能等设置,只能对不同的点播发布点分别设置,因此,在很多时候不得不创建两个或两个以上的点播发布点,以满足不同用户访问和不同流媒体文件发布的需要。建立点播发布点可以使用向导和高级两种方法来实现。使用向导方法创建时,用户只需在系统提示下设置各种参数即可,还可以自动生成 ASX 公告文件和 HTML 文件网页发布文件,便于新手使用;高级方法是指不使用向导方式,而是在一个 Web 页上完成各种参数的设置。

(1) 使用向导创建点播发布点。在 Windows Media Service 控制台中启动"添加发布点向导",为新的点播发布点设置名称、内容类型、目录位置、内容播放顺序,还可以选择在完成以后为该点播发布点创建公告文件(.asx)或网页(.htm)。创建完成以后会运行"单播公告向导"来发布流媒体文件。

最后,制作 Web 网页,为这些多媒体文件制作索引目录,并在 Web 网页中创建到该公告文件或网页的超级链接,将其发布到用于视频点播的 Web 网站上,以方便网络上的用户访问。

(2) 使用高级方法创建点播发布点。使用高级方法来添加点播发布点最大的好处就是方便,只需要在一个对话框中就可以完成设置。

打开 Windows Media Services 管理窗口,在右侧窗口中右击,选择快捷菜单中的"添加发布点(高级)"选项,显示如图 15-5 所示的"添加发布点"对话框。选择"点播"单选按钮,设置要创建的点播发布点的名称、流媒体文件的路径和名称,即可创建一个点播发布点。不过,使用高级方法创建点播发布点时,只能添加单个文件或单个文件夹,不能同时添加多个文件或多个文件夹。

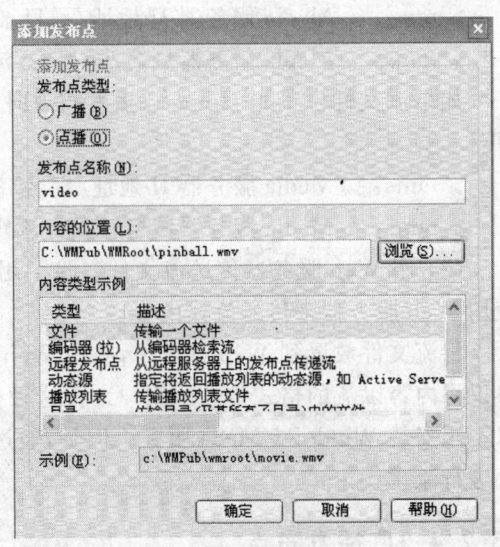

图 15-5 添加发布点

3. 点播发布点的管理

对点播发布点的管理全部可以在 Windows Media Services 管理窗口中完成。

通过"允许新连接"或"拒绝新连接"来启用或关闭点播发布点,还可以修改发布点主目录,指定播放列表。为点播发布点设置访问授权,采用限制 IP 地址的方式限制指定的 IP 地址段访问,只将访问权限赋予特定的地址。也可借助于 NTFS 文件权限和发布点访问权限,以用户身份验证的方式限制用户对发布点的访问。

4. 对点播发布点的访问

客户端用户可以通过上述制作的.ASX 公告文件访问,通过包含有公告文件或流媒体文件超级链接的 HTML 文件,访问点播发布可以点中所有流文件。

客户端用户也可以在自己的 Windows Media Player 中输入对应的 URL 地址来访问相应的流媒体文件。

(1) 使用 MMS 协议访问。使用 MMS 协议访问流文件分以下几种情况。

当流文件位于 Home 点播发布点(即默认点播发布点)根目录时,利用 Windows Media Player 访问时需输入下述 URL。

➢ mms：//Media 服务器 IP 地址/流媒体文件名或播放列表名。
➢ mms：//Media 服务器域名/流媒体文件名或播放列表名。

当流文件位于点播发布点中的某个子目录时,利用 Windows MeSa Player 访问时需输入下述 URL。

➢ mms：//Media 服务器 II 地址/子目录/流媒体文件名或播放列表名。
➢ mms：//Media 服务器域名/子目录/流媒体文件名或播放列表名。

如果流文件位于非 Home 点播发布点时,利用 Windows Media Player 访问时需输入下述 URL。

➢ mms：//Media 服务器 II 地址/别名/流媒体文件名或播放列表名。
➢ mms：//Media 服务器域名/别名/流媒体文件名或播放列表名。

(2) 用 Web 服务器传送流文件。除了用 Windows MeSa Services 传送流文件外,还可以使用 Web 服务器来传送流式内容。

将流文件放置到 Web 目录中,并在 Web 页中为它们创建一个超级链接,然后使用 HTFP 协议将内容以流的格式传送给用户。在这种情况下,流传送由 Web 服务器进行管理,因此可以不用安装 Windows MeSa 服务。但是,通过 Web 目录发布的内容可以直接被用户下载,不必进行流化。

15.2.4 广播发布点

广播(Broadcast)是指由服务器主动发送流,而用户被动接收流信息的方式,用来同时向众多客户端传输数据,通过使用广播发布点来实现。流由服务器控制,接收广播的客户端只能接收而不能对流进行控制。

将广播发布点配置为只有在连接了一个或多个客户端时才自动启动和运行。这样就可在没有客户端连接时节省网络和服务器资源。

1. 创建广播发布点

同创建点播发布点类似,创建广播发布点也可以使用向导和高级方法来创建。

(1) 使用向导创建。使用"添加发布点向导"方式创建广播发布点时,要先设置"内容类型"。如图15-6所示,若要广播影音实况(如电视会议),选择"编码器(实况流)"选项;若要滚动播放若干流媒体文件,应选择"播放列表(一组文件和/或实况流,可以结合成一个连续的流)"选项;若要只广播一个流媒体文件,选择"一个文件(适用于一个存档文件的广播)"选项。在通常情况下,都是将多个流媒体文件滚动广播。所以,这里选择"播放列表"选项。

按提示进行创建。"发布点类型"应选择"广播发布点"选项。在"新建播放列表"对话框中可单击"添加媒体"和"添加广告"按钮,向该播放列表中添加流媒体文件和广告,如图15-7所示。

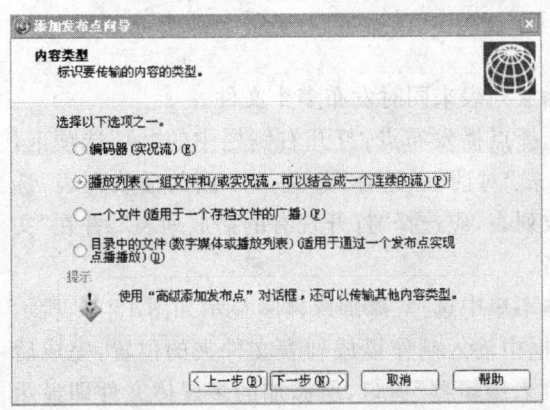

图15-6 选择内容类型

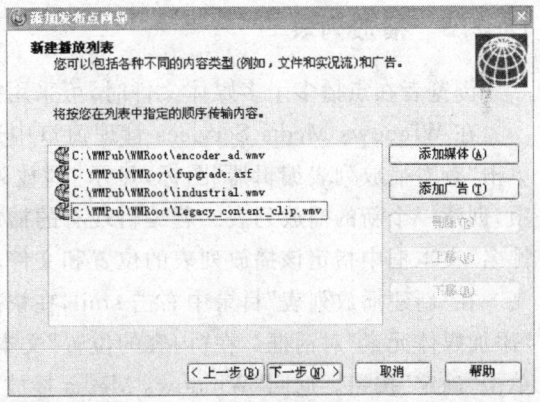

图15-7 新建播放列表

在Media Services主窗口中,默认会自动创建一个广播发布点Sample_Broadcast,默认情况下该发布点为"已停止"状态。右击该发布点,选择快捷菜单中的"启动"选项,即可启动该广播发布点。

(2) 使用高级方法创建。使用高级方法创建广播发布点的特点就是方便,其操作方法与创建点播发布点一样。在Windows Media Player管理窗口中右击,选择快捷菜单中的"添加发布点(高级)"选项。打开"添加发布点"对话框,选择"广播"单选按钮。在"发布点名称"文本框中输入发布点的名称。在"内容的位置"文本框中输入流文件所在的路径及文件名,或根据"内容类型示例"列表中不同的内容类型来选择不同的文件。完成后单击"确定"按钮即可创建成功。

广播发布点的其他管理,如源文件的设置、播放列表的编辑、访问权限和连接限制等操作,与点播发布点的管理基本相同,这里不再赘述。

2. 对广播发布点的访问

与点播发布点的访问一样,客户端也可以使用 Web 浏览器或 Windows Media Player,以 HTTP 协议和 MMS 协议对各广播发布点进行访问。

(1) 使用 MMS 协议访问。当使用 Windows Media Player 访问广播发布点,需输入下述两种 URL 之一。

- mms://Media 服务器 IP 地址/广播发布点名称
- mms://Media 服务器域名/广播发布点名称

(2) 使用 HTTP 协议访问。当一台计算机同时提供 Windows Media 服务和 Internet Information Server 服务时,可以利用 Web 浏览器和 Windows Media Player 访问流文件,URL 方式与使用 MMS 协议时基本相同,只是将地址开头的"mms://"更换为"http://"。此时,虽然是以 HTFP 协议访问,但仍然是由 Windows Media Server 提供服务。

15.2.5 播放列表

浏览者在点播多个多媒体文件时,可采用播放列表来同时发布多个文件。

在 Windows Media Services 管理窗口中选择点播发布点,打开右侧栏中的"源"选项卡,单击"查看播放列表编辑器"图标,显示"播放列表"对话框,选择"新建一个新的播放列表"选项,创建一个新的播放列表。若编辑现有的播放列表,应选择"打开现有的播放列表",并在"文件名"文本框中指定该播放列表的位置和文件名。

在"新建播放列表"目录中右击 smil,在快捷菜单中选择"添加媒体",显示如图 15-8 所示"添加媒体元素"对话框。在"内容的位置"文本框中输入制作播放列表文件夹的位置,完成后单击"确定"按钮。返回"Windows Media 播放列表编辑器"窗口,所添加的多媒体文件即显示在该窗口中。

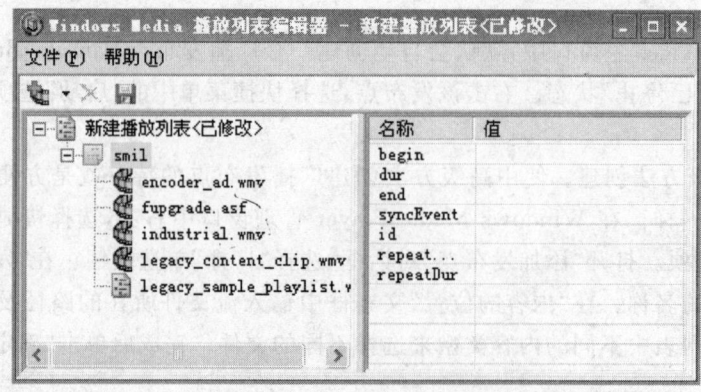

图 15-8 Windows Media 播放列表编辑器

将该播放列表保存在点播发布点所在的文件夹中,并在 Web 页上制作一个该播放列表的超级链接,即可使用 Web 网页发布该播放列表文件。

15.3 Helix server 服务器

如今网络上最流行的多媒体格式得算是 RM/RMVB 格式了,这种格式由于压缩率高以及体积小的特点,所以特别适合于在网络上传播,因而很多娱乐网站都提供 Real 格式的媒体资源,以让用户进行访问,如在线电影,视频点播等。Real 服务就是 Real 公司的流媒体服务器软件 Helix Server。它提供了对 RM、RMVB、FLASH、MPEG-4、ASF/WMA 等几乎所有流行的流媒体格式文件的支持。下面我们来介绍如何在 Windows XP 中搭建、配置与管理 Helix Server 视频点播服务器。

(1) 下载 Helix Server 服务端软件,本例以 V11.1.5.2387 讲述。下载解压后双击 rs1115-ga-win32-chs.exe。单击"下一步"按钮。如图 15-9 所示。

(2) 输入许可证文件地址,如图 15-10 所示,单击"下一步"按钮继续,用户可以申请试用的许可文件。

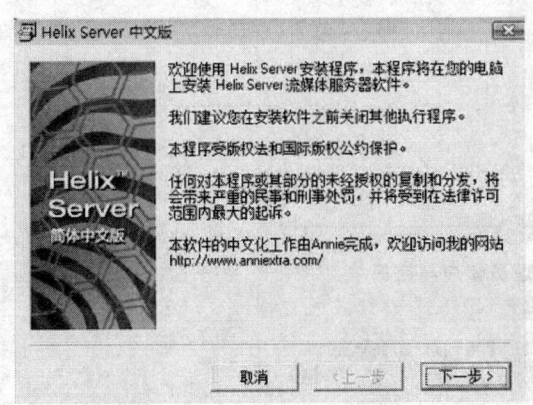

图 15-9 Helix Server 安装界面

图 15-10 选择许可证文件路径

(3) 安装 Helix Server 必须接受协议,如图 15-11 所示。

(4) 选择 Helix Server 的安装目录,选择默认文件夹即可,如图 15-12 所示。

(5) 设置 Helix Server 的管理员账户与密码,如图 15-13 所示。

(6) 设置 Helix Server 用于接受 Rtsp 连接的端口,默认的是 554 端口,如果端口被占用可以更换其他的,如图 15-14 所示。

(7) 设置用于 Helix Server 接受用于 HTTP 连接的端口,默认是 80。如果你的服务器还安装了 Web 服务器,那么就更改为 8000 或其他的,只要不被占用,如图 15-15 所示。

图 15-11 接受协议　　　　　图 15-12 选择安装目录

图 15-13 设置管理员帐户与密码

图 15-14 Rtsp 连接的端口

图 15-15　Http 连接的端口

（8）设置 Helix Server 用于 MMS 协议连接的端口如果你的服务器已经先安装了 MS Media Server 那你就必须更改这个端口了如图 15-16 所示。

图 15-16　用于 MMS 协议连接的端口

（9）设置 Helix Server 的管理端口，这个端口在软件安装的时候是随机产生的，可以改个好记的，如图 15-17 所示。

（10）将 Helix Server 安装为系统服务，只要在安装为系统服务上打个钩就行了，如图 15-18 所示。

图 15-17 设置管理端口

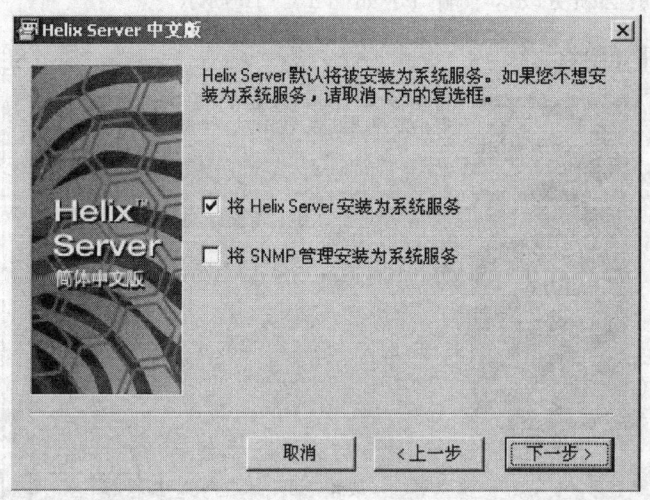

图 15-18 安装为系统服务

单击"下一步"按钮,出现的界面显示了设置的服务器配置信息,如图 15-19 所示。

单击"结束"按钮,开始安装软件,如果还有什么修改的话就点上一步修改吧,完成后会在桌面放置两个图标,一个是 Server 启动程序,一个是 Server 管理连接。

第 15 章　影音服务器

图 15-19　服务器配置信息

配置 Helix Server

启动 Helix Server，第一次启动 Server，可以单击桌面的 Helix Server 图标启动。这种启动方式只是临时，而且对于后面的设置也比较麻烦。我们可以选择第二种方式启动服务，就是选择控制面板→管理工具→服务，在服务窗口中找到 Helix server 右击直接启动，启动服务后，单击桌面图标 Helix Server Administrator 打开管理端。

首先看到的是一个欢迎页面，左边是功能连接，中间是简单的介绍，如图 15-20 所示。

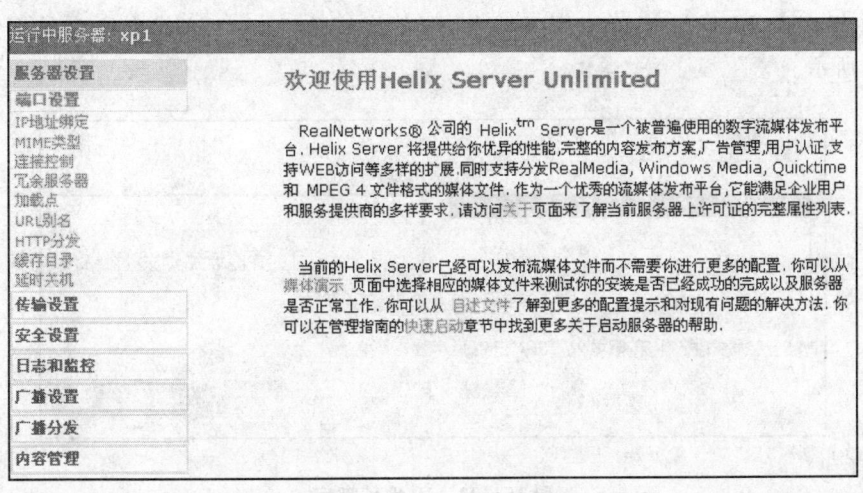

图 15-20　Helix Server 配置主界面

现在开始 Helix Server 的基本设置。首先，单击左边的功能连接的"服务器设置"中的"端口设置"，这一项的内容是修改安装时设置的端口，在以后的实际应用过程中，也可以随时更改，如图 15-21 所示。

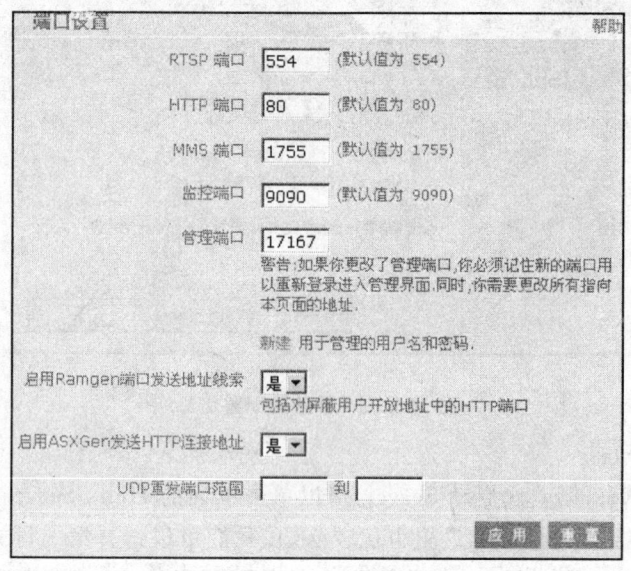

图 15-21　端口设置

第二项，"IP 地址绑定"。如果你的服务器有多个 IP，那就必须绑定你的对外服务的 IP 地址，如果你想多个 IP 地址都可应用于服务，那就绑定 0.0.0.0 这代表所有的 IP 地址，如图 15-22 所示。

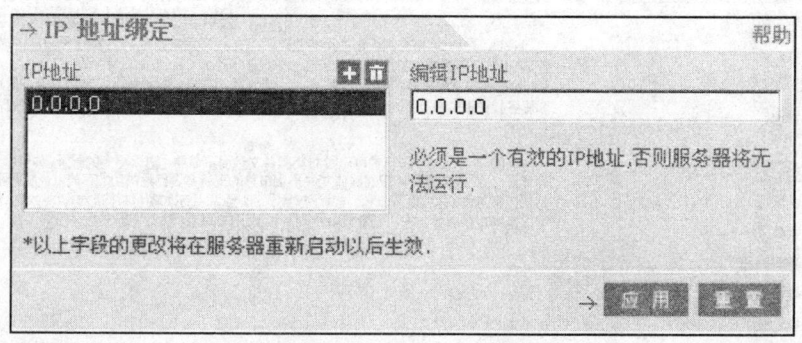

图 15-22　IP 地址绑定

如果不小心绑错了地址，导致不能正常打开管理端后，可以用记事本打开 Helix Server 的文件夹里的配置文件,default.cfg 修改。

第三项,"MIME 类型"。这一项不需要修改,使用系统默认的。

第四项,"连接控制"。这一项用于设置服务器对外开放人数,以及最大带宽,还有是否只允许客户端 real 播放器连接。这里要不要修改,主要取决于你的服务器性能。

第五项,"冗余服务器"。做备份用,此处不配置。

第六项,"加载点"。加载点也就是你服务器的媒体文件的存放文件夹。系统默认的三个加载点就不谈了,这里只讲如何增加新的加载点。

如图 15-23 所示,点"+"号,生成一个新的加载点,描述可以随便些,内容加载点,可以以你的媒体类型来写,比如你的这个加载的文件夹存放的都是 rmvb 文件,那就可以写/rmvb-video/,必须用符号"/"标记开始和结束,基于路径,我的媒体文件存放于计算机的 D 盘的 video 文件的 rmvb 文件夹,那么就应该这么写:D:suntong\rmvb,基于路径位置选择"本地",被共享服务器缓存,选择"是"。"加载点"指的是虚拟路径,"基于路径"指的是实际路径。如图 15-24 所示。

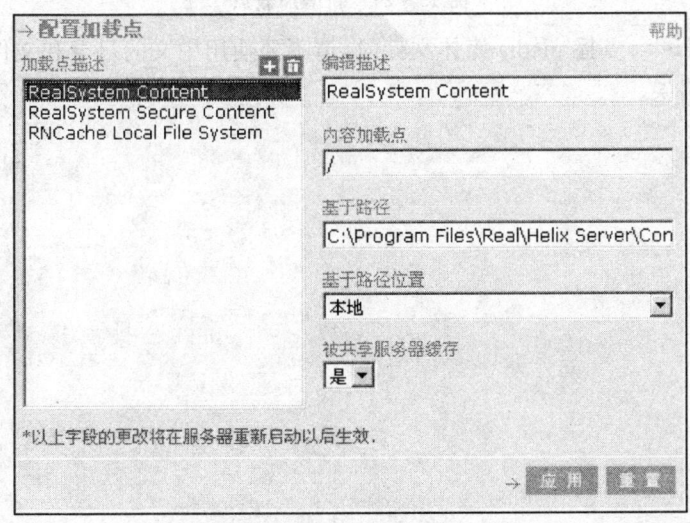

图 15-23　配置加载点

这样设置后,如果你想点播 D:suntong\rmvb 里的媒体的话,你的连接就应该这样写:rtsp://127.0.0.1:556/rmvbvideo/*.rmvb。

实例:如流媒体服务器设了加载点 vod2,对应着 D:st 目录,这个目录中有一个"欧美大片"的目录,其中的电影名为终结者 4.rmvb,则正确的播放地址应该是:rtsp://127.0.0.1/vod2/欧美大片/终结者 4.rmvb。

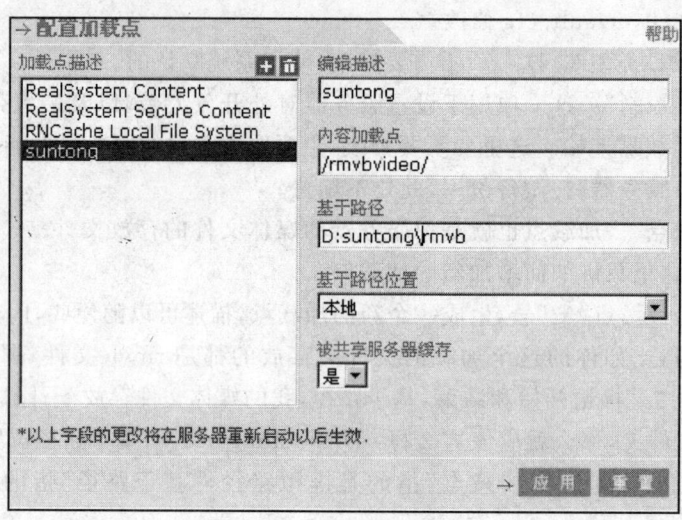

图 15-24 新增加载点

【注意】 用 Helix 点播 media 媒体文件时,请不要使用中文的目录和文件名,否则很可能出现莫名其妙的错误。

第16章 打印服务器

16.1 针式打印机

打印机分为针式和非针式两种。针式打印机又有 9 针和 24 针之分。非针式打印机分为喷墨打印机和激光打印机。

针式打印机价格低廉，性能稳定可靠，消耗的材料便宜。针式打印机是利用打印头内的点阵撞针撞击色带及纸，产生打印效果。这种打印机包括电源板、主控板、打印头装置、色带盒、进纸电机和打印头定位电机等装置。

选择针式打印机主要考虑如下几个问题。

1. 打印针数

针数是指打印头中撞针的排列方式与数量。针数越高，打印品质越佳，但相对价格与噪声也比较高。针式打印机一般分为 9 针和 24 针。目前 9 针打印机已经比较少用，因为打印效果比较差。

2. 打印宽度

打印机按使用的纸张又分成 80 列（约 A4 纸张）与 136 列（约 A3 纸张）两种。所谓 80 列，是指在标准的字体和字距下，可在一行中印出 80 个字符。列数越高，使用的纸张越宽，在同一行内能印出的字数也就越多。136 列打印机除了可以使用较大的纸张外，其打印速度也比 80 列的快。

3. 品　牌

国内使用得比较多的是 LQ 系列打印机和 STAR 系列打印机。所以，可选择宽行（136 列）、24 针的 LQ 或 STAR 系列打印机。

16.2 激光打印机

激光打印机是通过调制高聚焦激光束，在一个旋转的感光鼓上产生像 CRT 那样的光栅扫描图像。

感光鼓上覆盖了一层感光膜，其表面涂有负电荷墨粉，被调制的激光束在旋转感光鼓上产生一个点，这个点带正电荷。负电荷的墨粉材料被感光鼓上点区域的正电荷吸引，打印纸通过旋转感光鼓时，墨粉就被传送到打印纸上。一对承压辊和一个高温灯把墨粉熔凝在打印纸上，这样,由激光写到感光鼓上的图像就被转印到打印纸上。

各类激光打印机的工作过程都包括 6 个阶段:清洗、调整、书写、显影、转印和熔凝。为了实现这 6 项工作,所有的激光打印机都包括电源、控制板、激光书写单元、感光鼓单元、熔凝装置、进纸电机、齿轮组、系统检测器和操作面板。

16.3 喷墨打印机

Hewlett-Packard(惠普)开发了世界上第一台喷墨打印机,现在 Brother,Canon,Epson,Lexmark 等许多公司都制造喷墨打印机。喷墨打印机同激光打印机相比较,最大的优点是能打印彩色且价格低廉。

喷墨打印机的基本原理如下。

喷墨打印机的打印方式类似于针式打印机,但不是用打印针撞击色带,压印到纸上,而是使用排成阵列的微型喷墨机在纸上喷墨点。一台喷墨打印机有 48 或 128 个微型喷墨机。当打印头扫过纸张时,喷出的墨点形成字母或图形。墨滴形成的方法有两种:热冲击和电子振动。前者将喷嘴后细管里的墨水加热,以增加细管中墨水的压力,并使其在开口处膨胀喷墨;后者则利用压电晶体的振动挤压喷嘴里的墨水。

喷墨打印机把墨滴喷射到打印纸上有两种方式:中断流(按命令喷墨)式和连续流式。按命令喷墨式系统以与点阵打印同样的方式在打印纸上形成字符。当打印头机械装置穿过页上字符单元时,控制器引起喷墨动作,将墨水喷到适当的位置,这样就形成了图案。

连续流打印方式所产生的字符是一个全模字符(整字符)。在打印过程中,打印头不必沿打印纸运动,墨滴在电离室被附加一个负电荷后,通过一组偏转片偏转,然后滴到打印纸的适当位置,同时未用的墨滴被偏转离开打印纸范围,并进入一个墨水的重循环系统。用这种原理生产的喷墨打印机打印速度很快,打印质量高。

16.4 打印机典型安装和设置

首先简单介绍一下有关打印机的安装。

(1) 关闭需要安装打印机的计算机电源,然后将打印机平稳地安放在距离计算机合适的位置。接着将打印机线缆带有 25 针梯形接口的一端按照正确的方向与计算机主板上的并行接口相连,并且旋紧螺丝。再将打印线缆另外一端与打印机连接好,并合上固定的卡子,以防长期受力引起接触不良。

(2) 打开打印机的电源,启动完毕之后再打开计算机电源。

(3) 在"控制面板"中找到"打印机"图标,双击此图标之后可以看见如图 16-1 所示的窗口,接着双击"添加打印机"图标激活安装向导程序。

第16章 打印服务器

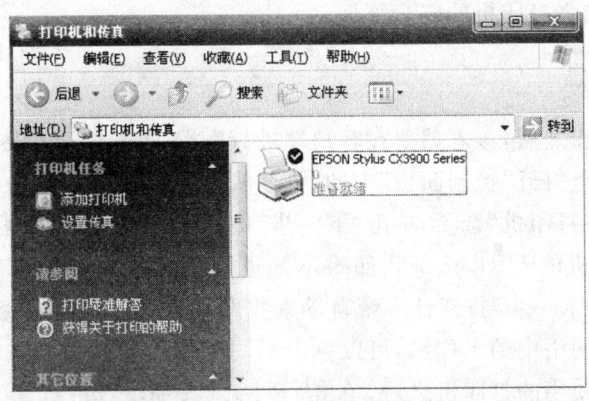

图16-1 打印机和传真

（4）打开"添加打印机向导"对话框之后，选取其中的"本地打印机"一项，并将打印机提供的驱动光盘或者软盘放入驱动器里，单击"下一步"按钮开始打印机的安装。

（5）系统还会要求选择可用的端口，此时一般选择"LPT1"，继续之后再给打印机设定一个名称即可以完成打印机的安装。

另外，对于一些采用USB接口的打印机来说，只要将USB连接线插入计算机主板对应的接口，则Windows系统会自动检测到新硬件，这时再根据提示放入驱动程序光盘即可完成打印机的安装。

16.4.1 设置共享打印机

为了让整个网络中的用户都可以使用刚才安装好的打印机，还要将打印机设置为网络共享状态。

此时双击"控制面板"里的"打印机"图标，可以看见刚才添加的打印机图标。右击之后在弹出的快捷菜单中选取"共享"命令，将弹出如图16-2所示的对话框，在其中的"共享"选项卡中选中"共享为"选项，接着输入它的共享名称和描述性的备注文字，而且还可以为这台打印机设定密码来加强打印机的安全性。

另外，如果在Windows Server 2003系统中共享打印机，还会多出一个"安全"选项卡，在其中可以设定不同用户和用户组的使用权限。比如删除Everyone用户组以防止非授权用户使用打印机，然后再新建一个用户组并对其分配

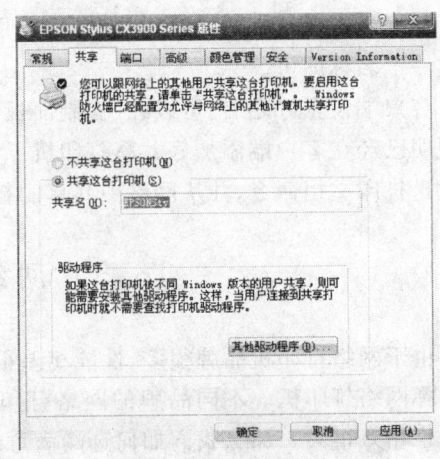

图16-2 设置共享名

215

合适的权限,这样能加强打印机的安全管理。

16.4.2 客户端设置

设置好共享打印机之后,接着就要在客户端进行配置了,这时可以按照下述步骤进行。

在客户端计算机上打开"控制面板"中的"打印机"文件夹,接着双击其中的"添加打印机"图标。然后选取"网络打印机"选项,单击"下一步"按钮,这时有两个选项:键入打印机名称或者是输入网络中打印机的 URL 地址。如果不知道网络中打印机的名称也不知道打印机的 URL 地址,不妨单击"下一步"按钮让系统自动查找网络中的打印机,如图 16-3 所示,在这个对话框里显示了当前网络中的工作组,可以单击不同工作组中的用户来查看是否共享了打印机。确定好需要共享使用的打印机之后,单击"下一步"按钮继续进行。

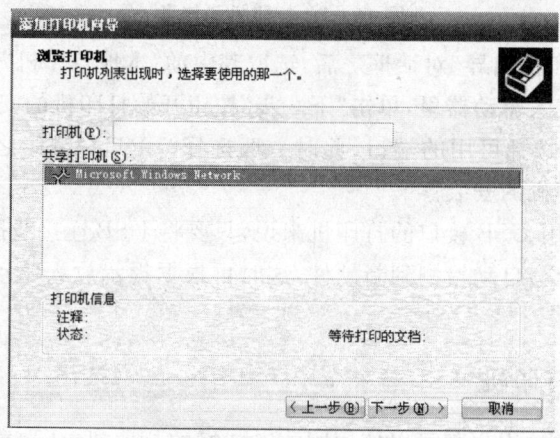

图 16-3 客户端设置

和安装普通打印机一样,接下来确定是否将这台打印机作为默认打印机使用,而且再为其创建一个名称即可。

客户端设置好之后,可以在"控制面板"的"打印机"目录中看见一个新建的打印机图标,这就说明已经在客户端添加好共享打印机了。这样,在局域网中的任何一台计算机上都能够直接发送打印文档命令,并从网络中共享的打印机里输出文档。

16.5 网络打印机的选购

由于网络打印机品牌很多,性能相差很大,而且价格也不一,因此我们必须根据使用要求来选择网络打印机。不同品牌的网络打印机,在技术指标,稳定性,可靠性等方面差异很大。价格也相差很大。那么我们如何选购满意的网络打印机呢?

无论选择什么品牌的网络打印机,一般应遵循下面几个原则。

1. 降低打印成本

人们使用网络打印机，从根本上来说，就是希望在降低成本的同时，能提高打印效率。要是网络打印机价格太高的话，就会使不少用户在选购时望而却步，将目光投向了那些价格便宜的普通打印机。由于普通打印机的成本不仅仅包括打印机的购买费用，还包括纸张、墨粉、维护、监控、管理等的费用，而且随着使用时间的延长，普通打印机的购买成本所占的比例会越来越小，而运行成本、管理成本、维护成本等所占的比例却大大提高。而网络打印机相对于购买成本低的普通打印机而言，其打印成本更低，可以让用户有效降低总体打印成本。此外，质量好的网络打印机还有打印速度快、打印质量好等特点。

2. 提高打印效率

一般来说，网络打印机都具有高速、高分辨率、高品质和高输出量的打印特点。高速的 RISC 处理器，出色的分辨率增强技术，先进的页面描述语言，色阶扩展技术等在网络打印机身上都得到了淋漓尽致的体现。通常网络打印机的标准文本处理速度会高于 16 ppm，有的高性能打印机甚至能达到 50 ppm 的超高速度。在输出质量上，网络打印机通常都有 1 200 dpi 的高分辨率。所以，从打印质量和速度上来看，网络打印机可以大大提高打印工作效率。

3. 维护管理方便

维护管理方便是目前众多办公用户的最低要求，只有维护管理方便的网络打印机，才会拥有更多的市场。使用网络打印机，大家就不需要一台打印机配备一台电脑了。使用网络打印机，大家只需要找个适合的地方，然后为网络打印机连上网线就可以了。通常网络打印机所带的网络打印服务器都具有 10/100 Mb/s 的标准自适应网卡，大多数网卡都支持 TCP/IP 网络协议，利用这个接口便可以将打印机接入到办公网络中供大家使用。在普通维护时，网络打印机带有的自动诊断功能，也会大大减轻维护工作量的。

4. 网打输出速度

网打输出速度通常用 ppm 和 ipm 这两种单位来表示，ppm 就是指激光打印机每分钟可打印多少页，它是衡量非击打式网络打印机输出速度的一个重要标准；大家平常在各种打印说明资料中看到的打印速度，其实是代表网络打印机的引擎速度，在正式打印过程中，网络打印机的输出速度一般是不会达到标称引擎速度的，许多打印厂商由于采用不同的打印控制器技术，使得网络打印机的实际输出速度与引擎速度有着非常相似的接近，这也是许多不同厂商的打印机标称速度相同，但相同环境下打印输出速度却存在差异的原因之一。当然，网络打印机的输出速度还会受到其他一些条件的影响，比方说打印机的数据传输方式、内存大小、驱动程序以及电脑的 CPU 性能等，都会影响到网络打印机的输出速度。目前具有 12ppm 的网络打印机只能算是低速产品了，稍微快的有 28ppm，更高一些的打印速度为 40ppm，要想让网络打印机真正发挥作用，就应该确保网络打印机的速度不低于 24ppm，如果还有图像或者其他特殊打印要求的话，就应该再高一些，以便适应将来的需要。

5. 纸张处理能力

网络打印机的纸张处理能力表示网络打印机支持打印纸张的大小、类型及进纸仓的容量大小为多少。一般来说，大家在检验这种指标时，应首先确定打印幅面，比方说大家的打印作业主要是 A3 还是 A4。在打印过程中，大家可能会用到一些特殊大小或类型的打印纸，此时大家就需要确定网络打印机可以处理自己所需要的各种类型的纸张，比方说信封打印和标签打印等。此外挑选网络打印机，大家还必须考虑多用户的需求，例如到底有多少人共同使用这台网络打印机，其每天的网络打印量到底有多大，然后根据网络打印量的多少，选择出合适的纸盒容量。目前，许多网络打印机都具有多个打印机纸匣和送纸器，而且纸张存储容量也大多能达到 500 页以上。

6. 打印负荷量

在正式挑选网络打印机之前，大家应先确认一下自己到底需要什么档次的网络打印机。一般来说，大家需要正确评估自己每月的打印负荷量，大家在挑选时就必须选择标称每月打印负荷量稍微高于该理论值的网络打印机，不然的话大家买来的网络打印机将会在超负荷状态下工作，这样非常容易缩短使用网络打印机的寿命。

7. 网络打印机输出分辨率

网络打印机输出分辨率是衡量网络打印机输出质量的一个重要参考标准，也是一个最为基本的判断打印机分辨率的指标。要是大家使用网络打印机来处理一些普通文本内容的话，目前市场上出售的普通网络打印机的 1200 dpi 大小的打印分辨率就可以满足大家的打印质量需求了；不过在现代的办公中，打印内容的类型正日益多样化，比方说海报打印，照片打印等，这些特殊的打印往往都需要高分辨率的支持，因此在这个时候，大家除了考虑打印负荷量以及打印速度外，也应该认真考虑网络打印机的输出分辨率能否满足自己的需求了。

8. 不能片面追求低价格

人们总喜欢购买价格低的东西，其实在低价格的背后，有许多猫腻隐藏在其中。也许有的打印销售商报价比较低，有的比较高，但仔细分析它们的报价时，发现这些报价中包含的产品型号，赠送的配件等都有很大的不同，如果大家只是片面追求低价格的话，很容易会上当受骗。所以，大家应该首先明确一个价格范围，然后在这种范围内，仔细分析这些报价中到底有哪些配件，目前市场上许多销售商给消费者的报价都只是针对其基本机型这样的网络打印机中就不会带有网卡，双面送纸器以及大容量纸盒的。

16.6 打印机故障解决方案精选

故障一　spoolsv 占用 CPU 100%。

spoolsv.exe 是一种延缓打印木马程序，它使计算机 CPU 使用率达到 100%，从而使风扇保持高速嘈杂运转。

解决方法一：

(1) 打开"控制面板"→"管理工具"→"服务"→print spooler，右击"属性"→"手动"→"停止"。

(2) 用 regedit.exe 打开注册表，找到 HKEY_LOCAL_MACHINE/SYSTEM/controlset001/controol/print/printers/删除非本地的所有打印机(只留本地或所在网络中的打印机)。

(3) 将 print spooler 设置为"启动"。

(4) 删除%Systemroot%\System32\Spool\Printers 文件夹中的文件。

(5) 将 spoolsv 服务打开(具体是在"我的电脑"→"管理"→"服务"→PRINT SPOOL，"启动")，然后打开控制面板的打印机选项，右击打开打印机"属性"→"高级"，把"后台打印"改为"直接打印"。

(6) 在桌面建一个 TXT 文件并显示扩展名，改名为 spools.exe 后将文件属性改为"只读"，用这个假的病毒覆盖 c:\winnt\system32\spoolsv\下的真病毒。好了，重新启动电脑，病毒没了。

解决方法二：

(1) 重新启动，开机按 F8 进入安全模式。

(2) 单击"开始"→"运行"，输入 cmd，进入 dos，利用 rd 命令删除一下目录(如果存在)。

C:\WINDOWS\system32\msibm

C:\WINDOWS\system32\spoolsv

C:\WINDOWS\system32\bakcfs

C:\WINDOWS\system32\msicn

比如在 dos 窗口下输入：rd(空格)C:\WINDOWS\system32\spoolsv/s，回车，出现提示，输入 y 回车，即可删除整个目录。

利用 del 命令删除下面的文件(如果存在)

C:\windows\system32\spoolsv.exe

C:\WINDOWS\system32\wmpdrm.dll

比如在 dos 窗口下输入：del C:\windows\system32\spoolsv.exe，回车，即可删除被感染的 spoolsv.exe，这个文件可以在杀毒结束后在别的正常的机器上复制正常的 spoolsv.exe 粘贴到 C:\windows\system32 文件夹。

(3) 重启按 F8 再次进入安全模式。

① 在桌面上右击"我的电脑"，选择"管理"，单击"服务和应用程序"→"服务"，右击 NT-service，选择"属性"，修改启动类型为"禁用"。

② 单击"开始"→"运行"，输入 regedit，回车打开注册表，单击菜单上的"编辑"，选择"查找"，查找含有 spoolsv.exe 的注册表项目，删除。可以利用 F3 继续查找，将含有 spoolsv.exe

的注册表项目全部删除。

（4）再次重新正常启动即可。

病毒清了后你的 SPOOLSV.EXE 文件就没有了，且在服务里你的后台打印 print spooler 也不能启动了，当然打印机也不能运行了，在"运行"里输入 services.msc 后，在 printspooler 服务中的"常规"项里的"可执行文件路径"也变得不可用，如启动会显示"找不到系统路径"的错误，这是因为你的注册表的相关项也删了。

解决方法三：

（1）在安装光盘里 I386 目录下把 SPOOLSV.EX_文件复制到 SYSTEM32 目录下改名为 spoolsv.exe，当然也可以在别人的系统里把这个文件拷过来，还可以用 NT/XP 的文件保护功能，即在 CMD 里键入 SFC/SCANNOW 全面修复，反正你把这个文件恢复就可以了。

（2）修改注册表即可：进入 HKEY_LOCAL_MACHINE\SYSTEM\CurrentControlSet\Services\Spooler 目录，新建一个可扩充字符串值，取名：ImagePath，其值为：C:\WINDOWS\system32\spoolsv.exe。再进入"控制面板"中启动"打印服务"即可。

故障二　文档无法打印。

在向本地打印机发出打印文档的命令后，如果文档根本无法打印该怎么办呢？下面以 Epson LQ-1600K（爱普生针式打印机）为例。

（1）使打印机处于联机状态。如果打印机没有处于联机状态，自然是无法打印了。

（2）重新开启打印机。如果打印机处于联机状态仍无法打印文档，此时你可以重新开启打印机，不仅清除了打印机内存，还能解决不少的打印故障。

（3）将打印机设置为默认打印机。

① 单击 Windows"开始"菜单，指向"设置"，单击"打印机"，打开"打印机"窗口。

② 右击打印机图标，系统弹出快捷菜单，单击其中的"设为默认值"。

（4）取消暂停打印。方法是：在"打印机"窗口，右击在用的打印机图标，然后单击以清除"暂停打印"选项前的对号"√"。

（5）使硬盘上的可用空间不低于 10MB。

如果可用硬盘空间小于 10MB，必须释放更多的系统空间才能完成打印任务。

（6）增加打印机的超时设置。

① 在"打印机"窗口，右击打印机图标，再单击"属性"。

② 单击"详细资料"选项卡，在"超时设置"下增加各项超时设置。"未选定"项是指定 Windows 等待打印机进入联机状态的时间，超过指定时间之后就将显示错误消息。

（7）确保打印到合适的本地打印机端口。

① 在"打印机"窗口，右击打印机图标，再单击"属性"。

② 单击"详细资料"选项卡，在"打印到以下端口"框中，确保已将打印机设置到适当的端口。最常用的端口设置为 LPT1，也有打印机使用 USB 端口。

(8) 程序生成的输出不正确。要确定程序生成的输出是否正确,可以采用通过其他程序打印文档的方法验证。我们以"记事本"打印测试文档,步骤如下:

① 单击"开始"→"程序"→"附件",打开"记事本"窗口。

② 键入几行文字,然后在"文件"菜单中,执行"打印"命令。

如果能够打印测试文档,就是原来你使用进行打印的程序有问题,请重新安装程序。

(9) 重新安装打印机驱动程序。有时,打印机驱动程序可能被损坏,从而引发无法打印文档的故障我们可以重新安装合适的驱动程序,然后再打印。

(10) 确保端口与打印机电缆工作正常。

① 打印机电缆连接是否牢靠如果计算机直接与打印机相连,要确保连接计算机和打印机的电缆两端都插对插牢。如果使用打印切换设备,请先绕过切换设备,将打印机直接与计算机相连,然后尝试进行打印。

② 测试端口连接将打印机连接到另一个可用端口,重试打印文档,如果能够打印则表明原端口损坏。

③ 测试打印机电缆换上另一根打印机电缆,然后重试打印文档,如果能够打印则表明原电缆损坏。

故障三 打印机10大共性故障。

1. 打印机输出空白纸

对于针式打印机,引起打印纸空白的原因大多是由于色带油墨干涸、色带拉断、打印头损坏等,应及时更换色带或维修打印头;对于喷墨打印机,引起打印空白的故障大多是由于喷嘴堵塞、墨盒没有墨水等,应清洗喷头或更换墨盒;而对于激光打印机,引起该类故障的原因可能是显影辊未吸到墨粉(显影辊的直流偏压未加上),也可能是感光鼓未接地,使负电荷无法向地释放,激光束不能在感光鼓上起作用。

另外,激光打印机的感光鼓不旋转,则不会有影像生成并传到纸上。断开打印机电源,取出墨粉盒,打开盒盖上的槽口,在感光鼓的非感光部位做个记号后重新装入机内。开机运行一会儿,再取出检查记号是否移动了,即可判断感光鼓是否工作正常。如果墨粉不能正常供给或激光束被挡住,也会出现打印空白纸的现象。因此,应检查墨粉是否用完、墨盒是否正确装入机内、密封胶带是否已被取掉或激光照射通道上是否有遮挡物。需要注意的是,检查时一定要将电源关闭,因为激光束可能会损坏操作者的眼睛。

2. 打印纸输出变黑

对于针式打印机,引起该故障的原因是色带脱毛、色带上油墨过多、打印头脏污、色带质量差和推杆位置调得太近等,检修时应首先调节推杆位置,如故障不能排除,再更换色带,清洗打印头,一般即可排除故障;对于喷墨打印机,应重点检查喷头是否损坏、墨水管是否破裂、墨水的型号是否正常等;对于激光打印机,则大多是由于电晕放电丝失效或控制电路出现故障,使得激光一直发射,造成打印输出内容全黑。因此,应检查电晕放电丝是否已断开或电晕高压是否存在、激光束通路中的光束探测器是否工作正常。

3. 打印字符不全或字符不清晰

对于喷墨打印机，可能有两方面原因，墨盒墨尽、打印机长时间不用或受日光直射而导致喷嘴堵塞。解决方法是可以换新墨盒或注墨水，如果墨盒未用完，可以断定是喷嘴堵塞：取下墨盒（对于墨盒喷嘴不是一体的打印机，需要取下喷嘴），把喷嘴放在温水中浸泡一会儿，注意一定不要把电路板部分浸在水中，否则后果不堪设想。

对于针式打印机，可能有以下几方面原因：打印色带使用时间过长；打印头长时间没有清洗，脏物太多；打印头有断针；打印头驱动电路有故障。解决方法是先调节一下打印头与打印辊间的间距，故障不能排除，可以换新色带，如果还不行，就需要清洗打印头了。方法是：卸掉打印头上的两个固定螺钉，拿下打印头，用针或小钩清除打印头前、后夹杂的脏污，一般都是长时间积累的色带纤维等，再在打印头的后部看得见针的地方滴几滴仪表油，以清除一些脏污，不装色带空打几张纸，再装上色带，这样问题基本就可以解决，如果是打印头断针或是驱动电路问题，就只能更换打印针或驱动管了。

4. 打印字迹偏淡

对于针式打印机，引起该类故障的原因大多是色带油墨干涸、打印头断针、推杆位置调得过远，可以用更换色带和调节推杆的方法来解决；对于喷墨打印机，喷嘴堵塞、墨水过干、墨水型号不正确、输墨管内进空气、打印机工作温度过高都会引起本故障，应对喷头、墨水盒等进行检测维修；对于激光打印机，当墨粉盒内的墨粉较少，显影辊的显影电压偏低和墨粉感光效果差时，也会造成打印字迹偏淡现象。此时，取出墨粉盒轻轻摇动，如果打印效果无改善，则应更换墨粉盒或调节打印机墨盒下方的一组感光开关，使之与墨粉的感光灵敏度匹配。

5. 打印时字迹一边清晰而另一边不清晰

此现象一般出现在针式打印机上，喷墨打印机也可能出现，不过概率较小，主要是打印头导轨与打印辊不平行，导致两者距离有远有近所致。解决方法是可以调节打印头导轨与打印辊的间距，使其平行。具体做法是：分别拧松打印头导轨两边的调节片，逆时针转动调节片减小间隙，最后把打印头导轨与打印辊调节到平行就可解决问题。不过要注意调节时调对方向，可以逐渐调节，多打印几次。

6. 打印纸上重复出现污迹

针式打印机重复出现脏污的故障大多是由于色带脱毛或油墨过多引起的，更换色带盒即可排除；喷墨打印机重复出现脏污是由于墨水盒或输墨管漏墨所致；当喷嘴性能不良时，喷出的墨水与剩余墨水不能很好断开而处于平衡状态，也会出现漏墨现象；而激光打印机出现此类现象有一定的规律性，由于一张纸通过打印机时，机内的12种轧辊转过不止一圈，最大的感光鼓转过2~3圈，送纸辊可能转过10圈，当纸上出现间隔相等的污迹时，可能是由脏污或损坏的轧辊引起的。

7. 打印头移动受阻,停下长鸣或在原处震动

这主要是由于打印头导轨长时间滑动会变得干涩,打印头移动时就会受阻,到一定程度就会使打印停止,如不及时处理,严重时可以烧坏驱动电路。解决方法是在打印导轨上涂几滴仪表油,来回移动打印头,使其均匀分布。重新开机后,如果还有受阻现象,则有可能是驱动电路烧坏,需要拿到维修部了。

8. 打印机不打印

引起打印机不打印的故障原因有很多种,有打印机方面的,也有计算机方面的。以下分别进行介绍:

(1) 检查打印机是否处于联机状态。在大多数打印机上"OnLine"按钮旁边都有一个指示联机状态的灯,正常情况下该联机灯应处于常亮状态。如果该指示灯不亮或处于闪烁状态,则说明联机不正常,重点检查打印机电源是否接通、打印机电源开关是否打开、打印机电缆是否正确连接等。如果联机指示灯正常,关掉打印机,然后再打开,看打印测试页是否正常。

(2) 检查打印机是否已设置为默认打印机。单击"开始"→"设置"→"打印机",检查当前使用的打印机图标上是否有一黑色的小钩,然后将打印机设置为默认打印机。如果"打印机"窗口中没有使用的打印机,则点击"添加打印机"图标,然后根据提示进行安装。

(3) 检查当前打印机是否已设置为暂停打印。方法是在"打印机"窗口中右击打印机图标,在出现的下拉菜单中检查"暂停打印"选项上是否有一小钩,如果选中了"暂停打印"请取消该选项。

(4) 在"记事本"中随便键入一些文字,然后单击"文件"菜单上的"打印"。如果能够打印测试文档,则说明使用的打印程序有问题,重点检查 WPS、CCED、Word 或其他应用程序是否选择了正确的打印机,如果是应用程序生成的打印文件,请检查应用程序生成的打印输出是否正确。

(5) 检查计算机的硬盘剩余空间是否过小。如果硬盘的可用空间低于 10MB 则无法打印,检查方法是在"我的电脑"中右击安装 Windows 的硬盘图标,选择"属性",在"常规"选项卡中检查硬盘空间,如果硬盘剩余空间低于 10MB,则必须清空"回收站",删除硬盘上的临时文件、过期或不再使用的文件,以释放更多的空间。

(6) 检查打印机驱动程序是否合适以及打印配置是否正确。在"打印机属性"窗口中"详细资料"选项中检查以下内容:在"打印到以下端口"选择框中,检查打印机端口设置是否正确,最常用的端口为"LPT1(打印机端口)",但是有些打印机却要求使用其他端口;如果不能打印大型文件,则应重点检查"超时设置"栏目的各项"超时设置"值,此选项仅对直接与计算机相连的打印机有效,使用网络打印机时则无效。

(7) 检查计算机的 BIOS 设置中打印机端口是否打开。BIOS 中打印机使用端口应设置为"Enable",有些打印机不支持 ECP 类型的打印端口信号,应将打印端口设置为"Normal、ECP+EPP"方式。

（8）检查计算机中是否存在病毒，若有需要用杀毒软件进行杀毒。

（9）检查打印机驱动程序是否已损坏。可右击打印机图标，选择"删除"，然后双击"添加打印机"，重新安装打印机驱动程序。

（10）打印机进纸盒无纸或卡纸，打印机墨粉盒、色带或碳粉盒是否有效，如无效，则不能打印。

9. 打印机卡纸或不能走纸

打印机最常见的故障是卡纸。出现这种故障时，操作面板上指示灯会发亮，并向主机发出一个报警信号。出现这种故障的原因有很多，例如纸张输出路径内有杂物、输纸辊等部件转动失灵、纸盒不进纸、传感器故障等，排除这种故障的方法十分简单，只需打开机盖，取下被卡的纸即可，但要注意，必须按进纸方向取纸，绝不可反方向转动任何旋钮。

如果经常卡纸，就要检查进纸通道，清除输出路径的杂物，纸的前部边缘要刚好在金属板的上面。检查出纸辊是否磨损或弹簧松脱，压力不够，即不能将纸送入机器。出纸辊磨损，一时无法更换时，可用缠绕橡皮筋的办法进行应急处理。缠绕橡皮筋后，增大了搓纸摩擦力，能使进纸恢复正常。此外，装纸盘安装不正常，纸张质量不好（过薄、过厚、受潮），也会造成卡纸或不能取纸的故障。

10. 打印出现乱字符

无论是针式打印机、喷墨打印机还是激光打印机出现打印乱码现象，大多是由于打印接口电路损坏或主控单片机损坏所致，而实际检修中发现，打印机接口电路损坏的故障较为常见，由于接口电路采用微电源供电，一旦接口带电拔插产生瞬间高压静电，就很容易击穿接口芯片，一般只要更换接口芯片，该类故障即可排除。另外，字库还没有正确载入打印机也会出现这种现象。

第 17 章 代理与网关服务器

17.1 代理服务器简介

代理服务器英文全称是 Proxy Server,其功能就是代理网络用户去取得网络信息。形象地说,它是网络信息的中转站。在一般情况下,我们使用网络浏览器直接去连接其他 Internet 站点取得网络信息时,须送出 Request 信号来得到回答,然后对方再把信息以比特方式传送回来。

代理服务器是介于浏览器和 Web 服务器之间的一台服务器,有了它之后,浏览器不是直接到 Web 服务器去取回网页而是向代理服务器发出请求,Request 信号会先送到代理服务器,由代理服务器来取回浏览器所需要的信息并传送给你的浏览器。

而且,大部分代理服务器都具有缓冲的功能,就好像一个大的 Cache,它有很大的存储空间,它不断将新取得数据储存到它本机的存储器上,如果浏览器所请求的数据在它本机的存储器上已经存在而且是最新的,那么它就不重新从 Web 服务器取数据,而直接将存储器上的数据传送给用户的浏览器,这样就能显著提高浏览速度和效率。更重要的是:Proxy Server(代理服务器)是 Internet 链路级网关所提供的一种重要的安全功能,它的工作主要在开放系统互连(OSI)模型的对话层。主要的功能有:

(1)突破自身 IP 访问限制,访问国外站点。教育网、169 网等网络用户可以通过代理访问国外网站。

(2)访问一些单位或团体内部资源,如某大学 FTP(前提是该代理地址在该资源的允许访问范围之内),使用教育网内地址段免费代理服务器,就可以用于对教育网开放的各类 FTP 下载上传,以及各类资料查询共享等服务。

(3)突破中国电信的 IP 封锁:中国电信用户有很多网站是被限制访问的,这种限制是人为的,不同 Serve 对地址的封锁是不同的。所以不能访问时可以换一个国外的代理服务器试试。

(4)提高访问速度:通常代理服务器都设置一个较大的硬盘缓冲区,当有外界的信息通过时,同时也将其保存到缓冲区中,当其他用户再访问相同的信息时,则直接由缓冲区中取出信息,传给用户,以提高访问速度。

(5)隐藏真实 IP:上网者也可以通过这种方法隐藏自己的 IP,免受攻击。

17.1.1 SOCK5 代理服务器

被代理端与代理服务器通过"SOCK4/5 代理协议"进行通信(具体协议内容可查看 RFC 文档)。SOCK4 代理协议可以说是对 HTTP 代理协议的加强,它不仅是对 HTTP 协议进行代理,而是对所有向外的连接进行代理,是没有协议限制的。

也就是说,只要你向外连接,它就给你代理,并不管你用的是什么协议,极大的弥补了 HTTP 代理协议的不足,使得很多在 HTTP 代理情况下无法使用的网络软件都可以使用了(例如:OICQ、MSN 等软件)。同时,SOCK5 代理协议又对前一版进行了修改,增加了支持 UDP 代理及身份验证的功能。它不是"协议代理",所以它会对所有的连接进行代理,而不管用的是什么协议。

17.1.2 HTTP 代理

HTTP 协议即超文本传输协议,是 Internet 上进行信息传输时使用最为广泛的一种非常简单的通信协议。部分局域网对协议进行了限制,只允许用户通过 HTTP 协议访问外部网站。

17.1.3 IE 的代理设置方法

在主菜单上选择"工具"→"Internet 选项"→"连接"→"设置"→"使用代理服务器",这时将你找到的代理服务器地址和端口填入即可。

提示:对于局域网用户,应点击"连接'标签下面的'局网域设置"来设置代理。

17.2 ICS 共享上网

ICS(Internet Connection Sharing)是一种在 Windows 2000/XP 操作系统中的共享上网服务。它可以使多个用户利用一条上网线路上网,而无须另外安装其他软硬件。设置 ICS 之前,你必需对主机和客户机进行配置。主机将需要两个连接:一个是到 Internet 的连接,另一个是到网络上其他机器的连接。

两台计算机 A、B 都是 Windows XP 系统,A 计算机有双网卡,为了方便将与外网连接的命名为"adsl",与计算机 B 相连的为"本地连接"。两机用反线连接。

1. A 机设置

(1)因为 Windows XP 自带 PPPoE 拨号和网关软件,所以我们不用再安装其他软件。进入"控制面板"→"网络和 Internet 连接"→"网络连接",单击左边的"创建一个新的连接",选择"新建连接向导"→"连接到 Internet"→"手动设置我的连接",接下来依次填写"连接名称"、"用户"、"密码"最后单击"完成"按钮。然后双击就可以接入 Internet 了。

(2) 在 Windows XP 下进入"开始"→"控制面板"→"网络和 Internet 连接"→"网络连接",你会看到两块网卡的图标。双击 adsl 的网卡,进入其"属性"框,保留设置自动获取 IP 和 DNS。再进入网卡的"高级设置"对话框进行网络共享设置,如图 17-1 所示。

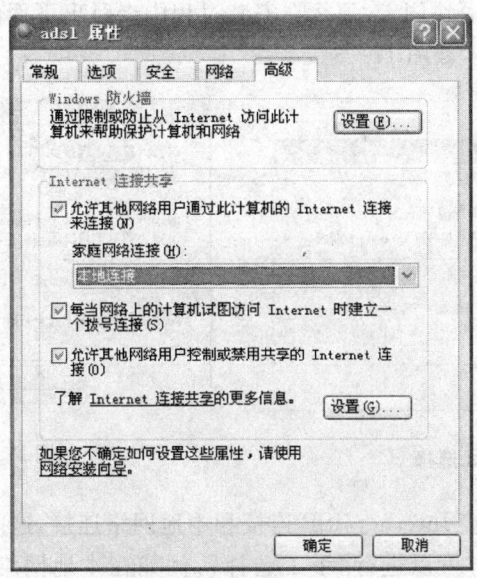

图 17-1 adsl 高级属性

(3) 下面设置局域网参数。双击"本地连接"网卡,根据需要安装"TCP/IP"协议。然后双击 Internet Protocol(TCP/IP)协议进入其属性设置,IP 地址设为 192.168.0.1,子网掩码设为 255.255.255.0 即可。

2. B 机设置

如果采用的是 Windows XP 系统,进入"开始"→"控制面板"→"网络和 Internet 连接"→"网络连接",你会看到一个网卡的标志,双击进入其"属性"设置对话框。IP 地址设为 192.168.0.2,子网掩码均设为 255.255.255.0,默认网关均设为 192.168.0.1,"首选 DNS 服务器"为 192.168.0.1。

17.3 Sygate 共享上网

Sygate 是一种支持多用户访问因特网的软件,最大的特点是主机只需单网卡就可以实现共享上网。使用 Sygate,若干个用户能同时通过一个小型网络,迅速、快捷、经济地访问因特网。SyGate 能在目前诸多流行的操作系统上运行;Sygate 支持多数的因特网连接方式,这包括:调制解调器(模拟线路)拨入、ISDN(综合业务数字网)、线缆调制解调器(Cable Modem)、 xDSL 以及 DirectPC 等方式。

Sygate 主要设置步骤

（1）在安装过程中合理选择好服务器模式还是客户机模式，如图 17-2 所示。

（2）如果服务器只有一块网卡，那么在安装过程中会跳出下面的对话框，要求填写 sygate 模拟 NAT 网关的 IP 地址，如图 17-3。

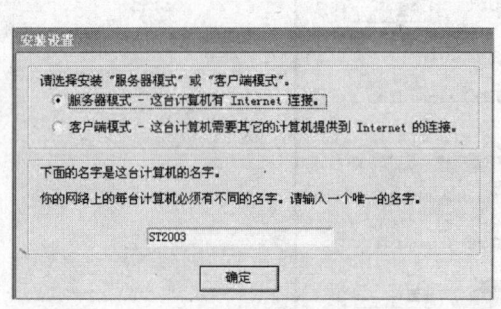

图 17-2　模式选择　　　　　　　　图 17-3　网关地址

（3）然后就是设置直接 Internet/ISP 连接和本地网络连接，这两个选项都可以选择"自动检测"，如果不能自动检测，可以进行"手工选择"，例如在本地网络连接里输入 IP 地址 192.168.0.1，如图 17-4 所示。

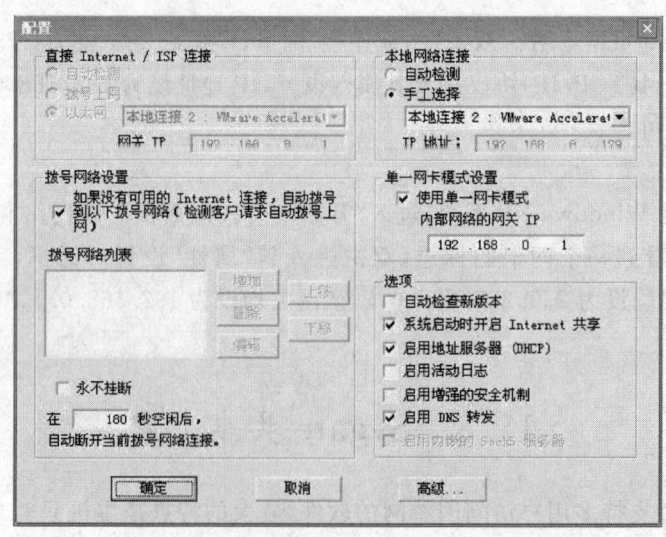

图 17-4　Internet 配置和本地网络配置

(4) 接下来就是设置客户机。只要在客户机中指定 IP,IP 地址应该是同一网段的,子网掩码和主机的相同。在这里,要注意的是,客户机要设网关而这网关就是主机的 IP 地址。

17.4 HomeShare 共享上网

17.4.1 软件简介

HomeShare 是一款功能强大,易于使用的宽带共享软件。使用它,你可以完全抛弃宽带路由器。使用单网卡共享方式,不需要设置专用的服务器。HomeShare 是专为宽带用户设计的共享工具,包括以太网、ADSL、有线宽带、WLAN 等。不支持电话线拨号上网。

17.4.2 软件特点

(1) 使用单网卡。使用单网卡共享上网的方式可以免去购买多余网卡的费用,而且不存在任何性能上的问题。

(2) 不需要设置专门的服务器。每台电脑都需要安装此软件,先开机的电脑将成为服务器。当服务器关机后,其他电脑将会自动成为服务器,保证网络可以继续使用。

(3) 无缝切换。当服务器关机,客户机切换到服务器的过程中,可以保证客户机中正在进行中的游戏不会中断。无缝切换已经在大多数游戏中测试过,包括 CS、Quake、联众世界等。

(4) 虚拟网络。当你使用 Sygate 之类支持单网卡共享的软件时,可能会导致你所在小区其他的用户也会从你这里上网,影响他人的使用,到时你的宽带运营商可能就会来找你的麻烦了。使用 HomeShare 可以设置自己的网络号,使你家庭中的电脑都处在一个虚拟的网络中,不影响小区其他家庭的网络使用。

17.4.3 使用方法

安装后,打开 HomeShare 界面,然后按图 17-5 中所示进行简单的设置(针对用 PPPoE 上网的情况)。

(1) 设置如图 17-5 所示的第一个界面。
(2) 设置如图 17-6 所示的第二个界面。

当然,如果您想要两台电脑同时上网,则把另外一台电脑的 IP 地址设置为刚才设置的 IP 地址中的最后一个数字加上 1 就可以了。例如,如果先设置的一台的 IP 为"178.140.108.2",那么第二台的 IP 则设为"178.140.108.3"。

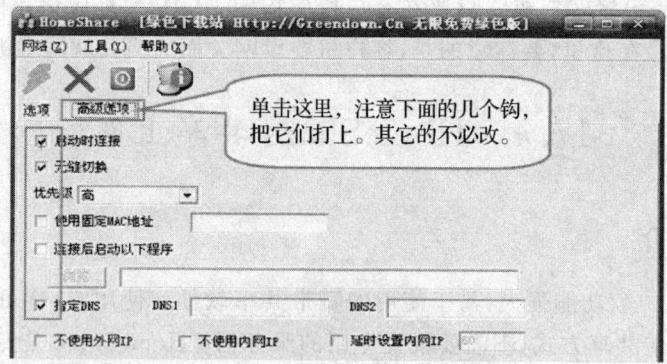

图 17-5　HomeShare 设置界面

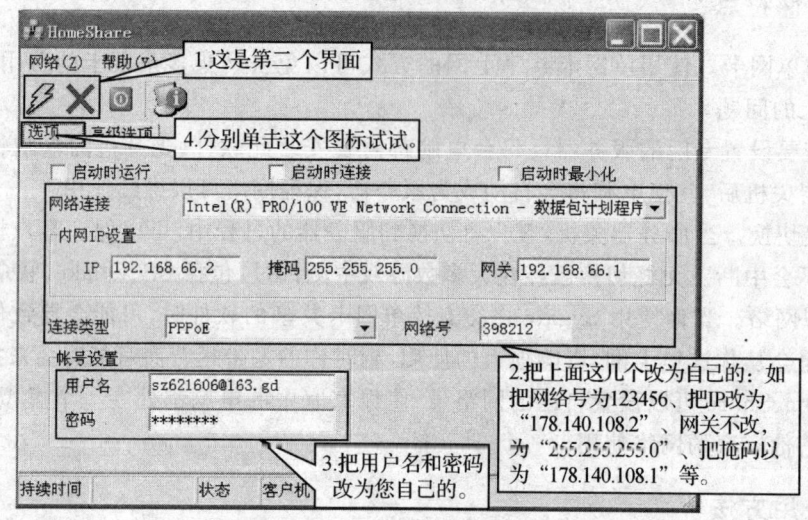

图 17-6　HomeShare 联网设置

17.5　Windows 2003 的 NAT 服务器

目前不少企业接入 Internet 采用 ADSL 接入或者专线接入，ISP 往往只分配一个 IP 地址。如何共享上网呢？买路由器不合算，用 Proxy 服务又较麻烦用户可以用 Windows 2003 Server 的网络地址翻译功能。

17.5.1　网络地址转换 NAT 的功能

要将一个拥有内部专用 IP 地址的网络通过一个具有公用 IP 地址的计算机连接到 Internet,可以使用网络地址转换(NAT)功能实现。

17.5.2 服务器/客户机的 IP 规划

服务器要配置双网卡,一块连接 Internet,另一块连接内部网。

(1) 连接 Internet 网卡的 IP 由 ISP 提供。

(2) 连接内部网网卡的 IP 地址需要进行以下配置。

IP 地址:192.168.0.1。

子网掩码:255.255.255.0。

默认网关:无。

3. 客户机的 IP 地址需要进行如下配置。

IP 地址:192.168.0.x(可设为同一网段内的任一独立的 IP)。

子网掩码:255.255.255.0。

默认网关:192.168.0.1。

17.5.3 Windows 2003 Server 配置

找到控制面板里的"路由和远程访问"然后打开它。

(1) 在"路由和远程访问"控制台中,右击域服务器,从弹出的快捷菜单中选择"配置并启用路由和远程访问"选项,打开"路由和远程访问服务器安装向导"对话框,如图 17-7 所示。

(2) 在路由和远程访问服务器安装向导中,选择"网络地址转换(NAT)"选项,如图 17-8 所示。

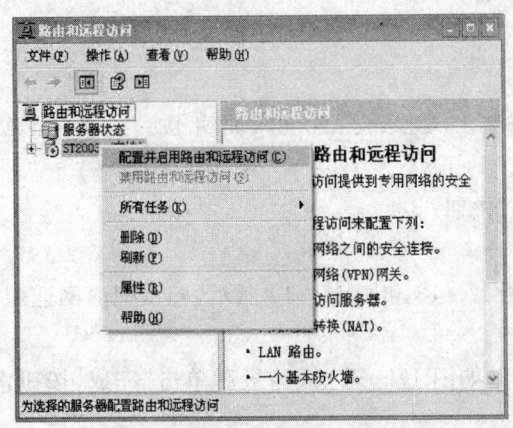

图 17-7 启用路由和远程访问

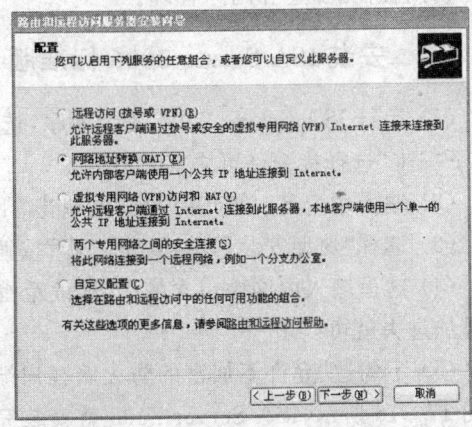

图 17-8 网络地址转换(NAT)

(3) 接下来我们要定义好哪块网卡连接 Internet。最后"单击",如图 17-9 所示。

(4)至此所有配置工作已经全部完成,下面需要测试了。在客户机 ping 网关和外网。

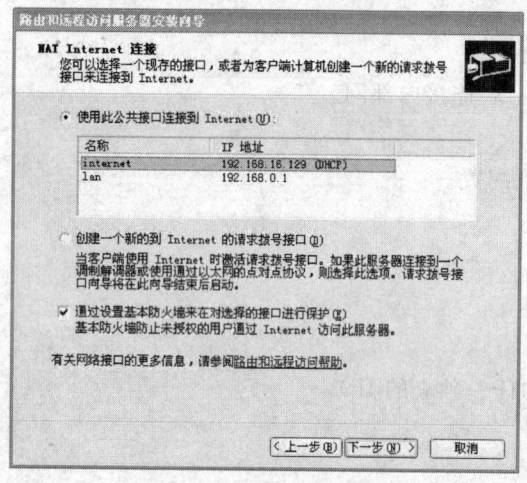

图 17-9　NAT Inertnet 连接

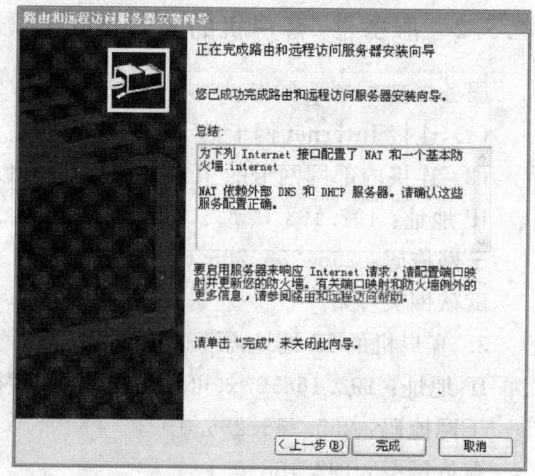

图 17-10　完成安装

17.6　ISA 服务器

Microsoft Internet Secutiey and Acceleration(ISA) Server 2006 是可扩展的企业防火墙和 Web 缓存服务器,它构建在 Windows Server 操作系统安全、管理和目录上,以实现基于策略的访问控制,加速和网际管理。

17.6.1　安装 ISA Server 2006 标准版

(1) 运行 ISA Server 2006 安装程序,选择"安装 ISA Server 2006",如图 17-11 所示,单击"下一步"选择接受许可协议,如图 17-12 所示。

(2) 输入用户名、单位和序列号,单击"下一步"按钮。

(3) 选择"典型安装",单击"下一步"按钮。

(4) 这里输入内网中包含的 IP 地址范围,如图 17-13 和图 17-14 所示,建议把内网适配器添加进去就可以了。

(5) 不勾选"允许不加密的防火墙客户端连接",如图 17-15 所示,最后单击"完成"按钮,如图 17-16 所示,ISA Server 2006 就安装完成了。

第 17 章 代理与网关服务器

图 17-11 安装 ISA Server 2006

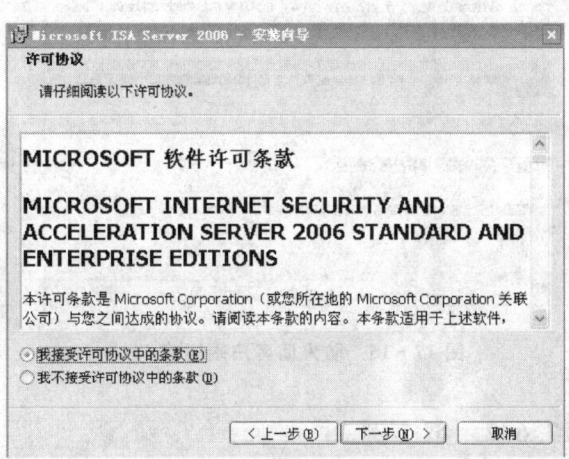

图 17-12 接受许可协议

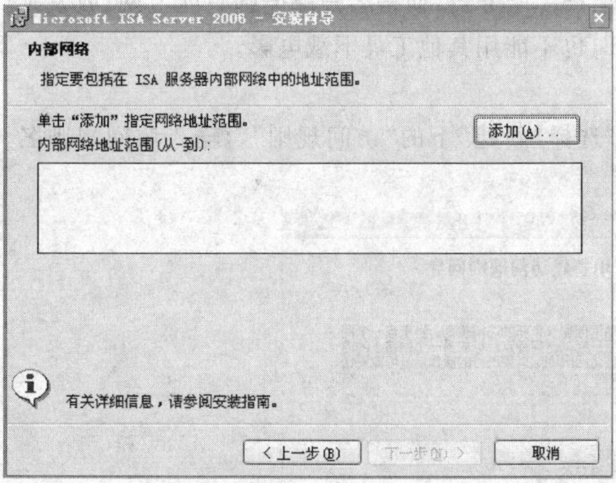

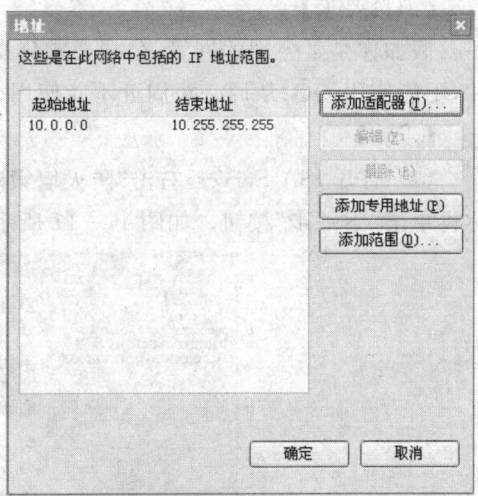

图 17-13 内部网络

图 17-14 IP 地址范围

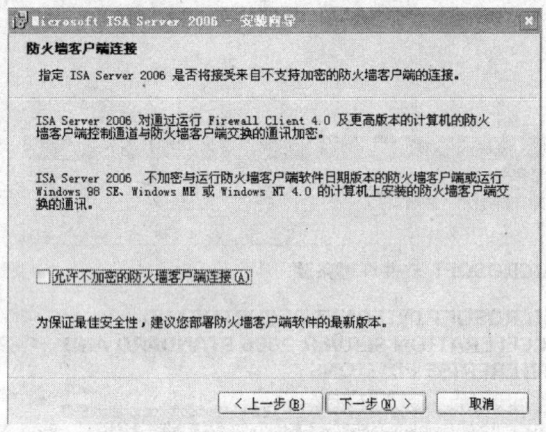

图 17-15 防火墙客户端连接　　　　图 17-16 安装向导完成

17.6.2 案　例

安装好 ISA Server 2006 标准版,系统为双网卡,下面通过一个项目来学习 ISA Server 2006 标准版的使用。

【项目要求】

假如你是某公司的网管,公司要求你配置 ISA 服务器,使得客户端电脑只能上网、收发邮件,不能使用 QQ;从周一至周五不能使用 BT,也不能用其他工具下载电影。

【步骤】

(1) 展开 ISA Server,右击"防火墙策略"选择"新建"下的"访问规则"。输入访问规则名称再单击"下一步"按钮。如图 17-17 所示。

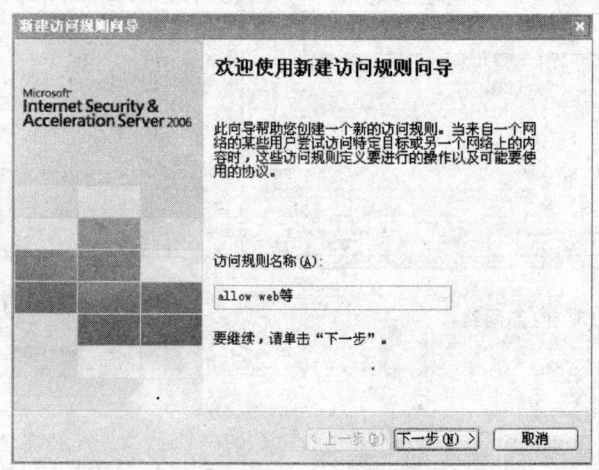

图 17-17 访问规则名称

(2) 选择"允许"单击"下一步"按钮,选择允许使用的协议,再单击"下一步"按钮,如图 17-18 和图 17-19 所示。

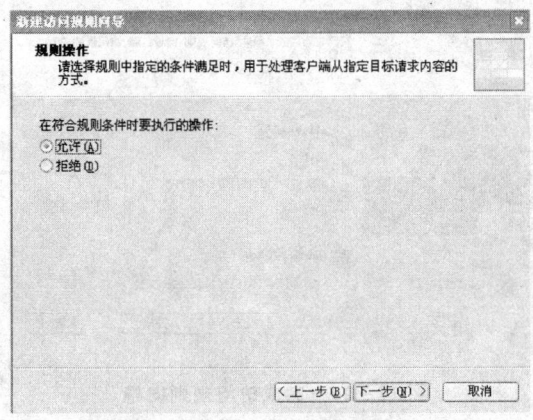

图 17-18　规则操作

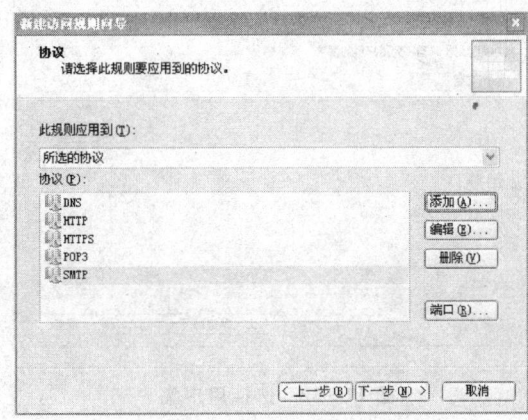

图 17-19　协议设置

(3) 选择访问规则源,这里添加"内部"就可以了,"内部网络"的地址是在安装 ISA 的工程中就设置好了的,如图 17-20 所示。

(4) 选择访问规则目标,添加"外部",如图 17-21 所示。

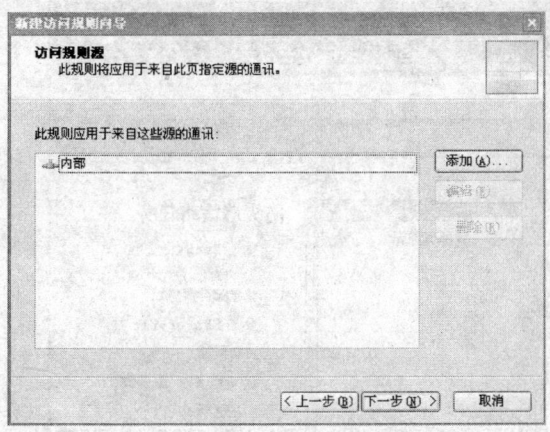

图 17-20　访问规则源

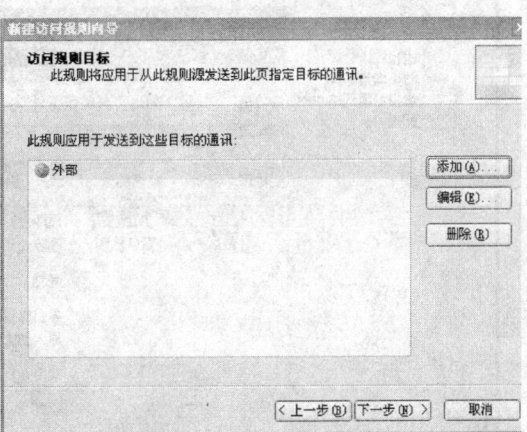

图 17-21　访问规则目标

(5) 选择用户集,这里默认,不改动,如图 17-22 所示,单击"下一步"按钮,单击"完成",如图 17-23 所示。

(6) 到这里还没好,要单击"应用"按钮,新建的策略才会生效。

网络组建与管理

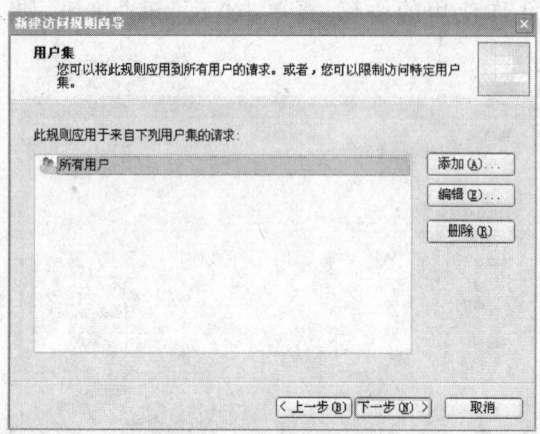

图 17-22 选择用户集

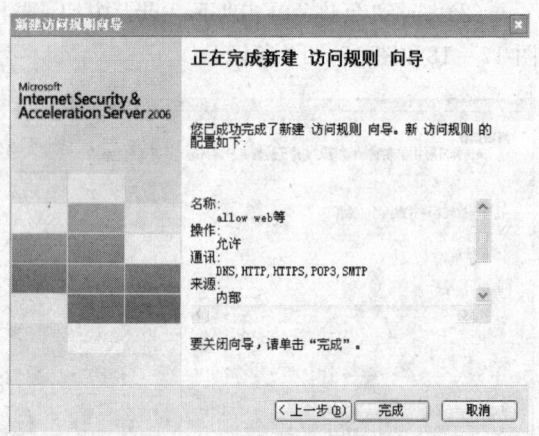

图 17-23 完成访问规则向导

（7）接下来我们设置如何阻止 QQ 的使用，右击刚才建立的策略选择"配置 HTTP"，如图 17-24 所示。

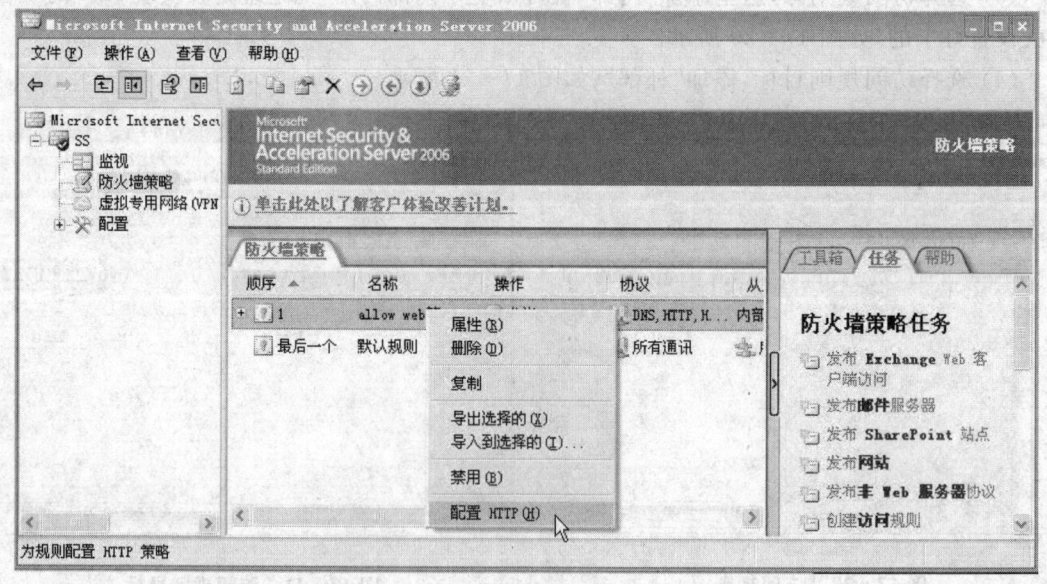

图 17-24 配置 HTTP

（8）如下图所示，切换到"签名"选项卡，如图 17-25 所示，单击"添加"按钮。在名称中写"QQ 签名项"，查找范围是"请求 URL"，签名写"tencent.com"。如下图 17-26 所示。最后也要"应用"。

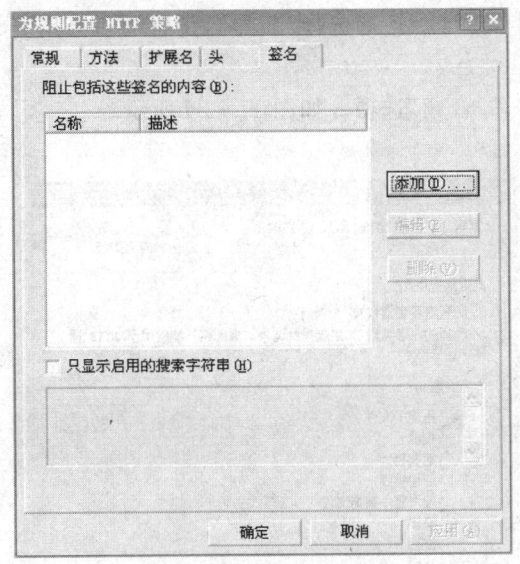
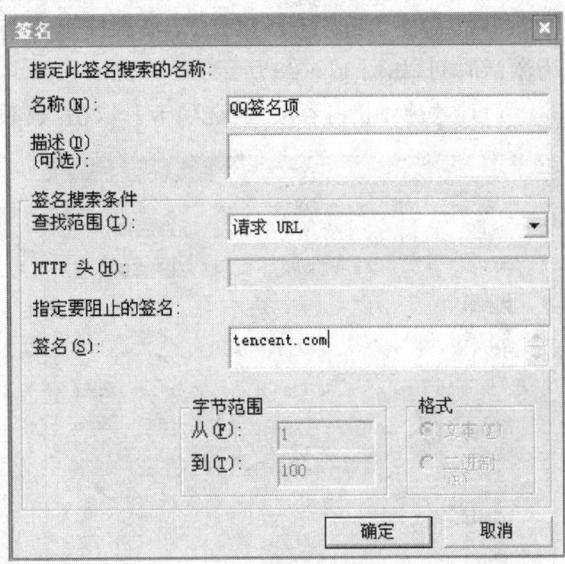

图 17-25 "签名"选项卡　　　　图 17-26 签名内容

（9）下面设置从周一至周五不能使用 BT 和下载电影。首先新建一个访问规则，命名为"denyBT"，添加协议和设置访问规则源和目的等，和上面建立的访问规则类似。新建好以后右击选择"配置 HTTP"，切换到"扩展名"选项卡，添加要阻止的扩展名，这里添 .torrent，如下图 17-27 所示。最后要"应用"。

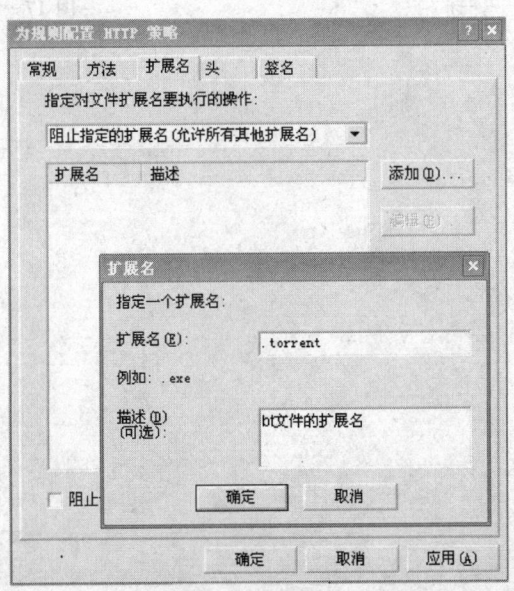

图 17-27 "扩展名"选项卡

(10) 单击 denyBT 的属性,切换到计划选项卡,在"计划"行选择"新建",设置周一至周五为激活时间,如图 17-28 所示。

(11) 切换到"内容类型"选项卡。取消"视频"和"音频"选项。如图 17-29 所示。

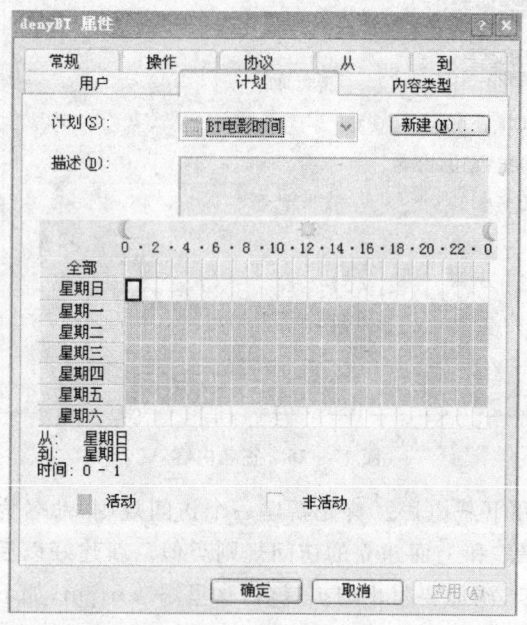

图 17-28 计划

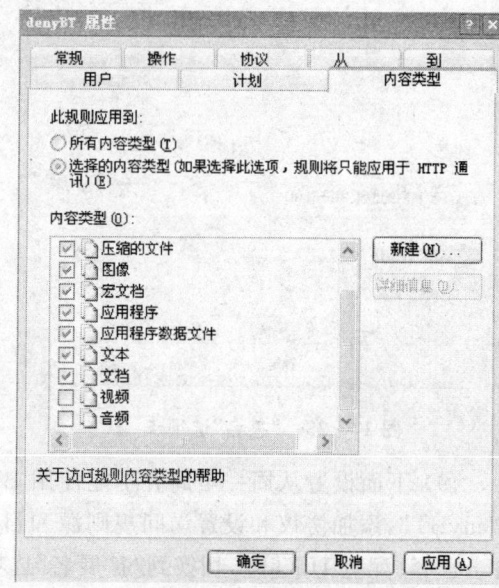

图 17-29 内容类型

第 18 章 域控服务器

网络的可访问性和网络的安全性始终是网络发展过程中面临的挑战。在很多情况下,网络的可访问性和安全性是一对矛盾,人们对于这对矛盾的认识和解决途径的探讨也逐渐深化,活动目录(Active Directory,AD)的产生和实现,在一定程度上实现了网络的可访问性和安全性的统一。

18.1 活动目录的定义

在 20 世纪 90 年代的中期,有些国际计算机厂商陆续推出计算机网络的目录管理技术,较早的有惠普公司的 UNIX 操作系统和 Novell 公司的 NDS 技术,微软公司在原来 Windows NT 4.0 中也有用户数据库存在,从 Windows 2000 系列操作系统开始,也正式推出网络管理的活动目录系统。

活动目录(Active Directory,AD)是 Windows 2000 网络中提供的目录服务。目录服务也是一种网络服务,它把网络中的资源信息(如用户、计算机、数据与打印机等)集中存储起来,并将其提供给用户和应用程序使用。目录服务为网络资源提供了一种一致化的命名、描述、定位、管理和设置相对安全的方法。

在 Windows 2000 网络中应用 AD,无论是网络中的普通用户,还是网管员,都可以从中获益。这是由于网络资源信息的集中存放和管理,使得网络的物理结构和网络所使用的传输协议,对用户而言变得透明起来。当用户访问网络时,无须了解资源的物理位置和连接方法,就可以访问资源。这对于使用网络但缺乏网络专业知识的普通用户,显得格外重要和有意义。同时网络的集中管理,也便于网管员有效地管理网络。

18.2 AD 的逻辑结构

1. 组织单元

组织单元(OU)包含在域中特别有用的目录对象类型就是组织单元。组织单元能包含用户、组、计算机和打印机等,组织单元不能包括来自其他域的对象。组织单元是可以指派组策略设置或委派管理权限的最小作用单位。使用组织单元,您可在组织单元中代表逻辑层次结构的域中创建容器,这样您就可以根据您的组织模型管理帐户、资源的配置和使用,可使用组织单元创建可缩放到任意规模的管理模型。可授予用户对域中所有组织单元或对单个组织单元的管理权限,组织单元的管理员不需要具有域中任何其他组织单元的管理权。例如在一个单位内,可能有一个网管员负责维护所有用户的账户,而另一个网管负责计算机的维护,在这种情况下,可以为所有的用户对象建立一个 OU,为所有的计算机对象建立另一个 OU。

2. 域

域是 Windows 网络系统的安全性边界。我们知道一个计算机网最基本的单元就是"域",这一点不是 Windows 所独有的,但活动目录可以贯穿一个或多个域。在独立的计算机上,域即指计算机本身,一个域可以分布在多个物理位置上,同时一个物理位置又可以划分不同网段为不同的域,每个域都有自己的安全策略以及它与其他域的信任关系。当多个域通过信任关系连接起来之后,活动目录可以被多个信任域共享。

3. 树

树是共享一段相邻的域名空间的域的组合,当网管员向现存的树中添加域时,新域成为现在父域的一个子域。子域名称与父域名称结合形成其 DNS 名称。现在存在一个域 st.com,如果在这个域下面再添加一个域 a.st.com,就可以说域 a.st.com 是域 st.com 的子域。这两个域共用了名字空间 st.com,从而构成了一棵树。

4. 森林

森林在网络中建立的第一个域就是根域,由此可以添加新的域,建成域目录树与域目录林,这个根域永远是整个域目录林的根域,只有根域正常运行,才能保证整个域目录林正常运行,因此目录森林由一棵树或多棵树构成。目录森林中不同的树有共同的根域,尽管不共享相邻的名称空间。但是,森林中的树却共享着共同的架构(Schema),它管理着同一个森林中所有域建立的对象的共同构成元素。此外,森林中的树还共享着共同的全局编目(Global Catalog)——存放着同一个森林中各个域的总体概况。

同其他树没有任何联系的单棵树,构成了只有一棵树的森林。每棵树的根域都同森林的根域有着可传递的信任关系,这种关系在各自的系统中是缺省的。

什么叫做信任关系?如果 A 域信任 B 域,经过 A 域管理员的授权,B 域的用户就可以访问 A 域的资源。什么叫做双向的信任关系?如果 A 域信任 B 域,B 域又信任 A 域,那么 A 域和 B 域之间存在双向的信任关系。信任关系的可传递性,A 域信任 B 域,B 域又信任 C 域,可推得 A 域也信任 C 域。

18.3 AD 的物理结构

1. 域控制器

域控制器(DC)存储着目录数据并管理用户域的交互关系,其中包括用户登录过程、身份验证和目录搜索,一个域可有一个或多个域控制器。为了获得高可用性和容错能力,使用单个局域网(LAN)的小单位可能只需要一个具有两个域控制器的域。具有多个网络位置的大公司在每个位置都需要一个或多个域控制器以提供高可用性和容错能力。

2. 站点

站点是指包括活动目录域服务器的一个网络位置,通常是一个或多个通过 TCP/IP 连接起来的子网。站点内部的子网通过可靠、快速的网络连接起来。站点的划分使得管理员可以很方便地配置活动目录的复杂结构,更好地利用物理网络特性,使网络通信处于最优状态。当用户登录到网络时,活动目录客户机在同一个站点内找到活动目录域服务器,由于同一个站点内的网络通信是可靠、快速和高效的,所以对于用户来说,他可以在最快的时间内登录到网络系统中。因为站点是以子网为边界的,所以活动目录在登录时很容易找到用户所在的站点,进而找到活动目录域服务器完成登录工作。

3. 其他相关名词术语

对象:对象是活动目录中的信息实体,也即我们通常所见的"属性",但它是一组属性的集合,往往代表了有形的实体,比如用户账户、组、计算机、打印机和站点等。对象通过属性描述它的基本特征,比如,一个用户账号的属性中可能包括用户姓名、电话号码和家庭住址等。

容器:容器是活动目录名字空间的一部分,与目录对象一样,它也有属性,但与目录对象不同的是,它不代表有形的实体,而是代表存放对象的空间,因为它仅代表存放一个对象的空间,所以它比名字空间小。比如一个用户,它是一个对象,但这个对象的容器就仅限于从这个对象本身所能提供的信息空间,如它仅能提供用户名、密码。其他的如工作单位、联系电话等就不属于这个对象的容器范围了。

标识名:轻量目录访问协议(LDAP),是一个用来查询和更新 AD 目录服务的协议。该协议规定,AD 中的对象可以由一系列表示逻辑层次的 LDAP 路径表示,这些逻辑层次包括域成分、OU(组织单位)与普通名。这样,就可以使用 LDAP 命名路径以访问 AD 中的对象了。LDAP 采用标识名的形式命名路径。

AD 中的每一个对象都有一个标识名。该标识名表示出了某对象所在的域的标识以及在该域中可以查找到该对象的完整路径。下面是一个典型标识名的例子如表 18-1 所列。

表 18-1 标识名 CN=ST,OU=Sales,DC=comtoso,DC=msff

关键字	属性	描述
DC	域组件(Domain Component)	域的 DNS 名,如 com 等
OU	组织单元(Organizational Unit)	用来包含其他对象的组织单元
CN	普通名(CommonName)	除了域组件、组织单元外的对象,如用户对象

18.4 活动目录的安装配置

理解了活动目录的原理之后,现在我们就可以进行活动目录的安装与配置了,活动目录的安装配置过程并不是很复杂,因为 WIN2K 中提供了安装向导,只需按照提示一步步按系统要求设定即可。但安装前的准备工作显得比较复杂,只有充分理解了活动目录的前提下才能正确地安装配置活动目录。下面我就详细地介绍一下活动目录的安装与配置及其准备了。

18.4.1 活动目录安装前的准备

在前面我们知道"活动目录"是整个 WIN2003 系统中的一个关键服务,它不是孤立的,它与许多协议和服务有着非常紧密的关系。安装"活动目录"不是安装一般 Windows 组件那么简单,在安装前要进行一系列的策划和准备。

(1) 确保安装了 WIN2K Server 或者 WIN2003,且至少有一个 NTFS 分区。

(2) 事先安装好 DNS 服务器,设置好静态 IP 和 DNS 地址。

(3) 规划好整个系统的域结构,活动目录它可包含一个或多个域,如果整个系统的目录结构规划得不好,层次不清就不能很好地发挥活动目录的优越性。在这里选择根域是一个关键,根域名字的选择可以有以下几种方案:

① 可以使用一个已经注册的 DNS 域名作为活动目的根域名,这样的好处在于企业的公共网络和私有网络使用同样的 DNS 名字。

② 我们还可使用一个已经注册的 DNS 域名的子域名作为活动目录的根域名。

③ 为活动目录选择一个与已经注册的 DNS 域名完全不同的域名。这样可以使企业网络在内部和互联网上呈现出两种完全不同的命名结构。

④ 把企业网络的公共部分用一个已经注册的 DNS 域名进行命名,而私有网络用另一个内部域名,从名字空间上把两部分分开,这样做就使得每一部分要访问另一部分时必须使用对方的名字空间来标识对象。

(4) 要进行域和账户命名策划,因为使用活动目录的意义之一就在于使内、外部网络使用统一的目录服务,采用统一的命名方案,以方便网络管理和商务往来。活动目录域名通常是该域的完整 DNS 名称。

(5) 规划好域间的信任关系,对于 WIN2K 计算机,通过基于 Kerberos V5 安全协议的双向、可传递信任关系启用域之间的帐户验证。在域树中创建域时,相邻域(父域和子域)之间自动建立信任关系。在域林中,在树林根域和添加到树林的每个域树的根域之间自动建立信任关系。如果这些信任关系是可传递的,则可以在域树或域林中的任何域之间进行用户和计算机的身份验证。

(6) 确定域的数量

由于域和域控制器是相互依存的,域存在于域控制器上,因此在确定域控制器数量之前首先要确定域的数量,确定域的数量的总的原则有两个。

① 安全边界(Security Boundary)。从网络逻辑功能的意义上讲,域作为安全的边界就是一个网管员行使必要的管理权限的范围。所以,作为一个企业内网(Intranet),一个域所管辖

的网络和计算机的范围,往往也就是一个企业法人独立管理的范围。

②复制单元(Unit ofReplication)。从网络流量管理上讲,域又是一个安全信息复制的单元。因此在同一个域中,各个域控制器之间的网络流量比较大,为此尽量让一个域的范围限制在几个紧凑的局域网之内。在两个原则中,安全边界是决定性的因素,而复制单元是辅助性的因素,因此往往为了保证一个公司的统一领导,还会经常把同一个公司跨越几个城市的网络确定为一个域的范围。作为弥补手段,就是通过网络的物理设计来解决几个城市之间网络信息的同步问题。

在规划和创建 DC 的同时还必须考虑到另外一个因素:配置 DC 和配置 DNS 服务器的关系。鉴于 DC 的主要功能是对登录用户进行身份验证,并授予其访问资源的权限,而 DC 为此所需要的很多信息都保存在与 AD 集成的 DNS 服务器中,因此凡是需要建立 DC 的地方都需要建立 DNS 服务器。不过,DC 和 DNS 服务器之间并不存在一一对应的关系,具体地讲就是一个 DNS 服务器可以同时为多个域提供域名解析的功能。这也体现了域的层次结构与 DNS 的域名空间之间是相互独立的。

下面再举一个比较复杂的例子

某公司有 3 个办公地点:北京、上海和广州。其中北京为总部,有 200 台主机,上海为办事处有 3 台主机,广州为生产基地有 1000 台主机。北京和广州都有专门的网络管理人员,而上海没有。在北京总部下属一个财务中心,要求有较高的安全特性,并专门安排网络管理人员。

本例子的分析思路如下所述。

公司有 3 个办公地点:北京、上海和广州,相距甚远,根据建立域的第 2 个原则,要减少网络复制信息的流量,可以考虑各自建立域。

在北京总部下属一个财务中心,要求有较高的安全特性,根据建立域的第一个原则,域是管理权限的安全边界,也可以考虑建立相应的域。

由于公司在北京和广州有专门的网络管理人员,而上海没有,而且上海作为办事处只有 3 台主机,因此上海人少,设备少,并没有完整的独立管理职能,因此在上海单独建域不符合第一个原则,为了减少网络流量可以在上海安装 DC 和 DNS 服务器,并使其与北京属于同一个域。

北京总部下属的财务中心,与总部的距离很近,不存在网络流量的问题,为其单独建域不符合第 2 个原则,为便于上海的办事处人员可以就近登录公司网络,因此它也可与北京总部同属于一个域,只是要建立一个特殊授权的组织单元(OU),并专门安排管理人员即可。

本实例的建议方案为:建立一个企业内网 Intranet,在北京总部建立根域和父域,在广州建立一个子域,上海属于北京的父域管理,为了便于上海的用户登录时不必到北京的 DC 和 DNS 中进行域名查询和用户身份验证,可以在上海建立独立的 DC 和 DNS 服务器,而在北京的财务中心,建立一个特殊授权的组织单元(OU),财务中心安排专人进行网络用户和资源管理,这样既方便又安全。

(7) 确定域控制器(DC)和 DNS 服务器的数量和位置

在确定了域的配置后,就可以考虑确定 DC 和 DNS 服务器的数量和位置,下面介绍确定 DC 和 DNS 服务器的数量和位置的原则。

一个域至少要有一台域控制器,也可以有多台域控制器。对于在同一地理位置,只有一个简单局域网的小型单位,一个域就可满足业务需要,这时有一台域控制器就可以了,不过出于安全和容错的考虑,可能还需要再添加第二台域控制器。

对于各部门分布在一个较大地理范围内且所处地点不同的大型公司而言,不管是否包含很多域,在不同地点,每个域都应该有各自的域控制器。

如果一个企业内网的规模较小,可以选择 DC 与 DNS 安装在同一个服务器,这样也可以便于二者之间信息的快速访问。但是,DNS 服务器最好与其他的网络管理服务器,如 DHCP 服务器、数据库服务器等分开。

18.4.2 域控制器的安装

安装域控制器的过程就是建立 AD 逻辑结构的过程。在安装好 DNS 后和确保上面提到的准备条件准备完善后,建立网络中第一个域控制器的步骤如下:

(1) 在"运行"中输入:dcpromo,跳出向导对话框。

(2) 选择"新域的域控制器",如图 18-1 所示。

(3) 选择"在新林中的域",如下图 18-2 所示。

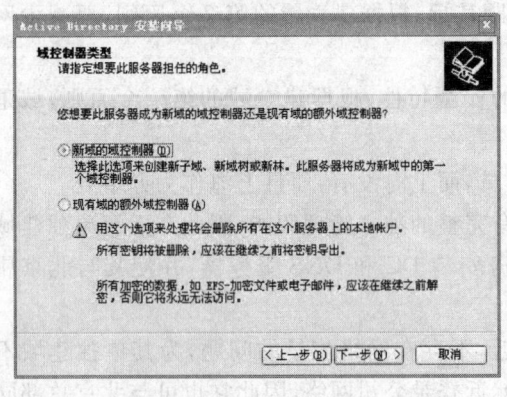
图 18-1 域控制器类型选择

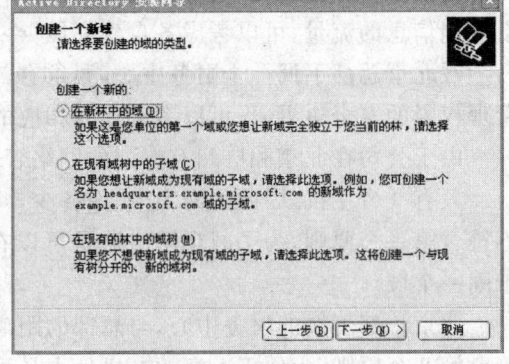
图 18-2 创建一个新域

(4) 输入新的域名和 NetBIOS 名,如下图 18-3 和图 18-4 所示。

(5) 输入数据库,日志及 SYSVOL 的位置保持默认,如图 18-5 和图 18-6 所示。

(6) 选择"这台计算机安装配置 DNS 服务器",如图 18-7 所示。

第 18 章 域控服务器

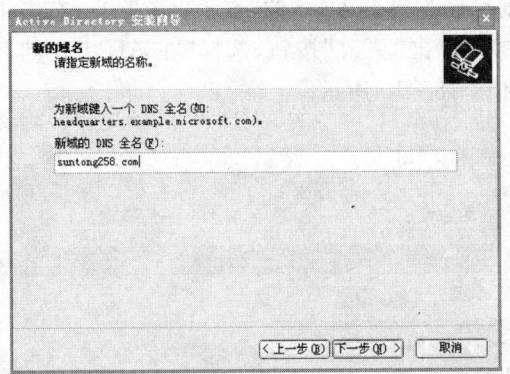

图 18-3　新的域名

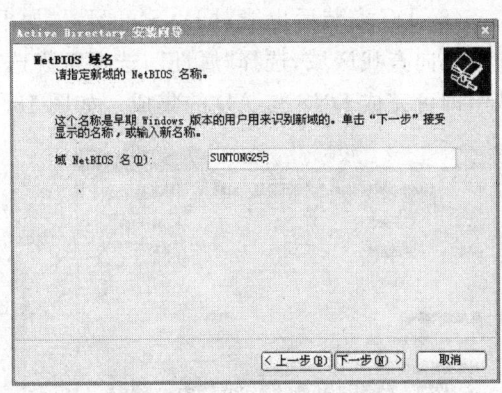

图 18-4　NetBios 名

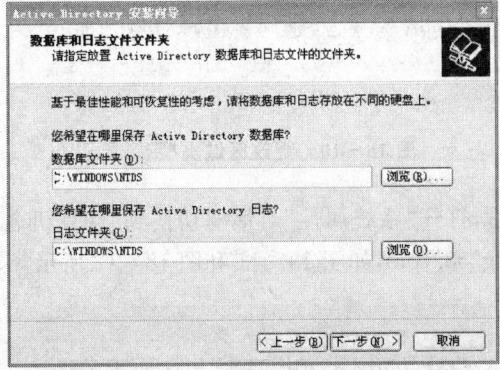

图 18-5　数据库和日志文件路径

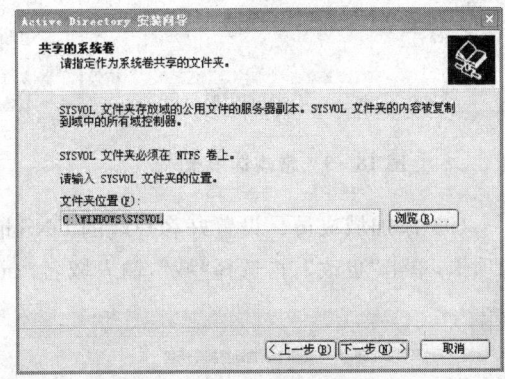

图 18-6　共享的系统卷

（7）选择"只与 Windows 2000 或 Windows 2003 操作系统兼容的权限"，如图 18-8 所示。

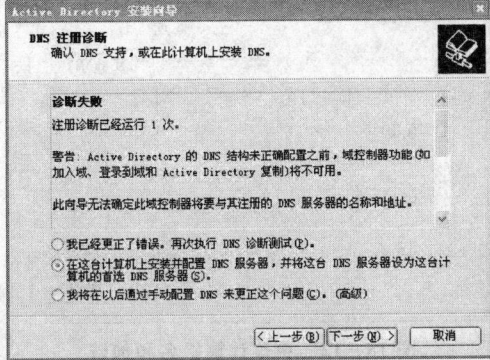

图 18-7　DNS 注册诊断

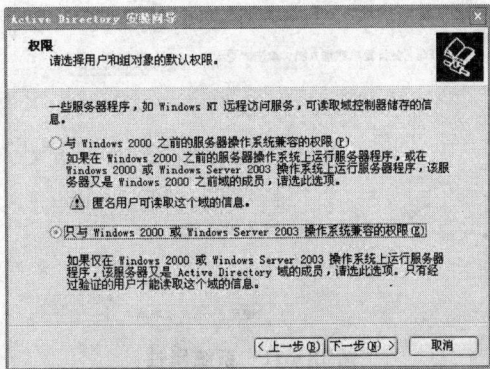

图 18-8　权限

(8) DC 安装后也能对 DNS 再配置(如果之前已经配置好 DNS 的,这步可省略)。右击正向或反向查找区域,选择"属性",选择常规选项卡,再单击"更改"按钮,选择"在 AD 中存储区域",即可完成 DNS 与 AD 的集成。如图 18-9 和图 18-10 所示。

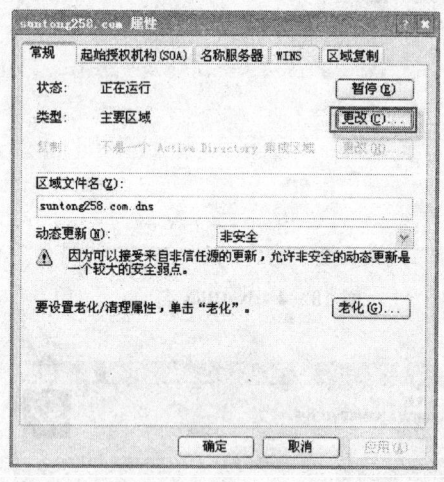

图 18-9 常规选项卡

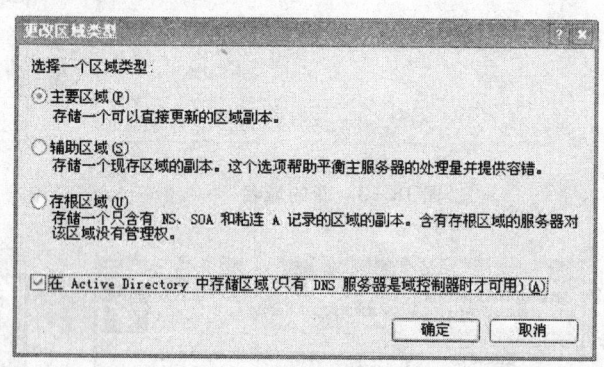

图 18-10 更改区域类型

(9) 添加域成员。设置好客户端的 DNS 地址后,打开"系统属性"对话框切换到"计算机名"选项卡,单击"更改",再选择"域",输入域名:suntong258.com,如图 18-11 和图 18-12 所示。

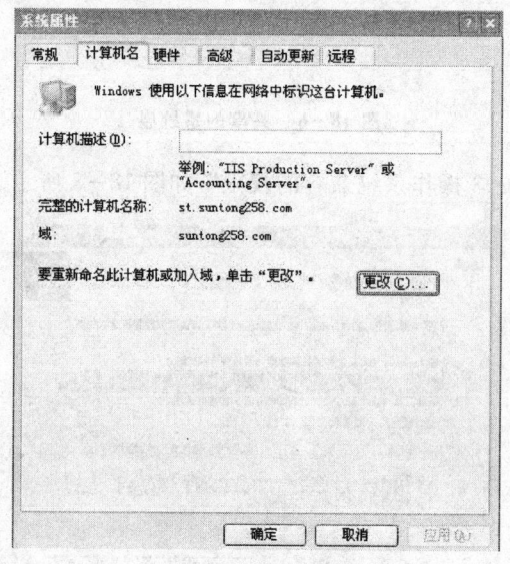

图 18-11 系统属性

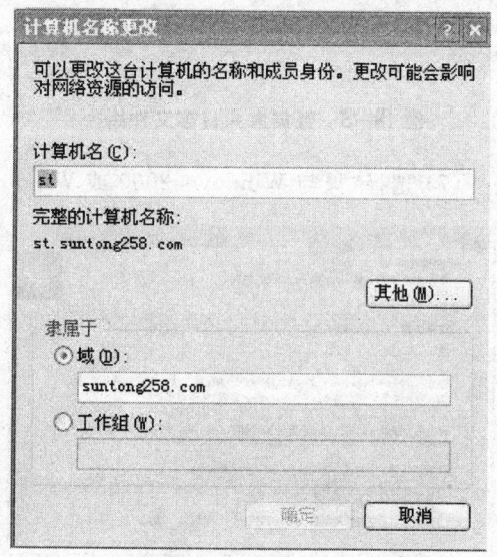

图 18-12 更改计算机名和加域

18.5 活动目录的组织和管理

18.5.1 内置容器对象

计算机升级成域控制器后，打开管理工具中的"Active Directory 用户和计算机"，如图 18-13 所示。

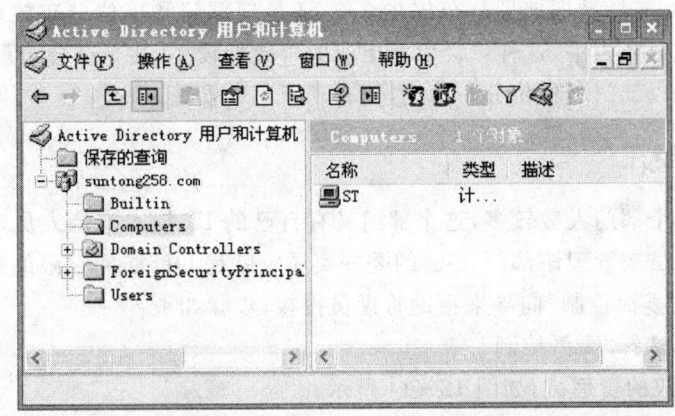

图 18-13 Active Directory 用户和计算机

在 AD 中主要的内置容器对象有如下几个：
Builtin：存放了一些内置的用户组对象，如 Administrators 组、users 组和 guests 组。
Computers：存放所有加入到域中的成员计算机的对象。
Users：存放所有用户对象。
Domain controllers：存放域中的所有域控制器的计算机对象。
Forergnsecurityprincipal：存放一些外部安全规范。
如果在"查看"里选择"高级功能"后，还能看到：
LostandFound：存放无法处理的对象。
System：存放着由操作系统产生的系统对象。

18.5.2 OU 的建立和配置

OU 的建立较简单，步骤如下：
(1) 右击域或 OU，选择"新建"菜单，再选择"组织单元"，输入 OU 名称即可。
(2) 右击用户帐号，选择"所有任务"，再选择"移动"，再选择刚才建立的 OU。
OU 之间对象移动后的影响：

(1) 直接分配给对象的权限随用户账号一起移动。
(2) 先前从父对象继承的权限不再适用，并且从新的父对象继承新的权限。

18.5.3　OU 的规划

由于 OU 是可以嵌套的，如何划分 OU 的层次，主要考虑以下两个因素：
(1) 地理分布。
(2) 部门和基础单位的分布。

在规划 OU 时，究竟是把地理分布放在首位，还是把部门和单位分布放首位，有着不同的看法。如果以地理分布为主，这种设计以后更改的可能性较小，甚至在公司重组时更改的可能也大大减少。如果以部门和单位分布为主，更有利于集中管理。

18.5.4　OU 的委托

如果公司的某个部门人数较多，这个部门又有自己的 IT 技术支持人员，域管理员可以把权限下放给该管理员来管理该部门，OU 的委托实质上就是 OU 访问权限的赋予。

AD 中提供了"委派控制"向导来帮助管理员授权，步骤如下：
(1) 右击 OU，选择"委派控制"。
(2) 添加被授权的管理员，如图 18-14 所示。
(3) 选择要委派的任务权限，如下图 18-15 所示。

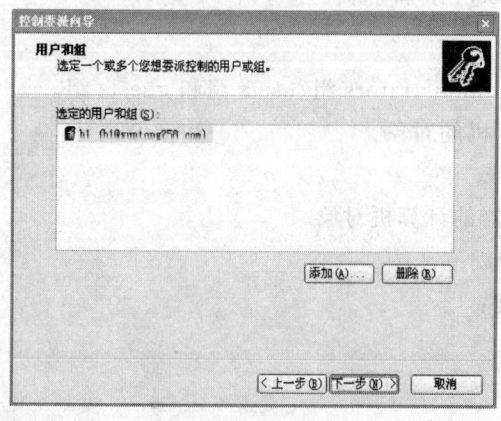

图 18-14　用户和组

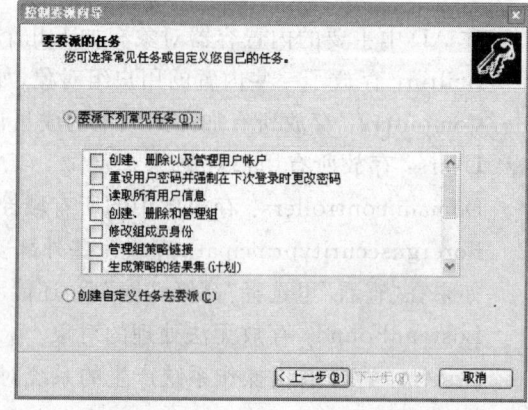

图 18-15　要委派的任务

18.6　域中的用户组

在计算机网络中可以为每个用户分配访问资源的权限，但这样很繁琐，也不合理，所以用户往往被分配到各种用户组,这样只需设置组的权限。

组中有用户,OU 中也有用户,但这两种用户是有区别的。一个用户可以同时是多个组的成员,但只能位于一个 OU 中,就像一个大学生可以参加很多兴趣小组,但所在的班级只能有一个。

18.6.1 域的模式

Windows 2000 中域模式有两种:本机模式(Native Mode)和混合模式(Mixde Mode)。域的混合模式可以同时兼容 Windows 2000 和 Windows NT 系统。域的本机模式只能容纳 Windows 2000 系统,但功能更完善。域的模式可以从混合模式转换成本机模式,但不可逆。

在 Windows 2003 中也有两个模式:Windows 2000 纯模式和 Windows Server 2003 模式。而默认的是 Windows 2000 混合模式,如图 18-16 所示。

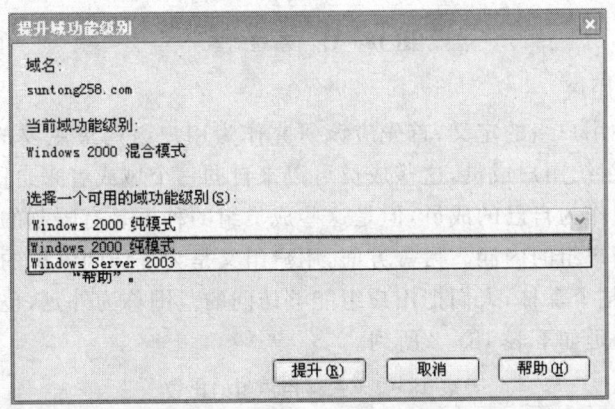

图 18-16 提升域功能级别

18.6.2 用户组的建立

AD 中用户组的建立较简单,只需选择相应的域或 OU,再选择"新建",再选"组"即可,会弹出对话框,如下图 18-17 所示。

在建立域中的组的时候,必须选择组的类型。有两种不同用途的组类型,即安全组(Security)和分布式组(Distribution),分布式组也称为通信组。安全组是我们通常使用的组,可以赋予它访问资源的权限。通信组则不能被赋予访问权限,它的唯一作用就是通信:当用户发送电子邮件给这个组时,就是发送给组中所有的成员。

在域处于本机模式时,组的用途可以任意改变,可从安全组变为通信组,或从通信组变为安全组。在混合模式时,不能转换组的用途。

当选择了安全组这组类型后,组的作用范围又分成本地域(本地组)、全局(全局组)和通用

图 18-17 新建对象

(通用组)3 种不同作用域。

要了解以上三种用户组的定义,首先应该研究作为用户组的最主要的两方面的功能。一方面,用户组是为了组织用户成员,这些成员可以来自同一个域或者来自同一个森林,此外,用户组可以吸收别的组作为自己的成员,但是这些成员组的种类是有限制的,人们把组中能够包含的成员范围叫做用户组的内涵。另一方面,用户组又是为了访问资源的,被访问的资源可以包括同一个域,或者整个森林,人们把用户组能够访问的范围称为外延,也叫作用范围。于是,这 3 种组的内涵与外延如下表 18-2 所列。

表 18-2 三种用户组的比较

	通用组	全局组	本地组
内涵(成员)	来自任何域的用户账号、域全局组和域通用组	来自相同域的用户账号,相同域的全局组	来自任何域的用户名、全局组和通用组,来自相同域的域本地组
作用范围	可在任何域中被赋予权限	可在任何域中被赋予权限	仅在相同域中被赋予权限

18.7 全局组、本地组和通用组的意义及转换

18.7.1 全局组和本地组

首先看一下在一个域中为什么要有全局组和本地组。这涉及如何来管理资源权限的分配问题。如果习惯上直接将资源的权限分配给用户账户,这样也能达到安全管理的目的,但是一旦用户数量变大,那么管理上的难度会急剧增加。在域中采用组的形式,可以将资源的访问权

限只分配给组,然后将用户加入到相应的组中使之获得对资源访问的权限。

现在将组分成了全局组和本地组两个层次,是为了更好地用组来管理权限的分配。

全局组的目的是为了实现"人以群分",是给用户分类的。例如在一个公司里,肯定有不同职责的员工或部门,如普通员工、部门经理、总经理,技术部、市场部等。不同的公司可以分出很多不同的部门来,然而公司中的每个人,都会是这里面一个或几个部门的成员。更重要的是,这些组织肯定对公司的资源会有各自不同的访问权限。所以全局组是对应于现实世界中具体的用户,根据公司的结构建立的计算机网络管理的用户组的结构。

本地组的目的是为了实现"物以类聚",是给资源分类的。更确切地说,本地组是预先规划的,对资源的某种访问权限。例如,公司里共享的打印机,对它有两种不同的权限:打印和管理。对于公司的一个共享的文件夹,就会有更多的访问类型,如只能读取数据、禁止修改的权力,或者完全控制的权力等。所以,本地组是抛开了用户和全局组,只考虑对某个或某些资源的访问方式而建立的组。在资源上给这些组赋予了正确的权限。而如果某个用户或某个组织可以使用某个资源,如用打印机来打印,那么只需要让这个用户账号或全局组成为可以使用打印机的本地组的成员就可以了。

在建立组的时候,实际上是先不考虑具体的某个用户的,而是首先建立这两层组的结构,因此这完全是根据公司运行和资源访问的需要来建立的。当公司的完整的组的结构建立以后,在建立新用户或者某个用户的职位或职责发生变化时,网管员需要做的只是将这个用户加入到与他现在的身份相应的全局组中,他自然会获得应有的权限。

现在再来看全局组和本地组的内涵就很清楚了。全局组是域中用来组织人的,所以包含的只是域中的人或人的组织,也就是域的用户账号和其他全局组。本地组则是用来面向资源管理的,所以所有对资源有访问权的人或组都可以成为它的成员,包括域中的用户和全局组。当然也可以包含域中的本地组,例如打印机的管理组当然有打印的权利,所以可以包含在打印组中(这不是必要的,也可以直接给打印机管理组赋予打印的权限)。

但是要注意一点,本地组决不能成为全局组的成员,一般初学者对这一点比较费解。这是受"本地"和"全局"这两个常用词的字面意思的影响。要记住,本地组是分配资源的,而全局组是分配人员的,资源是为人员服务的,所以负责资源分配的本地组,可以吸收负责人员分配的全局组为成员,从而使资源为人员服务,而不是相反。

18.7.2 通用组

关于全局组和本地组的概念,在微软的早期系统 Windows NT 中已经引进,解决了同一个域内人员和资源的组织问题。为了解决通过特殊的信任关系密切连成一体的森林中各个域之间的人员和资源的组织,引进了通用组。

在森林中,全局组的定位是对域中的人进行组织,所以其内涵没有变化,全局组的成员只是相同域中的用户账号和相同域中的其他全局组。那么如果有一个组织的成员需要来自森林中的多个域时该怎么办呢？这就有了一种新的组——通用组。通用组是由整个森林范围内的人或组织组成的新的组织，所以它的内涵必然是来自任何域的用户账号或任何域的全局组。

18.7.3 组类型的转换

在本机模式的域中，可以转换现有的组的类型，但只有以下两种转换方式。

(1) 域全局组转为通用组。只有当此全局组不是另一个全局组的成员时才能转换。

(2) 域本地组转为通用组。此域本地组中的成员中不能有其他的本地组。

通用组也可以转换为域的全局组或本地组，域的本地组和全局组之间不能转换。

18.7.4 AGDLP 策略

AGDLP 是使用全局组和域本地组的推荐策略，先将域用户账号（A--Accountant）添加到全局组（G—Global）中，将全局组添加到域本地组（DL—DomainLocal）中，然后为域本地组分配资源权限（P—Permission）。该策略提供了最大的灵活性，同时又降低了给网络分配访问权限的复杂性。

下面举一个使用 AGDLP 策略的例子。某公司有一个财务（Finance）部门的人员，需要拥有访问某一个账目数据库（Account）的数据的权力。下面说明如何使用 AGDLP 策略。

(1) 创建用户，然后创建一个 Finance 的全局组并将用户账号添加到其中去。

(2) 创建一个 Account 的域本地组，将 Finance 全局组添加到 Account 域本地组中去。

(3) 给 Account 域本地组分配所需的权限，就是访问账目数据库的权限。这样，已经加入到域本地组的全局组中的所有的用户都可以获得对账目数据的访问权力。

在活动目录中，在 AGDLP 的基础上还可以扩展为 AGGDLP 的策略，扩展的关键是全局组 G 不是直接加入到本地组 DL 中，而是可以先加入其他全局组 G 中，或者通用组，然后再加入本地组。

18.7.5 内置的组

建立域控制器的时候，系统会默认自动建立了一些内置的用户组，这些内置组分别位于两个容器中，一个是 Builtin，另一个是 Users。

位于 Builtin 容器中的组都是域本地组。

在 Users 容器中建立的内置组，有如下各组，其中大部分是域的全局组，也有通用组。因为这些组管理着整个域森林中各个域。

Cert Publishers(证书发行者)。

DomainAdmins(域管理员)。

Domain Computers(域计算机)。

Domain Controllers(域控制器)。

Domain Guests(域来宾)。

Domain Users(域用户)。

Enterprise Admins(企业管理员)。

Group Policy Creator Owners(组策略管理员)。

SchemaAdmins(架构管理员)。

这些组都已经明确地定义了各自的角色。Domain Admins 组作为全局组也是本地组 Administrators 组中的成员，Domain Admins 组或 Administrators 组的成员具有与管理员 Administrator 相同的权限。

另外还有几个特殊身份的组，它们并没有像其他组一样有明确的定义，但是它们的行为与组类似，只不过它们的成员会根据具体情况不断地变化。

Everyone(每个人)：代表所有当前的用户，包括来自其他域的用户。

Network(网络)代表当前通过网络访问资源的用户(注意，不是通过从本地登录，去访问网络上其他计算机资源的用户)。

Interactive(交互)：代表当前登录到特定计算机上，并且访问该计算机上的资源的所有用户(注意，不是通过网络访问资源的用户)。

Authenticated Users(所有通过了身份验证的用户)。

System(本机系统本身)。

虽然可以为这几个特殊的组赋予访问资源的权限，即可以在某个对象属性的"安全"选项卡中添加这些特殊的组，但是不能修改或查看其成员，因为在"Active Directory 用户和计算机"控制台窗口中看不到这些特殊的组。

18.8 用户配置文件

首先介绍用户配置文件的类型，有以下几种类型。

默认的用户配置文件。这是所有用户配置文件的基础。每一个用户配置文件都开始于默认的用户配置文件的一个复制件。

本地用户配置文件。该文件在用户第一次登录到某个计算机时创建，并被存储在本地计算机中。对本地用户配置文件的任何修改都是针对进行这种修改的计算机的。在一台计算机上可以为多个用户创建各自的本地用户配置文件。

漫游用户配置文件。该文件由网管员创建，并被存储在某个服务器上。在任何时候，任一用户登录到网络中的任何计算机上时，这一配置文件都是可用的。如果某个用户修改了他的桌面设置值，在该用户撤销登录时，这一用户配置文件即在服务器上被更新。

强制性用户配置文件。该文件由网管员创建，用于为某个用户或者某些用户指定特定的设置值。强制性用户配置文件可以是本地的或者漫游的用户配置文件。强制性用户配置文件不能保存对用户桌面设置值进行的任何修改。如果用户修改他们所登录的计算机的桌面设置值,但是当他们退出登录时,这些修改将不被保存。

建立一个漫游用户配置文件,步骤如下。

1. 在网络中某个服务器上创建一个文件夹,并将之设为共享,为需要建立漫游用户文件夹的用户提供对该文件夹的"完全控制"共享权限。

2. 打开"Active Directory 用户和计算机"控制台。找到需要建立漫游用户配置文件的用户,右击该用户账号,选择快捷菜单中的"属性"键,打开该用户的"属性"对话框,如图 18-18 所示。

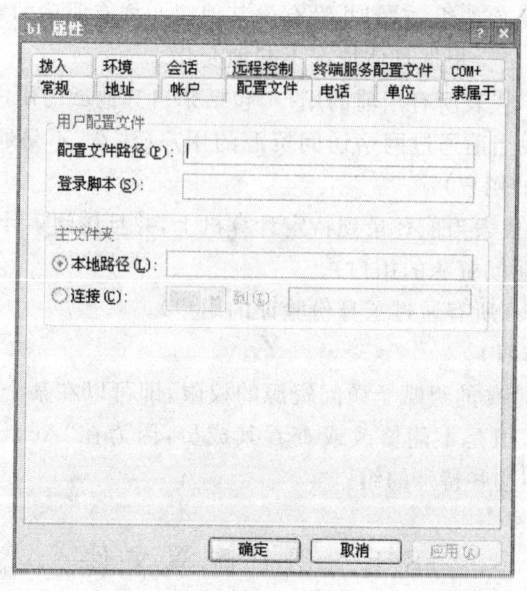

图 18-18 用户属性

3. 选择"配置文件"选项卡,在"用户配置文件"窗口中的"配置文件路径"输入栏中输入路径信息,用以指定共享文件夹。键入的路径信息格式应该为:\\server Name\shared_folder_name\%username%。

其中,serve mame 是放置用户配置文件的服务器的名称。shared folder name 是服务器上放置用户配置文件的共享文件夹的名称,即上面创建的新的共享文件夹的名称。%username%是一个操作系统的参数,表明合法登录的用户账户,在用户配置文件路径中,采用变量%username%,而不必键入具体的用户名称。

根据所介绍的漫游用户文件的配置,以后用户不管在哪台计算机上用自己的账号登录后,原来所做的任何变动都会在下次登录时全部保留下来。

此外,如果要建立强制性的漫游用户配置文件,可进行如下操作。

将配置文件 NTUSER.dat 重新命名为 NTUSER.man。这样做将使配置文件成为只读的,并因此而成为强制性的。为了重新命名该配置文件,可以以 Administrator 的身份登录,打开用户配置文件的文件夹,将 NTUSER.dat 文件重新命名为 NTUSER.man。

每个 GC 都保存着这个新域的摘要信息。在森林中指定新的 GC 以后,这个信息也将添加到配置目录分区,并被复制到森林中所有的域控制器上,以便所有的域控制器在必要时与这些 GC 联系。

综上所述,活动目录要成为真正的网络目录服务,必须具备分布式的目录复制功能。具体的措施包括:通过 KCC 自动建立高效率的复制路径,通过连接对象提供简单的管理接口,通过使用 USN 来提高目录复制的效率,通过建立活动目录内容的分区来减少复制的数据量。这样,活动目录才能实现可靠的目录复制能力。

18.9 站 点

以上所介绍的活动目录的复制,都是假定在一个局域网之内,准确地讲物理上处于同一个 IP 子网,因为局域网内部传输信息都是高速连接,几乎不必考虑网络传输的延时。但是,实际情况并非如此,一个公司往往处于不同的城市,因而需要在不同地点建立网络连接。而在同一个地点,以及在不同地点之间的复制传输,不可能都有同样的速率,而且不同地点之间的复制传输往往是用的低速连接。所以,当一个企业的网络分布在不同地点,要进行低速连接时,以上介绍的由 KCC 自动生成的复制拓扑的复制机理就不适用了,就要用到站点,在一个站点内可以有若干个域,而一个域可以分布在不同的站点,域是逻辑层次的概念,而站点是物理层次的概念。

下面我们要比较深入地介绍站点,以及与其相关的活动目录的物理层次的概念。

18.9.1 站点的定义

活动目录的复制功能可以保证整个网络上所有域控制器中的活动目录中的信息都是当前最新的。有些企业网络跨越几个城市,这样的网络为远程网(WAN),是由几个局域网组成的。这些局域网之间的网络连接的传输速度可能不一样。利用活动目录中的站点可以控制复制通信,通过控制与活动目录有关的各种信息的通信,找到最合理的复制路径。

站点有助于定义网络的物理结构。站点由相应的局域网组成,因为在 TCP/IP 的协议体系的路由管理下,每个局域网往往就对应于一个 IP 子网,因而可以用 IP 地址来定义这些子网。一个站点中可以由一个或几个 IP 子网组成。在目录林中的第一个域控制器时,就将建立第一个默认的站点,名为 Default-First-Site-Name,该站点可以被重命名。

站点可以包含目录林中任何域的域控制器(DC)。站点由网络管理的服务器对象(如 DC、DNS 等)组成。当计算机升级到域控制器的时候,通过站点管理,会自动把需要被复制信息的域控制器,列为站点的对象,或启动复制的连接对象。

18.9.2 站点的作用

利用站点可以控制复制通信与登录通信。

复制通信(Replication Traffic)。在活动目录中发生变化的时候,可以利用站点控制所发生的变化,以决定本站点的活动目录信息在什么时候,以什么方式复制到另一个站点中。

登录通信(Logon Traffic)。在用户登录的时候,活动目录会为该用户提供在同一站点上的域控制器的地址,以便就近进行身份验证,提高登录效率。

18.10 站点间复制

由于在站点内和站点之间的网络速率不同,因此在站点内和站点之间的活动目录的复制机理是完全不同的。假如有两个站点 Site1 和 Site2。在每个站点内部有若干个子网,站点之内的复制就发生在与这些子网相连的高速链路之间,两个站点之间的复制则发生在各自桥头服务器之间的远程低速链路之间。

18.10.1 站点内

站点内复制,通过高速、可靠的网络连接,在同一站点的域控制器之间发生。

站点内网络连接传递的信息是未压缩的。未压缩的复制通信有助于减少域控制器上的处理负载。然而,未压缩的通信会加大复制信息所需要的网络带宽的负担。

考虑到站点内网络连接一般都具有可靠性且有足够的带宽,因而原则上,只要发生活动目录信息的变化,就通过更改通知进行复制。

18.10.2 站点之间

对于站点间复制的设计,原则上要假设站点间的网络连接可获得的带宽有限,而且不一定可靠,因此在站点之间的活动目录信息的复制要考虑以下要求。

(1) 复制进度(Replication Scheduling)

站点间的复制必须首先确定相应的配置值,如时间表和复制间隔,然后确定站点间复制发生的时间和发生的频率。其中,时间表决定了复制可以在什么时候发生,时间间隔决定了在复制期间域控制器检查变化的频率。

(2) 压缩的通信(Compressed Traffic)

站点间的复制通信通过压缩站点间的复制通信来优化带宽。复制通信的内容在传送之前被压缩至原来的 10%～15%,但同时可加大了处理器的负载。

(3) 桥头服务器(Bridgehead Servers)

当站点间发生复制的时候,每个站点的多个域控制器中会选出一个域控制器作为桥头服务器,代表本站点所有的域控制器与拓扑中另一个站点的桥头服务器进行信息复制。利用每个站点上的站点间拓扑发生器(Intersite Toplogy Generator,简称 ITG)可以把站点内的某台域控制器自动指定为桥头服务器。在完成站点间的复制以后,桥头服务器利用站点内的正常复制进程,即前面介绍的 KCC(知识一致性的检查程序),把所有更新传递给站点上的所有域控制器。

18.10.3 复制协议

为了保证活动目录复制的接收和发送的正常进行,必须建立共同遵守的复制协议(Replication Protocol),主要有两种:IP 和 SMTP。其中 IP 的准确地表达为 RPC over IP。在"Active Directory 站点和服务"控制台中,可分别通过"Inter-SiteTransports"容器的子容器 IP 和 SMTP 进行设置,以便建立相应的站点连接。鉴于站点内和站点之间对复制的不同要求,活动目录的复制一共有以下 3 种方式。

(1) 站点内部快速的、同步的复制,使用 IP 方式。
(2) 站点之间慢速的、同步的复制,使用 IP 方式。
(3) 站点之间慢速的、异步的复制,使用 SMTP。

同步复制需要建立 IP 的连接,当一台域控制器向另一台域控制器发出复制请求时,它需要等待回应,然后再做出响应。在复制时,两台域控制器需要时刻保持联系。而异步复制则不需要等待,而是用电子邮件的传递方式,使用的是 SMTP 的协议。

使用两种方式在复制数据时都是要进行压缩以减少数据量的,但是 SMTP 采用的是与邮件相同的传递方式,所以更适合于在两个域控制器之间的连接质量很差、或者在无法建立 RPC 连接时使用。SMTP 不能用于同域的域控制器之间的复制,只能用于整个目录森林的架构分区和配置分区的数据复制。

18.11 桥头服务器的管理

如果需要限制可以用来建立站点间连接的域控制器,应该在该站点所属的域控制器中选择一个或几个域控制器作为优选的对象,用来复制该站点的变化。

站点建立之后系统将自动产生 ISTG(站点间拓扑生成器),此时系统把 ISTG 作为首选桥头服务器。按下列步骤操作可手工验证哪个域控制器上具有 ISTG 站点间拓扑发生器的角色。

(1) 在"Active Directory 站点和服务"控制台中,在"Sites"文件夹中选择一个站点。这里选择系统默认建立的站点(Default-First-Site-Name)。

(2) 右击"NTDS Site Settings"(站点设置)对象,选择"属性"命令。

(3) 在弹出的"NTDS Site Settings 属性"对话框中,选择"站点设置"选项卡,在"服务器"栏中有"CLONE1",表明在名为"Default-First-Site-Name"的站点中,站点间拓扑发生器为服务器"CLONE1",如图 18-19 所示。

也可以为每个站点指定可用的桥头服务器。在"Active Directory 站点和服务控制台的"Site"文件夹中的任一个 Servers 对象的"属性"对话框中,有一个"此服务器是下列传输的首选桥头服务器"项,如图 18-20 所示。通过它,可以将这个服务器指定为 IP 或 SMTP 方式的首选桥头服务器。这样,就会只使用指定的域控制器作为此站点的首选桥头服务器。

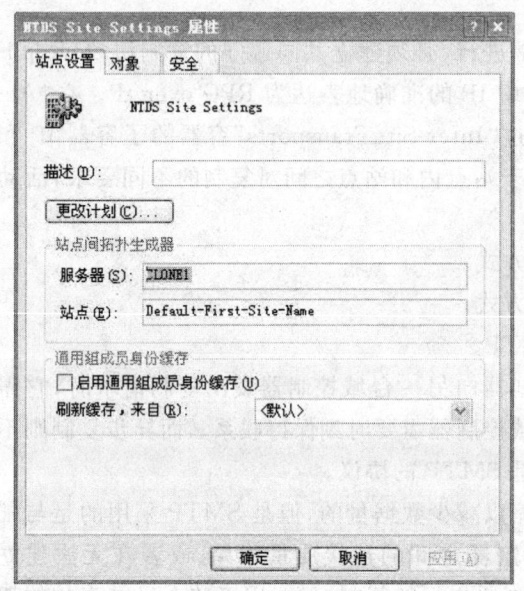

图 18-19 "NTDS Site Settings 属性"对话框

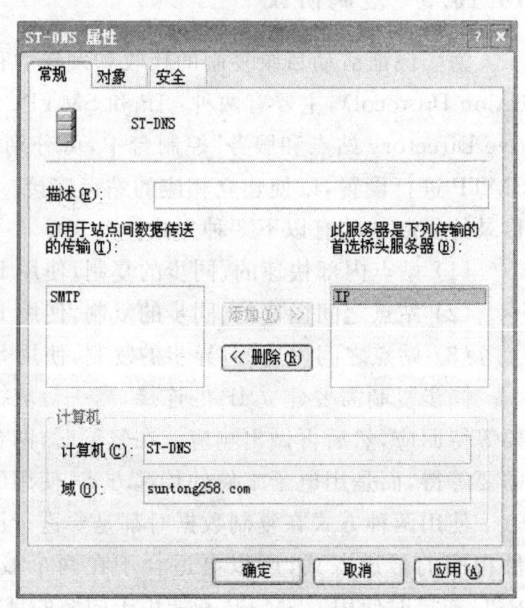

图 18-20 桥头服务器

手工指定首选桥头服务器可能会更好地控制活动目录的复制,让性能或网络连接较好的域控制器担负桥头服务器的角色。但是,需要注意以下两点。

(1) 手工指定限制了 ISTG 的选择范围,降低了 ISTG 的容错能力。因为如果首选桥头服务器出现故障,ISTG 不会自动选择其他服务器作为首选桥头服务器。

(2) 如果同一个站点中的域控制器属于几个不同的域,则分布在同一个站点中的每一个域,都需要有自己本域的首选桥头服务器,因为域控制器不能代为传递不同域的域分区数据。

18.12 站点 AD 的复制

18.12.1 建立站点(Site)

在网络中建立了第一个域控制器(DC)之后,也就建立了活动目录的网络管理环境。在缺省情况下,总是存在一个系统默认建立的 Site,名称为"Default-First-Site-Name"。以后在同一个域中建立的 DC 都可以加入到这个 Site 中。

如果是在活动目录的环境,还要建立新的站点,并将之与站点用子网连接,具体操作步骤如下所述。

(1) 打开"Active Directory 站点和服务"控制台,右击"Sites"命令,再执行"新站点"命令,打开"新建对象—站点"窗口。

(2) 在"名称"输入栏中,输入新站点名字,如图 18-21 所示。

(3) 单击站点要链接的对象,然后单击"确定"按钮,如图 18-22 所示。

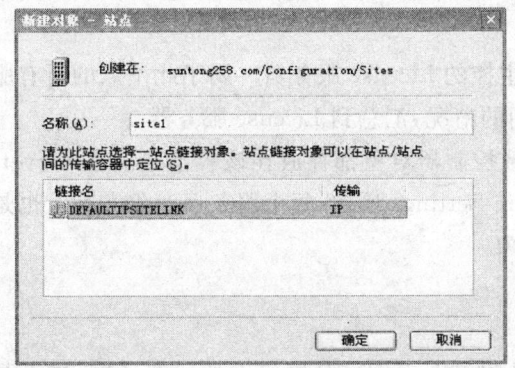

图 18-21 新建站点

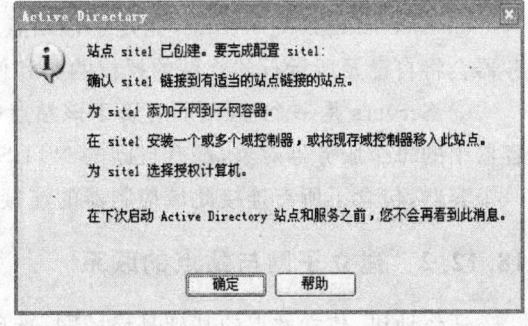

图 18-22 站点信息显示

(4) 为新建站点移入域控制器。左侧子窗口中选择相应的域控制器,在右键菜单中执行"移动"命令,打开"移动服务器"窗口,选择对应的站点后,单击"确定"按钮。如图 18-23 和图 18-24 所示。

站点一旦建立,相当于整个网络的地理结构已经建立。现在可以将每台服务器放在它应该位于的站点中。站点中的服务器对象和"Active Directory 用户和计算机"控制台中的服务器对象虽然都是指相同的域控制器,但是它们所包含的属性是不同的,作用也不同。

站点实际上是 AD 的一种容器,打开系统默认建立的"Default-First-Site-Name"站点,可在右侧子窗口中看见如下 3 个对象。

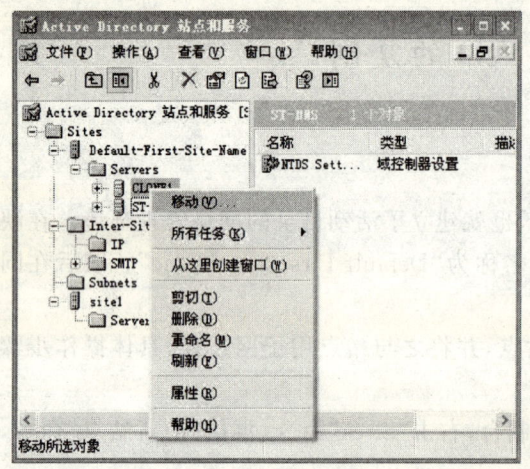

图 18-23 AD 站点与服务主窗口

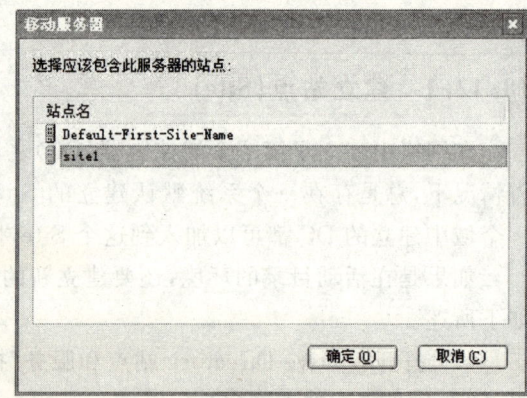

图 18-24 移动服务器

① NTDS Site Settings 中有该站点中的所有域控制器的一些通用特性,包括在该站点中进行 AD 复制的时间表(Schedule)。

② Licensing Site Settings 指定了该站点中主控的 License 服务器。属于此站点的所有服务器会将自己及所运行的软件的授权购买和使用的情况,汇总到 License 服务器。

③ Servers 是一个容器,所有属于该站点的域控制器对象都存放在该容器中。在 Servers 容器中的每个服务器对象,都有自己的 NTDS Site Settings 属性,每个服务器对象实际上也是一个容器,包含了所有连接此域控制器的连接对象。

18.12.2 建立子网与站点的联系

通俗地讲,建立站点的基础是局域网,准确地讲就是 TCP/IP 网络上的一个子网,或者是几个紧密连接的子网。属于这些子网上的计算机将共享这个站点内的高速连接,以及这个站点与其他站点的连接,从而实现活动目录的信息复制和用户登录验证等网络功能。

因此,在定义了站点以后,必须建立子网与站点的联系。操作系统利用子网信息可以找到最近的服务器,从而减轻网络通信负担。在一个站点中任意一台域成员服务器如果要登录到域,可以利用子网信息,找到与自己属于同一个子网的域控制器以便尽快完成登录时的身份验证。

可按下列操作步骤建立子网对象。

(1) 打开"Active Directory 站点和服务"控制台,展开"Sites"。

(2) 右击"Subnets"(子网),在弹出的快捷菜单中执行"新建子网"命令。

(3) 输入子网地址和子网掩码。如图 18-25 所示。

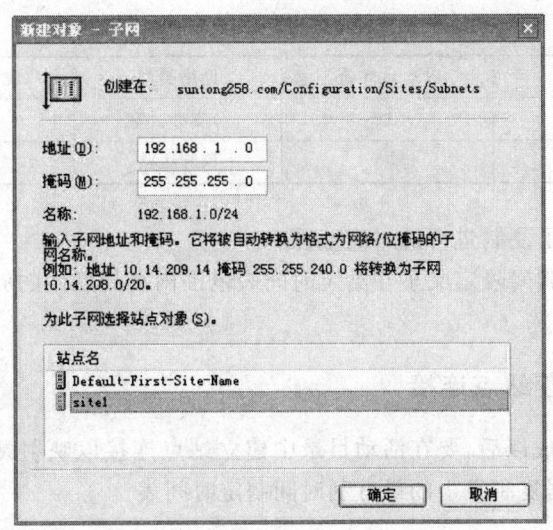

图 18-25 新建子网对象

(4) 选择需要与子网建立联系的站点,然后单击"确定"按钮。

18.13 建立和配置站点连接

18.13.1 站点连接的定义

站点的建立,对活动目录复制有直接的影响。位于同一个站点内的域控制器之间的复制,将会以最快的方式进行,即更改通知方式。对于不同站点的域控制器之间的复制,KCC 并不会自动建立复制的关系,需要人工干预,这就是站点连接(SiteLink)。

站点连接是用来管理站点间复制的对象的,可以允许一个站点与其他站点进行复制。站点连接包含下列元素:

(1) 传输。这是用来传输复制数据的网络技术。
(2) 成员站点。这是通过站点连接,而连接起来的两个或多个站点。
(3) 成本(Cost)。如表 18-3 所列,站点连接成本是表示组织分派给站点间复制通信的优先权大小的数字。成本反映了基础网络的速度和可靠性。如果在两个站点之间存在多个站点连接,复制时可获得最低的成本连接。成本的数字范围是 1~32767,是一个用于比较的相对值。

表 18-3 COST 值比较

网络类型	成本 cost 值	网络类型	成本 cost 值
T1 骨干	1	分支办公室	1 000
56K 连接	500	国际线路	5 000

(4) 时间表。定义了复制进行的时间范围。

(5) 复制间隔。复制间隔定义了在给定时间表范围内复制发生的频率。复制将范围定义在 15～10 080 min。

18.13.2 建立和配置站点连接

在网络站点配置完成以后，要在活动目录中建立站点连接以映射站点间的连接。以网络通信和成本为基础，根据复制发生的最有利时间制定时间表。

1. 建立站点

按下列操作步骤建立站点连接。

(1) 打开"Active Directory 站点和服务"，双击"Inter-SiteTransport"（站点间传输）。

(2) 右击站点连接需要使用协议（IP 或 SMTP），右击"新建"，执行"新站点链接"命令。如图 18-26 所示。

(3) 在"名称"输入栏中，输入指定连接的名字，单击需要链接的两个或多个站点，然后单击"添加"按钮。如图 18-27 所示。

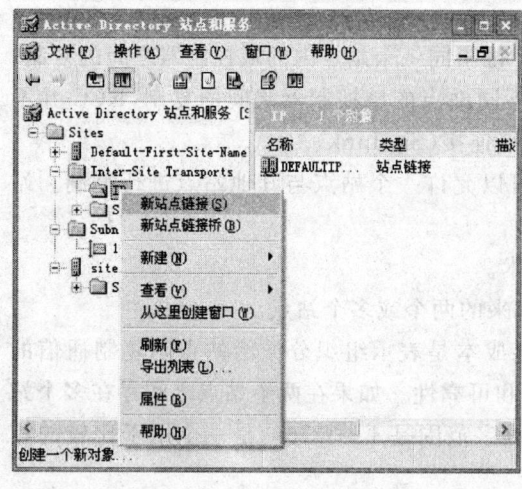

图 18-26 新站点链接

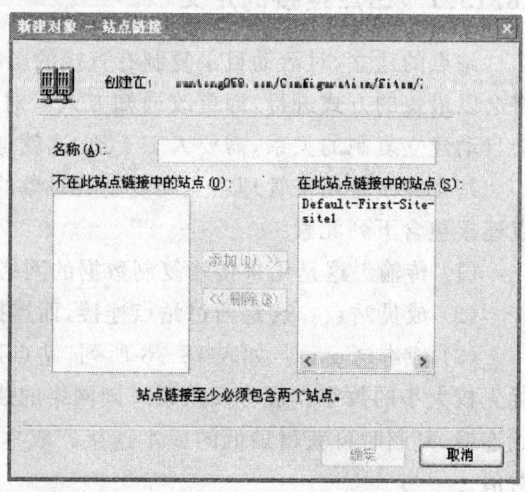

图 18-27 添加需要链接的站点

(4) 配置站点连接的成本、时间表和复制间隔。

成本、复制间隔和时间表是站点连接的属性。在建立站点连接的时候,可将这些属性配置成默认值。成本的默认值是 100,复制间隔的默认值是 3 h,复制可以获得的时间表是许多阶段性的时间。

2. 配置站点

按下列操作步骤配置站点连接。

(1) 展开"Sites"下的"Inter-Site Transport"子文件夹。
(2) 根据站点连接所采用的协议,单击"IP"或"SMTP"。
(3) 右击其中的一个站点连接,选择"属性"。
(4) 在"属性"对话框的"常规"选项卡上,按需要改变开销(即成本)、复制频率,如图 18-28 所示。
(5) 单击"更改日程安排"按钮,设置使用复制的时间,如图 18-29 所示。

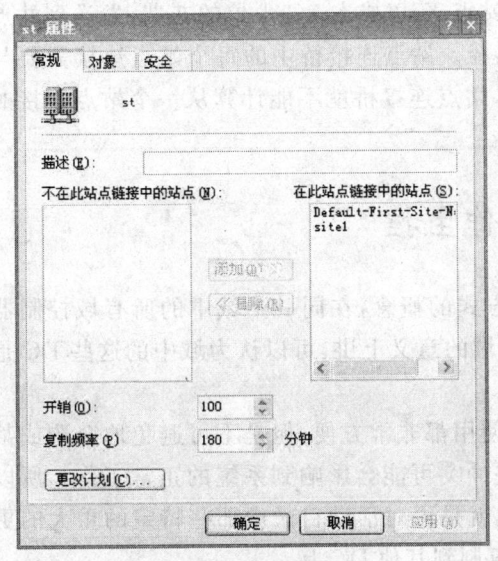

图 18-28 常规选项卡

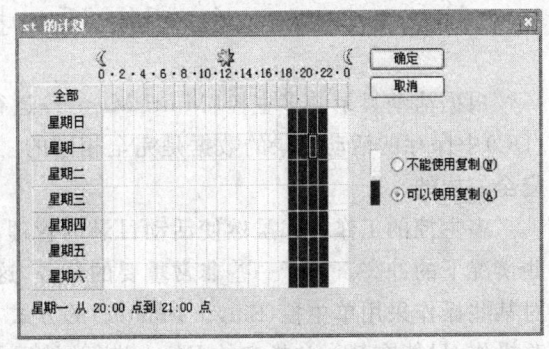

图 18-29 计划

18.14 站点连接桥

站点连接桥(Site Link Bridge)由两个或多个站点连接组成,用以把两个或多个站点连接起来,启动站点连接的传递并规范网络的路由选择。

一般情况下,只要网络是完全路由的(任何两台域控制器之间的网络是连通的),就可以使用 Bridge all site links(桥接所有的站点连接),而不用建立站点连接桥。这种情况称为 Transitive(可传递的)。

通常在两种情况下需要停止 Bridge all site links,而采用手工配置的站点连接桥：

(1)网络不是完全路由的,存在非直接的连接；

(2)在网络比较复杂、站点和站点连接比较多时,如果网络系统自动计算复制拓扑,由于要考虑所有这些站点连接之间桥接的选择,会使计算工作量大大增加,以至于影响网络运行的性能,而且这些额外的计算量多数是无效的。这时就需要关闭 Bridge all site links,然后手工建立必要的站点连接桥。

站点间传输的站点连接桥对象通过具体指定两个或多个站点连接来建立。假如一个网络有 3 个站点 X、Y、Z,只有 XY 与 YZ 有站点连接,而 X 与 Z 之间没有建立连接。

站点连接 XY,连接站点 X 和站点 Y,借助 IP 协议,成本为 3。

站点连接 YZ,连接站点 Y 和站点 Z,借助 IP 协议,成本为 4。

站点连接桥 XYZ,连接 XY 和 YZ。

站点连接桥 XYZ 意味着 IP 信息可以直接从站点 X,以成本 7(3+4)的花费,发送到站点 Z。TCP/IP 的路由选择规定了信息传输的实际路径。站点连接桥中的每个站点连接需要与桥中的另一个站点连接有一个共同的站点。否则,站点连接桥就不能计算从一个站点连接的站点到其他站点连接的站点的成本。

18.15 操作主控

根据活动目录的多主控(Multi Master)运行方式的概念,在同一个域中的所有域控制器(DC)中保存的活动目录的数据是完全相同的。从域的意义上讲,可以认为域中的这些 DC 是完全一样的。

多主控的工作方式虽然使活动目录的管理和使用都非常方便,但是不可避免地会造成某些情况下的冲突。对于一些非常重要的任务,这些冲突可能会影响到系统的正常工作。所以对某些操作采用单主控(Single Master)的方式,也就是说对活动目录中那些特定的重大的更改操作,只能在某一台指定的 DC 上进行,然后再复制到其他 DC 上。

在活动目录中,一共有 5 类特定的更改必须采用单主控的工作方式。对每一类操作,都可以指定某台 DC 作为进行原始更改的 DC,这个 DC 就被称为这类操作的操作主控(Operations Master)。这 5 类操作主控为架构操作主控(Schema Master)、域命名操作主控(Domain Naming Master)、PDC(Primary Domain Controller)仿真器、RID(Relative Identifier)主控和基础结构主控(Infrastructure Master)。

这些操作主控的身份可以位于同一台 DC,也可以分别位于不同的 DC。当需要进行相应地更改时,必须在操作主控所在的 DC 上进行,或者将管理工具连接到这台 DC 上。

这 5 类操作主控又分为森林级主控与域级主控两种。架构操作主控和域命名操作主控是属于森林级的主控,也就是说整个森林只有这两个操作主控。其他 3 类——PDC 仿真器、RID 主控和基础结构主控,都是域级操作主控。

18.15.1 架构操作主控

架构(Schema)是整个森林中的所有对象和属性的模板,在 AD 中通过架构(Schema)管理,可以对对象类别、对象属性的定义进行增加、删除和修改,然后扩展应用到 AD 的整个森林。这保证了网络自身管理的灵活性和统一性。由于架构的变化直接影响到整个森林中的对象,所以对架构的修改必须非常慎重,需要有一个操作主控来负责架构的修改。在缺省情况下,建立的森林中的第一台 DC 会成为架构主控,并且只有 Schema Admin 组的成员才具备更改架构的权力。

架构和架构主控的管理工具在 Windows 2000 的默认的管理工具中没有,需要使用建立控制台(MMC)的方法来添加架构和架构主控的管理工具。

使用建立控制台的方法来添加特定的管理功能,这是在 Windows 2000 操作系统中常用的方法之一,学员可以通过下面这个实例来掌握这种方法。

(1) 需要对控制台的架构管理单元进行注册。进入 DOS 下:\WINNT\system32。然后,在命令行中输入:egsvr32.exe schmmgmt.dll。

(2) 打开控制台(MMC)窗口,单击"控制台"菜单,执行"添加/删除管理单元"命令,添加"ActiveDirectory 架构"选项。如图 18-30 和图 18-31 所示。

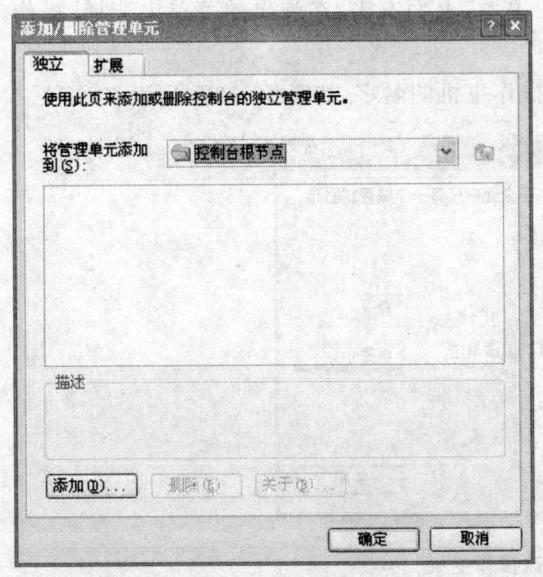

图 18-30 添加/删除管理单元

图 18-31 添加独立管理单元

（3）在控制台窗口中的"ActiveDirectory"上右击，在弹出的菜单中选择"操作主机"。当前的架构主控的 DC 的名字出现在"更改架构主机"对话框中。

如果需要将架构主控的身份转移给森林中的另一台 DC（注意，这里是转移而不是新建，因为架构主控只能有一个），首先需要连接到目标 DC，在控制台窗口中的 Active Directory Schema 上右击，在弹出的菜单中选择"更改域控制器"命令，然后填写目标 DC 的名字。再次进入"更改架构主机"窗口，单击"更改"按钮即可。

18.15.2 域命名操作主控

域命名操作主控（Domain Naming Master）是森林范围的另一个操作主控，同架构主控一样，域命名操作主控也是在整个森林中只有一台 DC 具有这个身份，在缺省情况下也是创建目录森林的第一台 DC。

域命名操作主控的作用是控制域的添加和删除，目的是保证在森林中添加新的子域时，不会出现重名的情况。在森林中建立一个新域时，这个工作会送到域命名操作主控所在的 DC，由这个 DC 完成添加的任务。此时域命名操作主控将检查现有的域的名字，以避免重名的情况出现。所以当域命名操作主控由于故障没有在线时，将无法添加和删除域。

域命名操作主控对域名及相应对象的查询需要通过全局编目服务器，所以域命名操作主控所在的 DC 必须同时也是全局编目服务器。

域命名操作主控的管理位于"Active Directory 域和信任关系"中，查看的步骤如下。

（1）打开"管理工具"菜单中的"ActiveDirectory 域和信任关系"控制台。

（2）在该窗口的"Active Directory 域和信任关系"上面右击，在弹出的菜单中选择"操作主机"。

（3）打开"更改操作主机"窗口，可看到当前操作主机的名字，如图 18-32 所示。

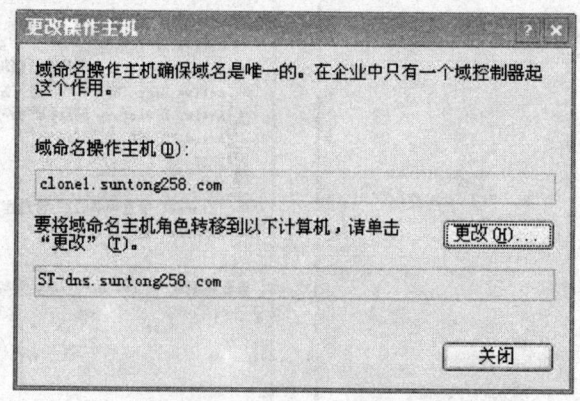

图 18-32 更改操作主机

要注意的是,只有 Enterprise Admin 组的成员,才具备传递域命名操作主控的权利,并且要先将目标 DC 设为全局编目服务器。

18.15.3　PDC 仿真器

为了与微软以前的操作系统 Windows NT 4.0 建立的域兼容,在用 Windows 2000 操作系统建立的活动目录域,只要处于混合模式下就可以同时管理 Windows NT 4.0 的域。PDC 仿真器这个操作主控的主要目的是模拟 Wndows NT4.0 域中的 PDC(主域控制器)。在混合模式下,对域的用户的数据的修改,都在 PDC 仿真器所在的 DC 上进行,然后,PDC 仿真器能够将相应的修改复制到域中的 Windows NT Server 4.0 的 BDC(辅域控制器)中。

PDC 仿真器属于域级的操作主控,也就是说每一个域都有一个自己的 PDC 仿真器。PDC 仿真器的任务比较多,它和用户口令的一些操作密切相关。PDC 仿真器的管理位于"Active Directory 用户和计算机"管理工具中。

18.15.4　RID 主控

在域中建立一个安全主体(Security Principle)时,如用户、组和计算机对象,每个对象都会得到一个 SID。在进行安全管理时,如对文件访问的控制等,使用的是 SID 而不是名字。对象的 SID 的组成是:SID 即 Domain SID + Relative Identifier(RID)。

所以每个对象的 Relative Identifier(RID)都必须保证在域的范围内是惟一的。RID 主控的作用就是管理本域中所有 RID 的发放。

在每个域中的任何一台 DC 上,都可以建立新的安全主体对象,但是每个 DC 首先需要从 RID 主控中申请一组有效的 RID 并存放在自己的 RID 池中。在建立新对象时,DC 从自己的 RID 池中给这个对象分配一个 RID。当 RID 池用完时,DC 需要向 RID 主控申请新的 RID,否则将无法在这个 DC 上建立新的对象。

在多个域之间移动一个对象时,该移动也会在对象所在域的 RID 主控的 DC 之间同时进行,这样可以保证不会出现同一个对象被移动到多个域的情况。在对象移动到别的域后,原来域的 RID 主控会删除这个对象。由于这个移动操作是单主控的,所以不会出现此对象又被移动到其他域的情况。

18.15.5　基础结构主控

在一个由多个域组成的森林中,每个域中的域本地组和通用组都可以包含来自其他域的成员,这种成员对象本身是位于其他域中,在用户组对象中记录了这些成员的相关的标识名。当该对象被移动时,这些成员对象的标识名也会改变,基础结构主控的作用就是跟踪这种变化，以防止当引用某一个域的域本地组和通用组的时候，其成员位于另一个域已被删除，或被修改的不一致的情况。

基础结构主控所在的 DC 不能同时是全局编目服务器，否则基础结构主控将不起作用。在只有一个域的森林中，由于不存在一个用户组的成员跨越不同的域，所以基础结构主控不会运行。

第 19 章 WSUS 补丁服务器

企业中系统安装完成后要频繁的进行升级,打补丁,这时候就很有必要组建一台企业内部的升级服务器,用于给企业内部的计算机升级,省去网管逐一升级补丁的烦恼。

WSUS 是微软公司推出的用于局域网内计算机操作系统升级的一种服务器软件,它可以快速、方便地为网络中的每台工作站升级系统补丁。使用 WSUS 进行补丁升级可以带来两个明显好处,一是节省了企业的带宽,用户不需再去微软的站点进行升级。另外就是提高了升级的速度,因为所有升级都从内部服务器下载。同时 WSUS 服务器还可以提供记录,查看哪些电脑没有及时升级补丁。

19.1 WSUS 的安装

(1) 安装前确保分区格式为 NTFS。

(2) 安装"Internet 信息服务(IIS)"和"Asp.net",另外在 IIS 中选中"后台智能传送服务(BITS)服务器扩展"。

(3) 安装"Microsoft.NET Framework 2.0"。

(4) 运行 WSUS 安装程序包,现在是 3.0 版本。注意安装程序至少需要 6GB 空间和 2GB 的数据库空间。安装过程中合理选择"本地存储更新"路径和数据库路径,如图 19-1 和图 19-2 所示。

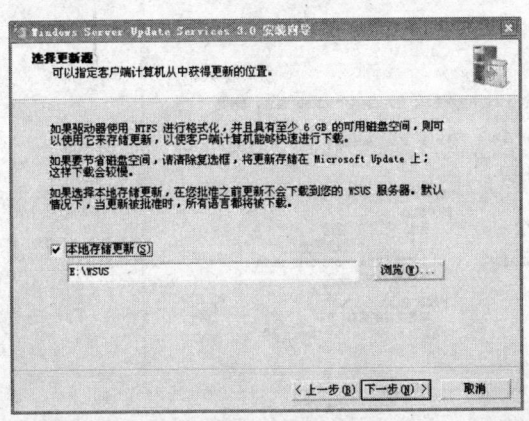

图 19-1 选择更新源

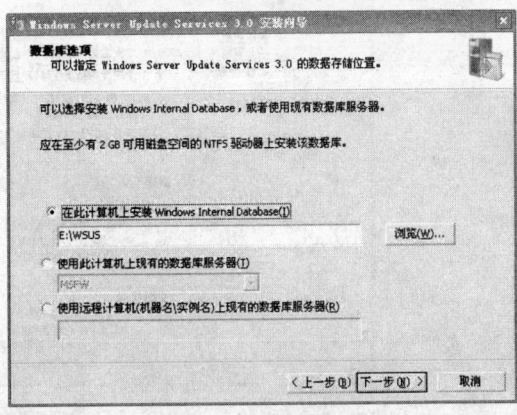

图 19-2 数据库选项

(5) 弹出"网站选择"对话框,选择默认的第一选项,如图 19-3 所示。

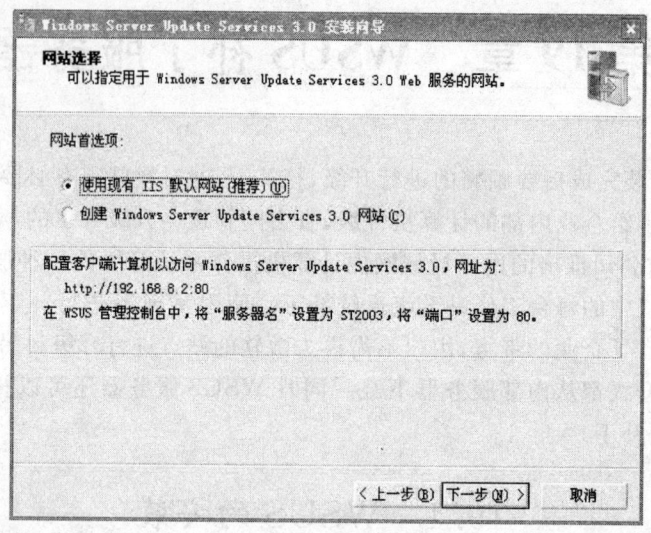

图 19-3 网站选择

(6) 完成安装后启动 WSUS 有三种方法,一是可以在 MMC 控制台打开;二是在管理工具中打开"Microsoft Windows Server Update Services 3.0";三是在浏览器中输入 IP 地址。启动后的界面如图 19-4 所示。

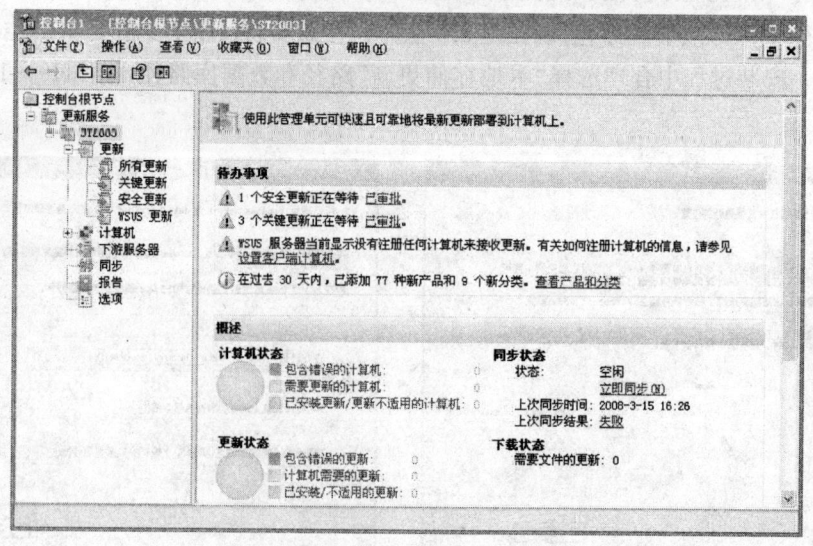

图 19-4 MMC 打开更新服务

19.2 WSUS 的设置

在图 19-4 所示窗口中切换到"选项"标签,可以看到有很多设置选项,如图 19-5 所示,这里介绍几个主要的。

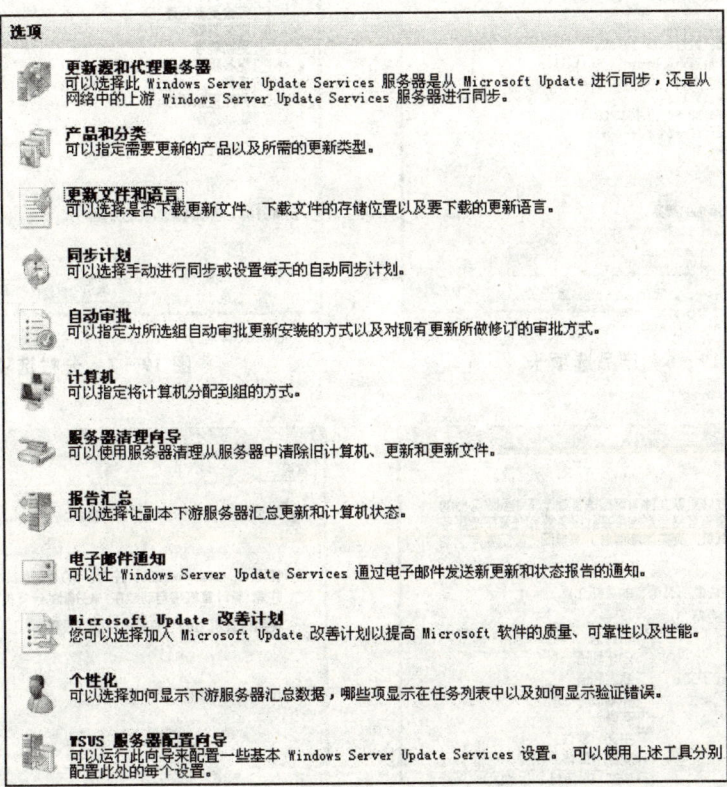

图 19-5 选项菜单

(1) 更新源和代理服务器:设置 WSUS 服务器更新是从 Mircosoft Update 更新,还是从上级 WSUS 服务器更新。一般如果 WSUS 服务器只有一台,没有级联的话,设置从 Mircosoft Update 更新即可。

(2) 产品和分类:可以指定需要更新的产品,和更新类型,如图 19-6 和图 19-7 所示。

(3) 更新文件和语言:选择是否下载更新文件,存放位置以及语言。一般选择中文版和英文版,如图 19-8 所示。

(4) 计算机:该项建议选择第二个"使用计算机上的组策略或注册表设置",如图 19-9 所示。

网络组建与管理

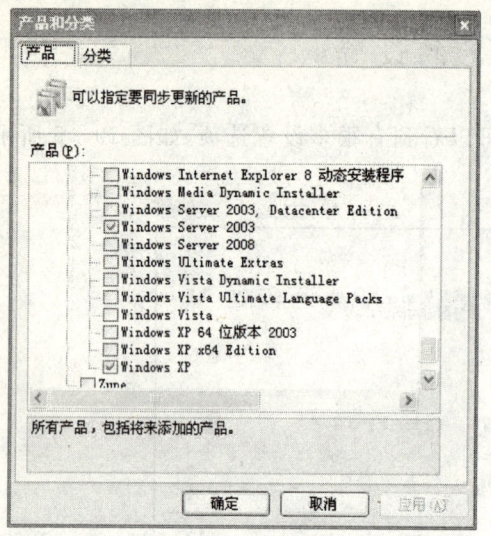

图 19-6 产品选项卡

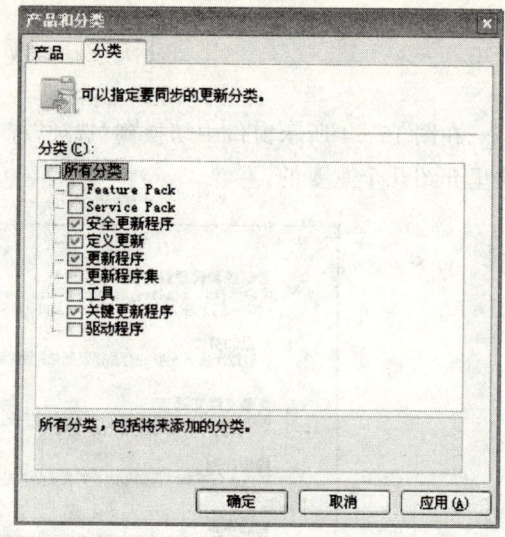

图 19-7 分栏选项卡

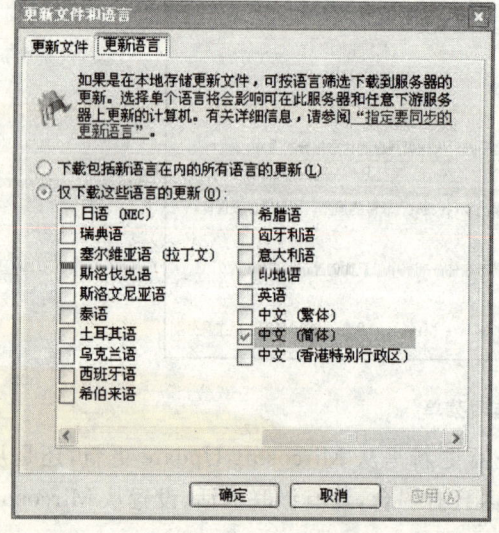

图 19-8 更新文件和语言

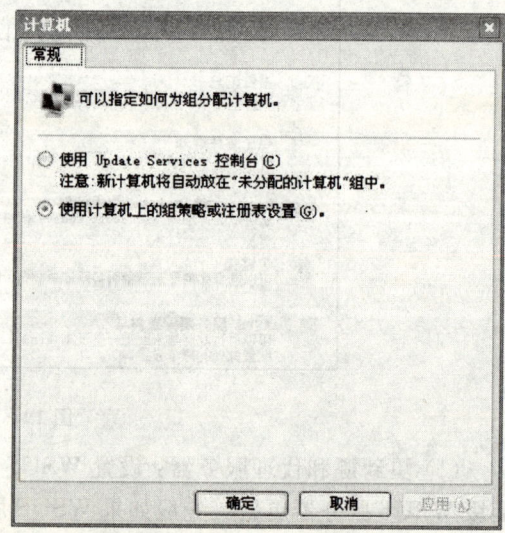

图 19-9 常规选项卡

以上设置均可在"WSUS 服务器配置向导"完成。

19.3 客户端的设置

需要在组策略中启用自动更新并指定 SUS 服务器的地址。

(1) 运行 gpedit.msc,打开"计算机配置"→"windows 组件"→windows update,双击右边的配置自动更新属性,根据需要相应设置,如图 19-10 所示。单击"下一设置",打开"指定 Internet Microsoft 更新服务位置属性",设置 WSUS 服务器地址,如图 19-11 所示。

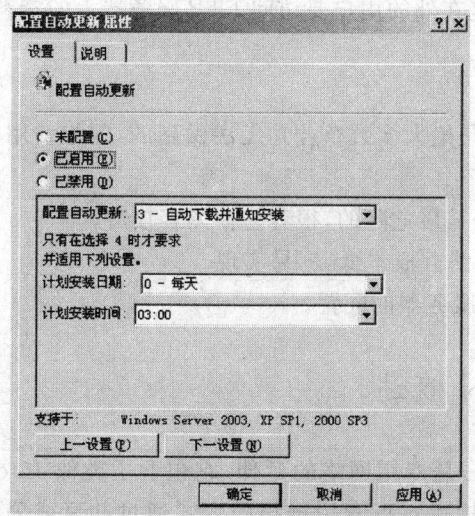

图 19-10　配置自动更新　　　　图 19-11　配置更新服务位置属性

(2) 对于 AD 中的客户机,组策略刷新大概需要 20 min。而默认情况下,每隔 90 min 计算机组策略才刷新一下(刷新时间随机偏移 0~30 min)。为了加快刷新,操作如下:

AD 中:客户端运行 gpupdate /force 命令。工作组:运行 wuauclt.exe /detectnow 命令。

另外,如果客户机是 Windows 2000,组策略需要先添加策略模版 wuau.adm。

第 20 章　VPN 服务器

现在的企业常会遇到这样的问题：如果只在公司总部建立一个局域网，那么只有总部的电脑间可以进行资源的共享，其他分支机构的电脑要访问总部局域网内的电脑资源该怎么办呢？比如在公司总部有一台内部 FTP 服务器，出差在外的用户要访问 FTP 服务器上的资料，又该怎么办呢？

对于上述情况有如下解决方法。

（1）建立一条专门的线路和总部进行连接，但是绝大多数企业是无法做到的，因为费用非常昂贵。

（2）将 FTP 服务器发布在互联网上，这种方法是最危险的，很容易被黑客攻击。

（3）最后一种方法是使用 VPN，即虚拟专用网络。成本低，容易实现。

下面以 Windows Server 2003 为例介绍 VPN 服务器的配置。

20.1　VPN 概述

虚拟专用网络（Virtual Private Network，VPN）是专用网络的延伸，它包含了类似 Internet 的共享或公共网络链接。通过 VPN 可以以模拟点对点专用链接的方式通过共享或公共网络在两台计算机之间发送数据。如果说得再通俗一点，VPN 实际上是"线路中的线路"，类型于城市大道上的"公交专用线"，所不同的是，由 VPN 组成的"线路"并不是物理存在的，而是通过技术手段模拟出来，即是"虚拟"的。不过，这种虚拟的专用网络技术却可以在一条公用线路中为两台计算机建立一个逻辑上的专用"通道"，它具有良好的保密和不受干扰性，使双方能进行自由而安全的点对点连接，因此被网络管理员们非常广泛地关注着。

20.2　VPN 特点

要实现 VPN 连接，局域网内就必须先建立一个 VPN 服务器。VPN 服务器必须拥有一个公共 IP 地址，一方面连接企业内部的专用网络，另一方面用来连接到 Internet。当客户机通过 VPN 连接与专用网络中的计算机进行通信时，先由 ISP 将所有的数据传送到 VPN 服务器，然后再由 VPN 服务器负责将所有的数据传送到目标计算机。

VPN 具有以下特点：

1．费用低廉

首先,远程用户可以向当地的 ISP 申请账户登录到 Internet,以 Internet 作为通道与企业内部专用网络相连,大大降低了通信费用。而且,企业可以节省购买和维护通信设备的费用。

使用 VPN,远程用户可以通过 Internet 访问公司的局域网(LAN),而费用只是传统的远程访问方案的一小部分。可以使用网络适配器拨入 VPN,就像拨打调制解调器连接到传统的远程服务器一样,VPN 使公司不必花钱去购买和维护诸如调制解调器和专用模拟电话线之类的组件。调制解调器及其相关的基础设备仍然集中在 Internet 服务提供商所在的位置,而不必牺牲安全性或控制远程连接的能力。同时,通过其他的 VPN 所必需的已验证的访问、加密和用户数据压缩,可以确保安全地访问专用数据。

2．安全性高

VPN 使用三个方面的技术(通信协议、身份验证和数据加密)保证了通信的安全性。当客户机向 VPN 服务器发出请求时,VPN 服务器响应请求并向客户机发出身份质询,然后客户机将加密的响应信息发送到 VPN 服务端,VPN 服务器根据数据库检查该响应。如果账户有效,VPN 服务器将检查该用户是否具有远程访问的权限,如果该用户拥有远程访问的权限,VPN 服务器即可接受此连接。在身份验证过程中产生的客户机和服务器公有密钥将用来对数据进行加密。

3．支持最常用的网络协议

由于 VPN 支持最常用的网络协议,所以,诸如以太网、TCP/IP 和 IPX 网络上的客户可以很容易地使用 VPN。不仅如此,任何支持远程访问的网络协议在 VPN 中也同样被支持。这意味着可以远程运行依赖于特殊网络协议的程序,因此,可以减少安装和维护 VPN 连接的费用。

4．有利于 IP 地址安全

VPN 在 Internet 中传输数据时是加密的,Internet 上的用户只能看到公共的地址,而看不到数据包内包含的专用网络地址,因此,保护了 IP 地址的安全。

5．网络构架弹性大

VPN 较专线式的架构更有弹性,可以轻易地扩充网络或变更网络架构(增加端口、用户端设备更换)。VPN 支持通过 Intranet 和 Extranet 的任何类型的数据流,方便增加新的节点。支持多种类型的传输媒介,可以满足同时传输语音、图像和数据等新应用对高质量传输以及带宽增加的需求。

6．管理方便灵活

构架 VPN 只需较少的网络设备及物理线路,使网络的管理变得较为轻松。不论分公司或远程访问用户,均只需通过一个公用网络端口或因特网的路径即可进入企业网络。公网承担了网络管理的重要工作,关键任务可获得所必要的带宽。

7. 完全控制主动权

VPN 使企业可以利用 NSP（网络服务提供商）的设施和服务，同时又完全掌握着自己网络控制权。比如说，企业可以把拨号访问交给 NSP 去做，由自己负责用户的查验、访问权、网络地址、安全性和网络变化管理等重要工作。

20.3 VPN 应用

VPN 的实现可以分为软件和硬件两种方式。Windows Server 2000 和 Windows Server 2003 以完全基于软件的方式实现了虚拟专用网，因此成本非常低廉，这无疑是联网技术中一次具有划时代意义的革命。无论身处何地，只要能连接到 Internet，就可以与企业网进行连接，登录到内部网络浏览或交换信息。

一般来说，VPN 使用在以下两种场合。

（1）总公司的网络已经连接到 Internet，用户在远程拨号连接 ISP 连接上 Internet 后，就可以通过 Internet 来与总公司的 VPN 服务器建立 PPTP 或 L2TP 的 VPN，并通过 VPN 来安全地传送信息。

（2）两个局域网的 VPN 服务器都连接到 Internet，并且通过 Internet 建立 PPTP 或 L2TP 的 VPN，就可以让两个网络之间安全地传送信息。

20.4 配置 VPN 服务器

配置服务器前请先关闭 Windows Firewall/internet Connection Sharing(ICS)服务。

（1）打开"控制面板"—"管理工具"中的"路由和远程访问"项进入其主窗口后，在左边窗口中选中"(服务器名)"，在其上右击，选"配置并启用路由和远程访问"，如图 20-1 所示。

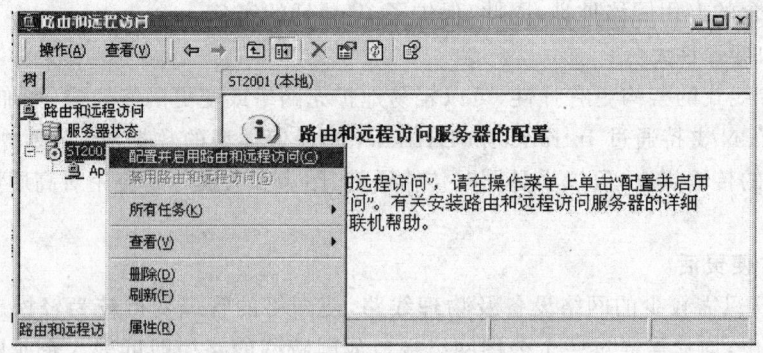

图 20-1 配置并启用路由远程访问

(2) 当进入配置向导之后，在"公共设置"中，点选中"虚拟专用网络(VPN)服务器"，以便让用户能通过公共网络(比如 Internet)来访问此服务器，如图 20-2 所示。

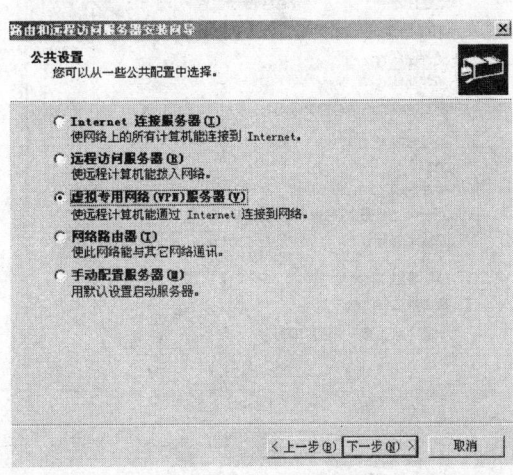

图 20-2　虚拟专用网络(VPN)服务器

(3) 在"远程客户协议"的对话框中，一般来说至少应该已经有了 TCP/IP 协议。之后系统会要求你再选择一个此服务器所使用的 Internet 连接，在其下的列表中选择所用的连接方式(比如已建立好的拨号连接或通过指定的网卡进行连接等)再"下一步"。接着在回答"您想如何对远程客户机分配 IP 地址"的询问时，除非你已在服务器端安装好了 DHCP 服务器，否则请在此处选"来自一个指定的 IP 地址范围"(推荐)。

(4) 然后再根据提示输入你要分配给客户端使用的起始 IP 地址，"添加"进列表中，比如此处为"192.168.0.80～192.168.0.90"。(请注意，此 IP 地址范围要同服务器本身的 IP 地址处在同一个网段)

(5) 最后再选"不"，我现在不想设置此服务器使用 RADIUS"即可完成最后的设置。此时屏幕上将自动出现一个正在开户"路由和远程访问服务"的小窗口，当它消失之后，打开"管理工具"中的"服务"，即可以看到"Routing and Remote Access"(路由和远程访问)项自动处于"已启动"状态了。

20.5　赋予用户拨入的权限

默认的，任何用户均被拒绝拨入到服务器上。欲给一个用户赋予拨入到此服务器的权限，需打开管理工具中的用户管理器(在"计算机管理"项或"Active Directory 用户和计算机"中)，选中所需要的用户右击属性中的"拨入"选项，然后单击"允许访问"项，再"确定"即可完成赋予此用户拨入权限的工作，如图 20-3 所示。

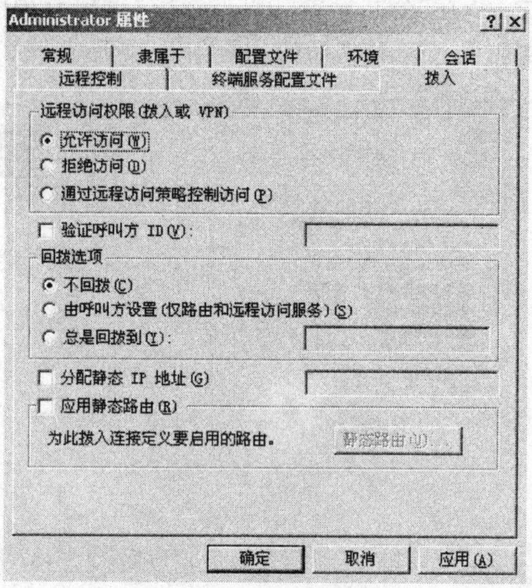

网络组建与管理

图 20-3 拨入选项卡

20.6 测试 VPN 连接

在网络连接中"新建连接",选"通过 internet 连接到专用网络"(如图 20-4 所示)。之后填写正确的 VPN 服务端的 IP 地址。最后通过服务端提供的用户名和密码登陆。

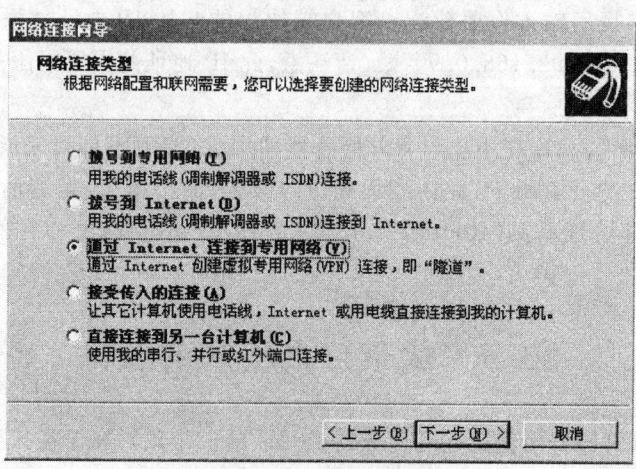

图 20-4 网络连接类型

连接成功之后可以看到,双方的任务栏右侧均会出现两个拨号网络成功运行的图标,其中一个是到 Intenet 的连接,另一个则是 VPN 的连接了!当双方建立好了通过 Internet 的 VPN 连接后,即相当于又在 Internet 上建立好了一个双方专用的虚拟通道,而通过此通道,双方可以在网上邻居中进行互访,也就是说相当于又组成了一个局域网络。这个网络是双方专用的,而且具有良好的保密性能。

第四部分

项目案例篇

第四部分

戏曲案例篇

第 21 章　10 个经典项目案例

21.1　案例一　禁止玩 QQ 游戏

【案例介绍】

某公司是宽带接入的，一些员工经常玩 QQ 里的斗地主、麻将等小游戏，老板想不让他们玩 QQ 游戏，但最好只禁止玩 QQ 游戏而其他下载上网没有影响，请问如何解决？

【解决方案】

方法一，运行 QQ 游戏，在显示登陆框时选择"设置代理服务器"选择"SOCKET5 代理"服务器地址设置为 110.110.110.110 端口为 110，再点一下"设置代理服务器"把窗口隐藏回去，即可无法登陆，如果您要玩的话，只要在"设置代理服务器"里把"使用代理服务器"前面的钩取消即可。（这个就要看他们对这些了解多少了）

方法二，QQ 游戏这个程序进行监控，禁止运行，使用 Windows XP 系统自带的组策略就可以很好的实现对某个特定的用户运行某个特定的程序进行限制。并且在组策略中还有多种方法限制用户的行为，比如说限制访问某个非法站点就很实用，强烈建议使用 Windows XP 系统的组策略解决此问题。甚至你可以用管理员账户，给其他人一般账户，可以在组策略对他们的所有权利进行限制设置。（这种情况只要他们把 QQ 游戏改下名子改了就又可以正常使用了）

方法三，还有种办法，把服务里面的 DCOM 禁用，他们登陆 QQ 游戏后，会提示打开游戏客户端失败，请重新下载游戏，如果他们还想玩，把游戏重新下了的话，又会提示他们，然后如此循环。

方法四，如果不想让别人使用某个软件，只要在其安装目录下新建一个文件名为 ws2_32.dll 的文件，这样系统就会以文件出错误而禁止运行。

方法五，可以在公司的路由器或防火墙上做安全策略，禁止 QQ 游戏的端口或禁 QQ 游戏的服务器 IP 地址等都可以实现。

【知识的拓展】

让指定 QQ 号码无法登录

如果不想让别人经常用自己计算机上 QQ，可以用此方法。

（1）首先打开文件夹选项，把里面的"使用简单文件共享"前面的勾去掉。

（2）在 QQ 的目录里面手动建立一个文件夹，文件夹名就是那个不想让其登录的号码，右击此文件夹选择"属性"。在安全选项卡里面把"写入"的权限改为拒绝。如果想登录把那个文件夹删了就可以了。

修改文件禁用 QQ

QQ 目录下有个 WizardCtrI.dII,它就是新号码的登录向导功能,如果找不到这个文件,在登录新号码时 QQ 就会出错自动退出。利用这个原理,我们就可以限制新的 QQ 号登录了。

先把 QO 重装一遍,目的是获得一个全新的 WizardCtrl.dll,这步一定要做,否则就失效了。然后,把需要正常使用的 QQ 号登录一遍,这样就不会被 WizardCtrl.dll 影响了。接着打开 QQ 安装目录,找到 wizardCtrl.dll(这个文件在 QQ 安装根目录下,不要搞错,将其重命名(为了隐蔽,最好改为 wizardCtrl.dll 等)。

至此,整个过程就完了,如果想增加允许登录的 QQ 号,再把 WizardCtrl.dlI 文件名改回。

查寻别人 QQ 的 IP 地址

无论你选择 netmeeting,还是进入 QQ 与人闲聊,一般无暇顾及对方的 IP 地址。假如想弄清楚与你聊天的朋友来自何方,以下方法可以一试。进入 DOS 状态,输入 netstat(空格)-n 语句,这样就可以查找出聊友的 IP 地址。如果知道 IP 地址分配的话,就知道此人在哪里上网聊天;查出 IP 地址后,在 DOS 状态下输入 nbtstat(空格)-A(必须大写)(空格),后面输入你刚才查找出的对方的 IP 地址。对方的电脑名称也跃然"屏"上。

21.2 案例二 忘记管理员密码

【案例介绍】

我们经常会忘记 Windows 2000\XP\Server 2003 的密码,并且不知道其他管理员的密码,无法进入系统,碰到这种情况,如何解决?

【解决方案】

下面介绍几款功能强大的密码破解软件,具体操作仅以前两款软件为例。

1.【软件名称】:Passware Kit Enterprioc(世界最著名的密码破解软件之一) V8.0

【软件大小】:1.96MB

【软件语言】:英文与中文

【软件说明】:美国最强大的破解密码程序之一(注:请不要用于非法用途)。

这个软件几乎可以破解当今所有文件的密码,可破解格式如下:Office(Word、Power Point、visual、Excel、Outlook、Access);Windows 系统密码;Zip、Rar、Pdf、Acrobat、Act、Backup、EFS、FileMaker、IE、Lotus Notes、Mail、Money、MYOB、Organizer、Outlook Express、Paradox、Peachtree Accounting、Project、Quattro Pro、QuickBooks、Quicken、Schedule、WordPerfect、WordPro 等口令的恢复。功能强大,只需一次安装即可破解各种格式密码。

【使用方法】:使用该工具可以制作密码恢复的软盘(需要用光盘引导,并按 F6)、光盘或 U 盘。这里以制作启动光盘(镜像)为例讲解。

(1) 在图 21-1 所示中选择"bootable windows key CD-ROM",根据提示生成 ISO 镜像。

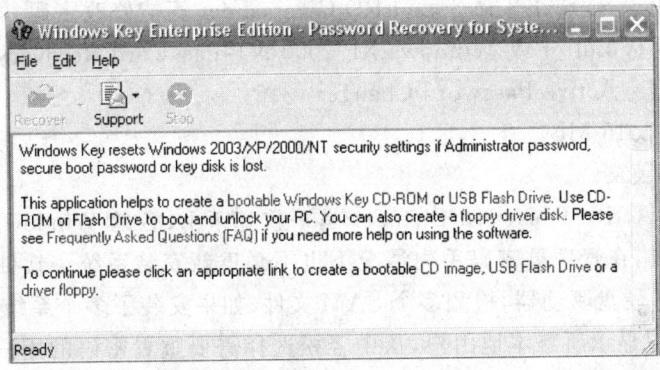

图 21-1　软件主界面

(2) 用镜像刻录光盘,用光盘启动。

(3) 选择需要重置密码的系统详细安装路径,如 C:\Windows。

(4) 选择重置用户,如"Administrator",或其他用户。

(5) 选择用户后,程序显示用户的特性、密码长度、最后成功登录系统时间等,提示是否重置该用户密码,如键入"Y",程序将把该用户密码清空。

(6) 完成上一步后,将询问是否重置其他用户密码,键入"N"将完成重置过程。

2.【软件名称】:ERD Commander 2005。

【运行介质】:光盘。

【软件说明】:ERD Commander 可将 Windows NT/2000/2003/XP 系统中任何一个用户的密码都可以在不知道原先密码的情况下被 ERD 修改掉。可以用 ERD Commander 自己的启动光盘、Windows PE 或 Bart PE 启动后启动 ERD Commander。

【使用方法】:

(1) 下载 ERD2003 的 iso,刻录成可启动的 CD,注意别搞错了,直接刻录镜像最好。

(2) 设置系统从光盘启动,进入"系统"。

(3) 接下来 ERD2003 会在你的硬盘里搜索所有已安装的系统,再让你选择要修改的系统。

(4) 耐心等待,进入系统后:按 start—administrative tools—locksmith,进入强行修改密码的界面,随后弹出的对话框会让你选择要修改密码的用户名,输入新密码,之后重启计算机。

提示:

(1) 如果这台计算机加入了域,由于域用户密码不在本地,ERD Commander 不能破解。

(2) 在组策略设置中有一条"密码最少为 8 位且不能为弱口令",如果该策略被启用,那么你在用 ERD Commander 重设密码的时候也必须遵循这个限制。有些朋友为了图简单,试图将密码重设为类似"1234"这样的简短密码,结果都无法成功。解决方法就是在密码重设时选择一个 8 位以上复杂密码。

（3）XP 系统用了 SYSKEY 命令后，ERD Commander 不能修改密码，需要用 Offline NT Password & Registry Editor 或 Windows XP 2000 NT Password Recovery Key。

3.【软件名称】：Active Password Changer v3.5。

【软件大小】：3.15 MB。

【软件语言】：英文。

【软件说明】：Active Password Changer 是一款基于 DOS 的 Windows NT/2000/2003/XP 密码重置的工具，在管理员密码丢失情况下也不必重新安装系统。软件使用了像 FDISK 一样的界面，支持多硬盘驱动器，检测多个 SAM 文件（如果安装了多个系统的话）并挑选合适的 SAM 文件。可以显示所有本地用户，从中轻松选择需要重置密码的用户。另外 Windows 其他的安全限制，如账号禁用、密码永不过期、账号锁住、用户再次登录需要更改密码，登录时间等也可以修改或者重置。

21.3 案例三 数据恢复

【案例介绍】

有时我们会不小心误删文件资料，并且清空了回收站，或者由于重装系统时，分区表丢失，或错格式化了盘符等，那么如何恢复我们的数据呢？

【解决方案】

下面介绍几款功能强大的数据恢复软件。

1. EasyRecovery

一款威力非常强大的硬盘数据恢复工具，其主界面如图 21-2 所示。它能够帮你恢复丢失的数据以及重建文件系统。EasyRecovery 不会向你的原始驱动器写入任何东西，它主要是在内存中重建文件分区表使数据能够安全地传输到其他驱动器中。你可以从被病毒破坏或是已经格式化的硬盘中恢复数据。该软件可以恢复大于 8.4GB 的硬盘，支持长文件名。被破坏的硬盘中像丢失的引导记录、BIOS 参数数据块、分区表、FAT 表、引导区都可以由它来进行恢复。

点评：

格式化恢复：有。扫描速度比较慢，但是效果不错，而且能够修复已经损坏的 Word 和 Zip 等文件。扫描后的结果以单独目录方式显示和恢复（就是目录套目录时，会把所有目录平行的显示和恢复），不能做到深层目录的直接恢复。

2. FinalData

在 Windows 环境下删除一个文件，只有目录信息从 FAT 或者 MFT(NTFS)删除。这意味着文件数据仍然留在你的磁盘上。所以，从技术角度来讲，这个文件是可以恢复的。FinalData 就是通过这个机制来恢复丢失的数据的，在清空回收站以后也不例外。另外，FinalData

图 21-2　EasyRecovery 主界面

可以很容易地从格式化后的文件和被病毒破坏的文件恢复,甚至在极端的情况下,如果目录结构被部分破坏也可以恢复,只要数据仍然保存在硬盘上,其主界面如图 21-3 所示。

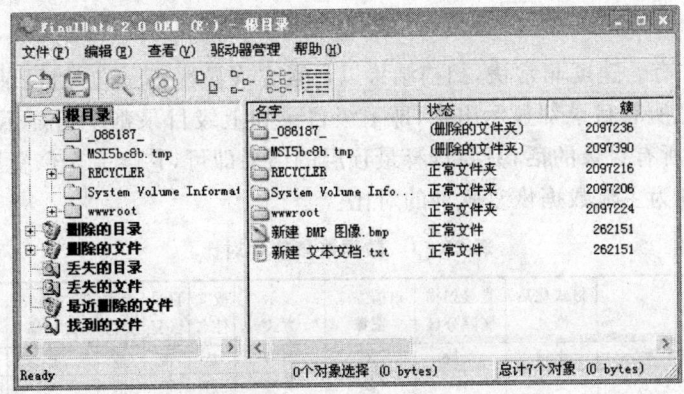

图 21-3　FinalData 主界面

点评:

　　格式化恢复:有。速度很慢,扫描结果以文件类型以及全部两种方式显示,不支持原始目录结构显示及恢复。有特色的是支持常见格式的图片和文本等文件的预览。

3. FinalRecovery

FinalRecovery 是一款强劲的反删除软件,其主界面如图 21-4 所示。它能以极快的速度扫描您的硬盘、软盘或可移动磁盘,并迅速找出已被删除的文件和文件夹;如果您同时删除了多层目录及其中的文件,您还可以用深度扫描模式尽可能挖掘出目录中每一个可能被恢复的文件和文件夹。专业用户能使用高级恢复功能,通过软件查看文件分配表和簇中的数据将文件恢复。当然您也可以通过查找功能搜索特定的文件或文件夹。

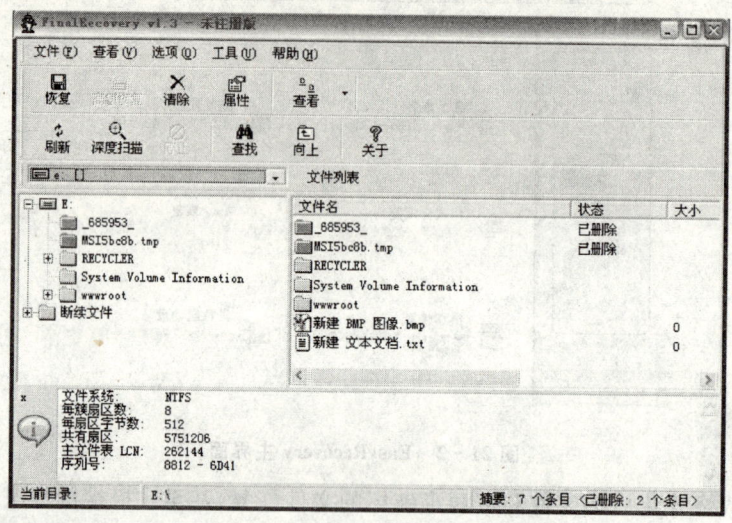

图 21-4　FinalRecovery 主界面

点评:

格式化恢复:有。速度非常快,扫描结果以目录方式显示,支持原始目录结构恢复。比较有意思的是它会把所有目录都显示出来,即下级目录和上级目录都平行显示。但不要被这个搞晕了,如果恢复所有目录的话,只要选择最顶层的结果即可,它会完全恢复原始目录结构。

表 21-1 所列为主流数据恢复软件的对比:

表 21-1　数据恢复软件对比

软件名称	格式化后恢复	直接扫描删除分区	扫描方式选择	显示方式	改文件名	目录恢复	中文支持	按文件格式扫描	扫描后查找文件	计时功能	耗时(秒)
DiskRecovery v4..0 技术版	支持	支持	3	类型	是	否	是	是	无	有	19
EasyRecovery pro 6.10 07	支持	否	多	类型	是	否	是	否	无	有	7
File Recovery Plus v4.0.0 11	支持	否	2	全部/类型	否	否	否	否	有	无	6
FileScavenger v3.0	支持	否	2	全部	否	是	是	否	无	无	7
FmaDataEnter prise v2..0	支持	否	无	全部/类型	是/否	否	是	否	有	有	200
FmaRecovery v2.0.3	支持	否	2	类型	否	是	否	否	有	有	5
FormaRecovey v4.0	支持	否	无	类型	否	是	否	否	有	有	19
D. studio v3.0	支持	否	无	类型	否	是	否	否	有	有	5
Recover my Fies v3.98	支持	否	多	类型	是	否	是	是	无	有	220
Search and Replace v3.0d	支持	否	3	类型	是	否	是	否	无	有	420
易我数据恢复向导 v2.0	支持	否	有	类型	是	否	是	否	无	有	6
HandyRecovery v3.0	支持	否	有	类型	是	否	是	否	无	无	6

注:① 格式化后恢复包括完整格式化、格式化一半后取消格式化两种情况。
　　② 直接扫描删除分区是对删除的分区(能否识别)进行扫描。
　　③ 时间的计算是对格式化后的分区进行完整的深度扫描所耗的时间。

21.4 案例四 克隆 IP—MAC 地址

【案例介绍】

宿舍共有 6 台电脑,通过 D—link 8 口交换机连接到一起,IP 地址等网络参数由学校的专用 DHCP 服务器提供。最近宿舍某同学买了台电脑,谁知才过了几天就发现无法得到校园网内部 IP 地址。通过 ipconfig /renew 一直停留在更新位置,只能按 Ctrl+C 中断。即使把这台电脑的 IP 地址手工添加为符合内网的地址也无法正常上网。如果电脑无法顺利连接 DHCP 服务器,系统会自动分配以 192.254 开头的默认 IP 地址。这台电脑没有得到任何 IP 地址(0.0.0.0),说明该电脑是可以找到 DHCP 服务器的,只是在获得 IP 信息上存在问题。后来得知原来是前段时间这台电脑一直在下载 BT 电影,被学校网管软件自动过滤了 MAC 地址。

【解决方案】

只要修改网卡 MAC 地址就可以解决问题。在本地连接属性窗口"常规"标签下单击网卡"配置"按钮,定位到"高级"标签,将"Network address"修改为可以上网的 mac 地址即可。如果在网卡配置属性中没有发现 MAC 地址选项,则说明安装的不是官方发布的网卡驱动,可以修改注册表解决此问题。打开注册表,单击编辑,查找,在查找目标中输入 DriverDesc,找到后在它下面新建一个命名为 Network address 的串值,键值设为能上网的 MAC 地址即可。

我们知道,一般情况下如果网络中的两台计算机设置了相同的 IP 地址,计算机在启动后,会出现 IP 地址冲突的提示,先启动的计算机无法使用网络资源,还会出现 IP 冲突的警告提示。

IP 地址冲突检测的原理是查找本地网络中是否存在 IP 地址相同而 MAC 地址不同的主机,一旦有这样的情况就会出现 ARP 解析错误从而报 IP 地址冲突。

不过,倘若将 MAC 地址也设置相同,ARP 解析就不会出现任何错误,那么自然也就不会报 IP 地址冲突。而且,登录局域网也就没问题了。因为 ARR 把它们判断为同一台计算机了,切记两台计算机的计算机名不能相同,否则会出现计算机严重冲突。

另外现在网上有专门修改 MAC 地址的绿色小软件,使用起来非常方便,修改好了不需要重启可直接修改 IP 地址,另外需要还原到初始 MAC 地址时也很方便。

此方法只是在没有找到空闲 IP 地址的情况下采用。通过克隆 IP 地址.MAC 地址绑定的方式,暂时解决了 IP 地址资源的不足。但是对于网络安全来说,存在非法用户违规上网的嫌疑,而且不易察觉。此法最好少用或不用,以免给整个局域网造成安全隐患。

21.5 案例五 杀毒软件的离线升级

【案例介绍】

某公司财务部有几台电脑只接入局域网,而从不上外网,平时也不经常使用 U 盘。假如你是网管,请问如何升级杀毒软件的病毒库?

【解决方案】

方案一:配置内网升级服务器(以卡巴斯基 7 为例)

配置内网升级服务器,不但可以解决不能上网的电脑更新病毒库,还能让能上外网的电脑也通过服务器更新病毒库,节约企业带宽,提高更新速度。

这里通过局域网内架设一个卡巴斯基的更新服务器为例,让所有的计算机直接经由这台服务器进行病毒库更新。选用的卡巴斯基版本为 7.0。

1. 服务器端设置

卡巴斯基支持两种更新方式,即 FTP 和 HTTP。这两种方式的操作过程大同小异,架设过 FTP 站点和 HTTP 站点的朋友都能很容易地通过这两种方式架设卡巴斯基升级服务器。现以 HTTP 方式为例来说明。

首先,在服务器上安装 IIS,以提供 HTTP 服务。打开 IIS 管理器,在默认站点处单击"属性",在"虚拟目录"选项卡中,首先将本地路径改为服务器上的一个自己建立的文件夹,如"D:\KAV\",此文件夹将用来存放更新的病毒库文件。之后将"脚本资源访问"、"读取"、"记录访问"和"索引资源"都勾选上,并且设置下面的"执行权限"为"脚本和可执行程序"。

然后到"HTTP 头"选项卡中单击"MIME 类型"按钮,在弹出的窗口中,新建一个新的 MIME 类型,设置扩展名为"*",然后在"MIME 类型"中输入"application/octet-stream"。做此设置的目的是让卡巴斯基客户端通过 Web 站点下载升级所需的文件时,可以访问所有类型的文件,而不会因为某些文件的扩展名不被系统识别,导致无法下载升级。

接着,在服务器端安装卡巴斯基防病毒软件,当然,这台服务器要能够上 Internet 更新自己的病毒库。安装完成后,在服务器启动卡巴斯基,然后在"设置"→"更新"中,单击"配置"按钮,在弹出的窗口中,选择"附加"选项卡,将"更新分发目录"勾选,并单击"浏览",选择刚才建立的那个存放病毒库更新文件的文件夹,如"D:\KAV"。

通过如此设置后,服务器的卡巴斯基在更新自身病毒库时,会自动将病毒库文件存放到我们设置的这个文件夹中,其他的客户端就可以通过这里的文件更新自己的病毒库。

接着让服务器上的卡巴斯基更新病毒库。更新完成后,刚才建立的那个文件夹中会多出 AutoPatches、bases 和 index 三个目录。

2. 客户端设置

在客户端安装卡巴斯基防病毒软件,安装完成后,在"设置"→"更新"中单击"配置",在"更新设置"的"更新服务器地址"中手动添加并勾选内网服务器的更新地址。

3. 结果验证

在客户端上,单击更新病毒库,打开卡巴斯基的报告窗口,会发现卡巴斯基从内网就可以升级病毒库了。此时,原来需要几十分钟的更新时间现在一分钟就好了。

如果客户端的数量较多,您还可以写一个注册表文件来设置内网服务器地址。卡巴斯基的升级服务器地址在注册表中的 HKEY_LOCAL_MACHINE\SOFTWARE\Kaspersky Lab\protected\AVP7\profiles\Updater\settings\Sources\0000 下设置,其中的 Path 键为升级服务器的地址,Enable 键为是否使用该地址,设为"1"即代表使用。需要安装大量客户端的朋友,可以直接写一个注册表文件修改以上两个键值,在安装完后运行注册表文件即可。

方案二:使用离线升级病毒库

1. 备份和恢复 NOD32 病毒库

备份:下载 NOD32 update generator 的工具。设置好备份的目录后单击 generate 生成。
恢复:在升级中单击"设置",单击"服务器"按钮,找到刚才的目录。

2. 备份和恢复卡巴斯基病毒库

卡巴病毒库路径:C:\documents and settings\all users\application data\kaspersky anti-virus personal\5.0\base\

3. 备份和恢复诺顿病毒库

打开 program file\common file \symantec shared\virusdefs,其中有几个以时间命名的文件夹,时间最近的是最新病毒库文件夹,把他复制出来就行了,恢复时拷进去并重启诺顿。

4. 备份和恢复瑞星病毒库

瑞星自带安装包制作程序,制作出来的安装包在其他电脑上安装,在安装软件的同时病毒库也是最新的。

5. 备份和恢复江民病毒库

病毒库存放在 temp 中,直接拷出来就可以了.恢复时选择"工具"→"设置"→"升级"→"从局域网升级",再选择"病毒库目录"就可以了。或者在安全模式下直接把病毒库文件拷入:\program File\jianmin\Kernel 目录中。

6. 备份 McAfee 病毒库

病毒库文件位于 C:\program files\common files\network associates\engine 目录中,备份其中的三个 DAT 文件,从装 McAfee 后把这三个文件拷回去并重启即可。

7. 金山毒霸病毒库

安装在根目录下的 UPDATE 文件中。

方案三:定期使用在线杀毒

光华病毒在线查

http://www.viruschina.com/include/mfzxsd-dj.asp

安博士在线杀毒

http://www.ahn.com.cn/

安铁诺在线杀毒

http://online.sanlen.com/

21.6 案例六 预防 U 盘病毒

【案例介绍】

某网络公司经常要出去维护企业用户的电脑,很多网络软件都放在 U 盘内的,在维护电脑时经常需要使用 U 盘来把软件拷出来,U 盘很容易中病毒,那么如何预防 U 盘的病毒呢?

【解决方案】

第一招:在 U 盘的根目录下建立"Autorun.inf",用此招可以截断利用移动磁盘自运行进行传播的病毒。

第二招:在系统服务里关闭"Shell Hardware Detection"服务,此招可以防止移动磁盘的自运行,对于保护本机安全很有帮助,第一招是为别人的,这一招可是保自己的。(组策略里的"关闭自动播放")

第三招:如果经常在 U 盘上存放一些工具的话,这些文件说不定什么时候不注意就被感染了病毒,很有可能会把病毒进一步传播到其他机器的。对于这点我们可以利用系统的兼容性方面的小优势,把扩展名为.exe 的文件全部改为.com 就行了。系统会自动判断文件类型并运行的。不过用这种方法时,最好运行一下程序试试,万一程序之间互相有调用的话,可能会出现找不到程序的情况,对于这点,我只能建议用 RAR 压缩它了。

21.7 案例七 多网 IP 地址快速切换

【案例介绍】

假如你在单位使用笔记本上网,需要不断改变 IP 地址设置。在办公室要用固定的公网 IP 地址上 Internet,还要用私网 IP 地址的上内部网。回到家,要用小区动态分配的 IP 地址上网,经常手工修改 IP 地址非常麻烦,如何解决使操作更简单?

【解决方案】

1. 需要获得的配置

(1) 单位公网 IP 配置

IP 地址:202.38.200.18。

子网掩码:255.255.254.0。

默认网关:202.38.201.254。

域名服务器：202.38.200.1。

(2) 单位私网 IP 配置

IP 地址：192.168.1.10。

子网掩码：255.255.255.0。

(3) 家庭小区网 IP 配置

IP 地址：动态获取。

域名服务器：动态获取。

2. 建立配置文件

先建立 D：\IP 文件夹，再在其中建立如下三个配置文件，分别对应上 3 个网的 IP 配置。

(1) 单位公网 IP 配置文件：Outnet.txt，其内容为：

#--

#接口 IP 配置

pushd interface ip

#--

#"本地连接"的接口 IP 配置

set address name="本地连接" source=static add r：202.38.200.18 mask=255.255.254.0

setaddress name="本地连接" gateway=202.38.201.254 gwmetric=1

set dns name="本地连接" source=static addr=2 0 2.3 8.2 0 0.1

register=PRIMARY

set wins name="本地连接"source=static addr=none

popd

#接口 IP 配置结束

(2) 单位私网 IP 配置文件：inner.txt，其内容为：

#--

#接口 IP 配置

pushd interface ip

#--

#"本地连接"的接口 IP 配置

set address name="本地连接" source=static addr=192.168.1.10 mask=255.255.255.0

popd

#接口 IP 配置结束

(3) 家庭小区网 IP 配置文件 homenet.txt，其内容为：

#--

#接口 IP 配置

```
pushd interface ip
#----------------------------------------
#"本地连接"的接口 IP 配置
set address name="本地连接" source=dhcp
set dns name="本地连接" source=dhcp
register=PRIMARY
set wins name="本地连接" source=dhcp
popd
#接口 IP 配置结束
```

3. 建立批处理文件

在 D：\IPChange 文件夹中，建立三个简单的批处理文件，单位公网.bat、单位私网.bat、家庭小区网.bat，双击运行后，获得相应的 IP 配置。

（1）去单位公网的批处理文件：单位公网.bat，其内容为：

netsh f outnet.txt

（2）去单位私网的批处理文件：内部网.bat，其内容为：

netsh f inner.txt

（3）去家庭小区网的批处理文件：家庭小区网.bat，其内容为：

netsh f homenet.txt

4. 建立快捷方式

为了方便起见，分别在桌面上建立上述三个批处理文件的快捷方式，以后要使用哪个网，双击对应的快捷方式即可。

如果还有其他的网络，可再建立一个快捷方式，但桌面上快捷方式太多，不美观，可以做一个批处理文件，把它们综合在一起，根据需要进行选择。

21.8 案例八 禁止 IP 地址修改

【案例介绍】

某企业局域网的终端用户有 100 多个，网管一直被终端用户私改 IP 地址造成的网络冲突问题困扰着，请问如何解决？

【解决方案】

要修改计算机 IP 地址，需要先找到本地连接图标，右击该图标，选择"属性"，进入到 TCP/IP 参数设置窗口。如果将本地连接图标隐藏起来，普通用户就没有办法打开 TCP/IP 参数设置窗口了。

由于本地连接图标与系统的 Netcfgx.dll、Netshell.dll、Netman.dll 这三个动态链接文件有关,一旦将这三个动态链接文件反注册的话,本地连接图标就会被自动隐藏起来了。在反注册上面三个动态链接文件时,可以先打开系统运行框,并在其中输入字符串命令"regsvr32 Netcfgx.dll/u",单击"确定"按钮后,就能把 Netcfgx.dll 文件反注册了。

用同样的方法,再将 Netshell.dll、Netman.dll 两个文件反注册之后,把计算机系统重新启动一下,然后尝试打开网络和拨号连接窗口时,本地连接图标真的从眼前消失了,而且从网上邻居、控制面板中都无法打开连接属性窗口。

当然这样做比较麻烦,我们可以用记事本把它做成批处理文件。

隐藏本地连接.bat
@echo off
regsvr32 Netcfgx.dll/u
regsvr32 Netshell.dll/u
regsvr32 Netman.dll/u
echo. & pause

恢复本地连接.bat
@echo off
regsvr32 Netcfgx.dll
regsvr32 Netshell.dll
regsvr32 Netman.dll
echo. & pause

这样,当我们需要隐藏本地连接时,只要运行"隐藏本地连接.bat"文件即可。需要修改 IP 地址时,只要运行"恢复本地连接.bat"文件即可。

21.9 案例九 禁用 USB 口

【案例介绍】

某公司办公室电脑中存有机密资料担心被人非法拷走,也担心电脑通过 U 盘染上了病毒,您作为管理员该如何封锁 USB 口?

【解决方案】

方法一:在 BIOS 中禁用

在主板上我们可以通过 BIOS 来对 USB 设备进行控制。进入 BIOS 设置界面选中里面的"Integrated Peripherals"项按回车,进入后再选中"OnChip PCI Device(s)"后按回车,把里面的"OnChip USB Controller"设置为"Disabled"就可以了,但是为了防止一些知道此方法的人来修改该设置,最好再给 BIOS 设置加上密码。但是这个方法也有一个缺点,就是它禁用了所有的 USB 设备,如一些 USB 的鼠标、键盘、打印机等,都无法使用了。

方法二：修改注册表禁用

打开注册表 HKEY_LOCAL_MACHINE\SYSTEM\CurrentControlSet\Services\usbehci 双击右面的"Start"键，把编辑窗口中的"数值数据"改为"4"，把基数选择为"十六进制"就可以了。改好后重新启动一下电脑就可以看见效果了。为了防止别人用相同的方法来破解，我们可以删除或者改名注册表编辑器程序。"Start"这个键是 USB 设备的工作开关，默认设置为"3"表示手动，"2"是表示自动，"4"是表示停用。这个方法也有一个缺点，用户可以修改注册表再次启用 USB。

方法三：权限加驱动删除法

在 ADMIN 权限下，插入 U 盘，再打开一个文件夹，在"文件夹"选项单击"查看"按钮，把"隐藏受保护的操作系统文件"前的复选去掉，然后可以查看到 U 盘驱动的路径为：C:\WINDOWS\system32\drivers\USBSTOR.SYS，拔除 U 盘后，再找到 C:\WINDOWS\system32\dllcache\USBSTOR.SYS，再找到 C:\WINDOWS\Driver Cache，将此文件夹删除，或者删除里面的 I386 文件夹；然后删除前面两个 USBSTOR.SYS，这样，再次插入 U 盘时，会提示您找寻驱动，或者提示操作系统已被替换成无法识别的版本，是否重新安装操作系统，按取消即可。

方法四：隐藏盘符和禁止查看

打开注册表 HKEY_CURRENT_USERsoftwareMicrosoftWindowsCurrentVersion-PloiciesExplorer，新建二进制值"NoDrives"，其默认值均是 00 00 00 00，表示不隐藏任何驱动器。键值由4个字节组成，每字节的每一位对应从 A:到 Z:的一个盘，当相应位为1时，"我的电脑"中相应的驱动器就被隐藏了。第一个字节代表从 A~H 的8个盘，即 01 为 A,02 为 B,04 为 C,依次类推，第二个字节代表 I~P，第三个字节代表 Q~X，第四个字节代表 Y 和 Z。比如要关闭 C 盘，将键值改为 04 00 00 00；要关闭 D 盘，则改为 08 00 00 00，若要关闭 C 盘和 D 盘，则改为 0C 00 00 00(C 是十六进制，转成十进制就是 12)。

理解了原理后，下面以我的电脑为例说明如何操作：我的电脑有一个软驱、一个硬盘(5个分区)、一个光驱，盘符分布是这样的：A:(3.5 软盘)、C:、D:、E:、F:、G:、H:(光盘)，所以我的"NoDrives"值为"02 ff ff ff"，隐藏了 D、I 到 Z 盘。

重启计算机后，再插入 U 盘，在我的电脑里也是看不出来的，但在地址栏里输入 I:(我的电脑电后一个盘符是 H)还是可以访问移动盘的。到这里大家都看得出"NoDrives"只是障眼法，所以我们还要做多一步，就是再新建一个二进制"NoViewOnDrive"，值改为"02 ff ff ff"，也就是说其值与"NoDrives"相同。这样一来，既看不到 U 盘符也访问不到 U 盘了。

方法五：禁止安装 USB 驱动程序

在 Windows 资源管理器中，进入到"系统盘：WINDOWSinf 目录"，找到名为"Usbstor.pnf"的文件，右击该文件，在弹出菜单中选择"属性"，然后切换到"安全"标签页，在"组或用户名称"框中选中要禁止的用户组，接着在用户组的权限框中，选中"完全控制"后面的"拒绝"复选框，最后单击"确定"按钮。

再使用以上方法,找到"usbstor.inf"文件并在安全标签页中设置为拒绝该组的用户访问,其操作过程同上。完成了以上设置后,该组中的用户就无法安装 USB 设备驱动程序了,这样就达到禁用的目的。注意:要想使用访问控制列表(ACL),要采用 NTFS 文件系统。

方法六:移动存储设备使用权限禁用配合屏蔽 U 盘图标。

这种方法即使改动了移动存储设备的使用权限,安装驱动后,在我的电脑里仍然看不到 u 盘的图标,即使为 u 盘重新分配盘符后仍然看不到。这种情况是因为管理员修改了注册表,屏蔽了除硬盘驱动器之外的所有盘符,光驱也常通过这种办法屏蔽)。懂得修改注册表的同学可以用 regedit 找到 HKEY_CURRENT_USER\Software\Microsoft\Windows\CurrentVersion\Policies\Explorer 子键,将双字节项"NoDrives"的键值改为 0 或者干脆将"NoDrives"项删掉。注销一下再登陆,U 盘又能使用了。

方法七:在"设备管理器"中禁用

打开设备管理器,单击展开"通用串行总线控制器",看见几个 USB 接口,双击其中之一,在属性的"常规"选项卡的"设备用法"下拉框中选择"停用"。

方法八:微软官方的方法:

要禁用 USB 存储设备,请根据您的具体情况使用下面的一个或多个步骤:

如果计算机上尚未安装 USB 存储设备,请向用户或组分配对下列文件的"拒绝"权限:

> %SystemRoot%\Inf\Usbstor.pnf
> %SystemRoot%\Inf\Usbstor.inf

这样,用户将无法在计算机上安装 USB 存储设备。要向用户或组分配对 Usbstor.pnf 和 Usbstor.inf 文件的"拒绝"权限。

如果计算机上已经安装了 USB 存储设备,请将以下注册表项中的"Start"值设置为 4:HKEY_LOCAL_MACHINE\SYSTEM\CurrentControlSet\Services\UsbStor,这样,当用户将 USB 存储设备连接到计算机时,该设备将无法运行。

操作步骤:

(1) 单击"开始",然后单击"运行"命令。

(2) 在"运行"对话框中,键入 regedit,然后单击"确定"按钮。

(3) 找到并单击下面的注册表项:

HKEY_LOCAL_MACHINE\SYSTEM\CurrentControlSet\Services\UsbStor

(4) 在右窗口中,双击"Start"。

(5) 在"数值数据"对话框中,键入 4,单击"十六进制",然后单击"确定"按钮。

方法九:用软件禁 USB 端口

现在有很多软件都能禁止 USB 端口,如清扬内网管理产品、NSWUSB 存储禁止器等。特点是设置方便,并且可以只禁止 USB 存储设备。

21.10 案例十 局域网故障案例

【案例介绍】

　　局域网最大的优势在于资源共享,但在实际使用中经常会遇到这样的问题:对方明明已经共享了资源,可在局域网中却无法访问它们。由于导致这种故障的可能性很多,在此我对局域网故障进行典型解析。

　　【案例1】一块 PCI 网卡,在 Windows 下能自动安装驱动程序,并且已正确配置了网络协议和相关参数,但在使用时总出现网络时好时坏的现象,更换其他网卡后依然存在这种问题;而这块网卡在其他计算机上一切正常。

　　【解析】首先检查网卡是否松动,确保网卡的驱动程序是正确的,最好使用网卡附带的驱动程序,或按照网卡型号到官方网站下载相应驱动程序。在"设备管理器"中查看网卡前面有一个带圆圈的黄色"!"图标,有则说明系统已安装了网卡,但驱动程序不兼容和其他硬件有冲突。可以删除网卡的驱动程序然后重新安装或停止与网卡冲突的设备。

　　【案例2】局域网中的计算机连接、共享都很正常,在这个网络中拷贝几兆的小文件很正常,但复制上百兆文件时,一会就出现"网络资源不足"的提示,然后就再也找不到"网上邻居"了。

　　【解析】由于复制小文件正常,说明网络连接、网络协议和软件的设置没有问题,不过由于大量拷贝资料时需要进行频繁的数据读取,这就要有一个相对平稳的传输环境,如果整个网络线路中存在干扰就会使得这种平稳环境受到破坏。由于路由器和交换机等网络设备对于外界的干扰不是很敏感,因此最大的干扰可能出现在网卡或网线上。对于网卡而言,要是机箱内结构比较紧凑,将网卡安装在紧挨着显卡、声卡的插槽中,可能导致电磁波相互干扰,从而造成拷贝大文件时出现错误提示。可以更换网卡的插槽试试。另外,建议大家不要在计算机、网线等网络设备附近放置电器设备。有条件的可以选择屏蔽网线。

　　【案例3】局域网中有两台计算机都能连接到其他计算机并使用对方计算机中的资源,但这两台计算机无法 Ping 通。

　　【解析】由于 Ping 程序使用的是 ICMP 协议,这种故障一般是由防火墙软件引起的,防火墙屏蔽了 ICMP 协议。另外,在 Windows XP 中激活了系统附带的防火墙之后,它会自动屏蔽 ICMP 协议。此时你用 ping 命令来检测网络连接状况时,将会出现"Request timed out"的信息;只要在"ICMP"标签下选中了"允许传入的回显请求"一项后,就可以正常 ping 了。

　　【案例4】打开"网上邻居"后,只能查看到部分计算机,无法查看到局域网中的其他计算机,甚至自己的计算机。

　　【解析】在局域网畅通的前提下,如果是不能查看本机还是网络中的其他计算机,都是由于无法查看到的计算机中没有正确安装文件和打印共享服务所致。可在控制面板中"网络"属性窗口中选择"文件及打印共享"来安装。

【案例5】访问局域网中的计算机时,为什么常常被提示要输入用户名和密码?

【解析】这主要是为了安全方面的考虑。而且当你重新启动计算机时又要重新输入用户名和密码,这一点确实让人会觉得很麻烦。你只要在需要进行文件共享的计算机上建立一个相同的用户名,并且使用相同的密码,然后局域网中的计算机都利用这个用户名和密码登录,这样在网上邻居中访问对方计算机时就不需要输入用户名和密码。

【案例6】一个小型办公局域网,都是 Windows XP 系统,都能上外网,也能看到对方计算机,却不能看到对方共享的计算机提示网络路径不正确,或你没有权限使用网络!来宾帐户我也启用了。Windows XP 的防火墙也是关闭的,IP 地址也没什么问题。

【解析】原因:Windows 2000/XP 中存在安全策略限制。有些杀毒软件会修改"拒绝从网络访问这台计算机"的策略,把它改回来就可以了:"组策略"→"计算机配置"→"windows 设置"→"本地策略"→"用户权利分配"→"删除"拒绝从网络访问这台计算机中的 guest 用户。当然,除了上面提到的各种原因外,还有两台电脑不处于同一工作组中,或者是两台电脑的内部 IP 地址发生了冲突,甚至包括 Hub 故障、线路故障。

【案例7】局域网电脑访问 Windows XP 主机的时候,登录对话框中的用户名是灰的,始终是 Guest 用户,不能输入别的用户账号。

【解析】默认情况下,Windows XP 的访问方式是"仅来宾"的方式,那么你访问它,当然就固定为 Guest 不能输入其他用户账号了。所以,只需要到"管理工具"→"本地安全策略"→"安全选项"→"网络访问",修改安全策略为"经典"就行了。至于访问 2003,默认情况下 2003 禁用 Guest,但是没有 Windows XP 那个讨厌的默认自相矛盾的来宾方式共享,所以可以直接输入用户名密码访问。

【案例8】两台装 Windows XP 系统的电脑在使用双绞线直连时,出现对方计算机经常无法浏览,甚至连工作组都打不开,提示"\\计算机名称\ShareDocs 无法访问。你可能没有权限使用网络资源。请与这台服务器的管理员联系以查明你是否有访问权限。不能访问网络位置。"

【解析】这必须解决 IP 地址和用户的权限问题,有以下几种方法:

方法一,可以给每一台电脑设置一个 IP 地址,如一个为 192.168.1.2,另一个为 192.168.1.3,子网掩码都是 255.255.255.0。确保两台电脑在同一个网段即可。

方法二,在每台笔记本电脑上启用"Guest"账户。

方法三,打开"资源管理器",从"工具"菜单选择"文件夹属性",从"查看"选项卡的"文件和文件夹"中取消"使用简单文件夹共享(推荐)"。

方法四,确认在"本地连接"属性的"高级"选项卡中,没有启用 Internet 防火墙。

方法五,在"网络连接"窗口中单击"设置家庭或小型办公网络",运行"网络安装向导",选择"这台计算机属于一个没有 Internet 连接的网络"。然后,打开 Windows 资源管理器,设置共享文件夹。

有时网线、水晶头或网卡不好也会导致这种情况，更换即可。

局域网互访案例总结

1. Windows 98/2000/XP 网络互访权限关系

（1）如果 Windows 98 作为服务器，其他计算机访问 Windows 98 时，默认情况下可以直接访问，除非 Windows 98 在创建共享时设置了密码。

（2）如果 Windows 2000 作为服务器，其他计算机访问时，需要具有 Windows 2000 计算机上的用户名才能访问；Windows 2000 允许密码为空，并且 Windows 2000 提供的共享默认权限最大（共享权限为"所有用户"完全控制，NTFS 权限为"所有用户"完全控制）；如果 Windows 2000 启用了 guest 账户，在访问 Windows 2000 提供的共享时，默认对共享文件夹有"完全控制权限"。

（3）如果 Windows XP 作为服务器，提供的共享是最安全的。默认情况下，Windows XP SP2 启用防火墙禁止外面用户的访问，另外访问 Windows XP 的计算机，必须知道 Windows XP 提供的用户名，并且对应账户在设置密码时才能访问；如果知道的 Windows XP 账户没有设置密码，则不能访问 Windows XP 提供的共享资源。如果在 Windows XP 上启用 guest 账户，其他计算机要想使用 guest 账户访问，需要进行一系列的设置。

2. Windows 网上邻居互访的基本条件

（1）双方计算机打开，且设置了网络共享资源；

（2）检查是否安装了"Microsoft 网络文件和打印机共享"、"Microsoft 网络客户端"以及 TCP/IP 协议；

（3）双方都正确设置了网内 IP 地址，且必须在一个网段中；

（4）确保"本地连接"处于"启用"状态；

（5）双方的计算机中都关闭了防火墙，或者防火墙策略中没有阻止网上邻居访问的策略。

基本条件满足后，再依次判断以下条件：

（1）启用 guest 来宾账户；

（2）"控制面板"→"管理工具"→"本地安全策略"→"本地策略"→"用户权利指派"里，"从网络访问此计算机"中加入 guest 账户，而"拒绝从网络访问这台计算机"中删除 guest 账户；如图 21-5 所示。

（3）"我的电脑"→"工具"→"文件夹选项"→"查看"中去掉"使用简单文件共享"前的钩；如图 21-6 所示。

（4）"控制面板"→"管理工具"→"本地安全策略"→"本地策略"→"安全选项"里，把"网络访问：本地帐户的共享和安全模式"设为"仅来宾-本地用户以来宾的身份验证"（可选，此项设置可去除访问时要求输入密码的对话框，也可视情况设为"经典-本地用户以自己的身份验证"）；如图 21-7 所示。

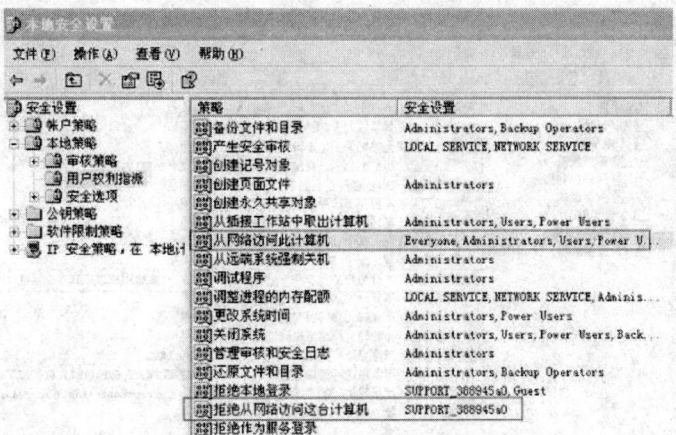

图 21-5 本地安全设置

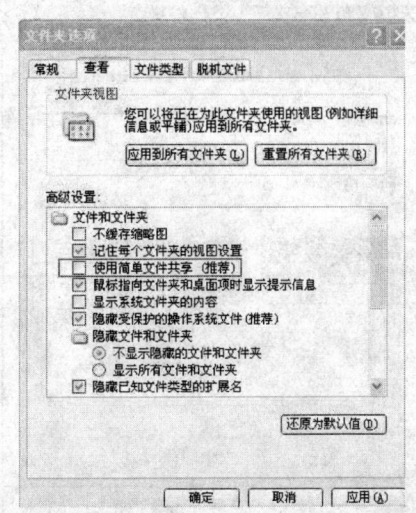

图 21-6 文件夹选项

(5) 右击"我的电脑"→"属性"→"计算机名",如图 21-8 所示。该选项卡中有没有出现你的局域网工作组名称,如"workgroup"等。然后单击"网络 ID"按钮,开始"网络标识向导":单击"下一步",选择"本机是商业网络的一部分,用它连接到其他工作着的计算机";单击"下一步",选择"公司使用没有域的网络";单击"下一步"按钮,然后输入你的局域网的工作组名,如"workgroup",再次单击"下一步"按钮,最后单击"完成"按钮完成设置。

(6) 检查是否关闭了 server 服务,如图 21-9 所示。

(7) 作为网络浏览服务器的电脑由于病毒、配置低运行慢以及死机等原因导致网络上的

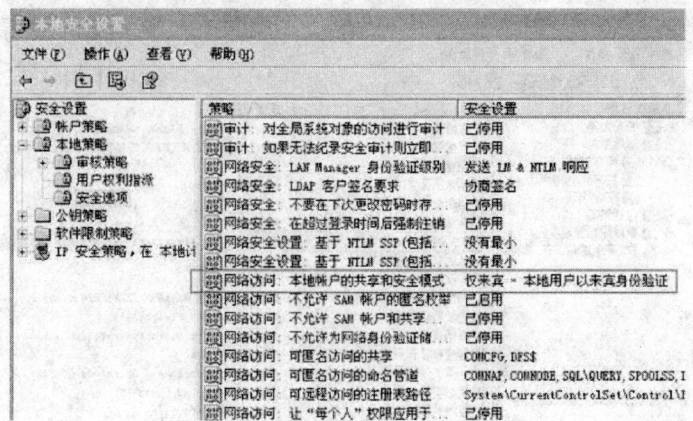

图 21-7 本地策略

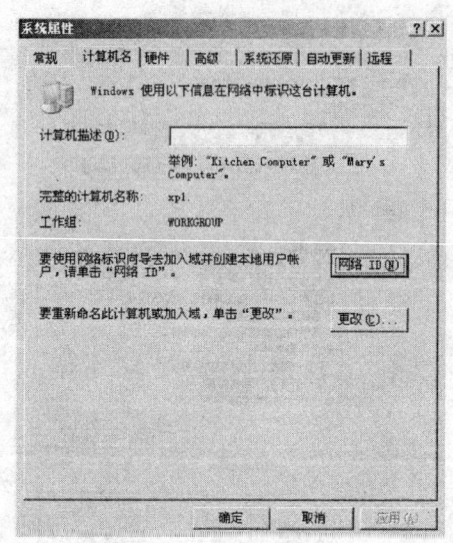

图 21-8 更改网络 ID

计算机列表得不到更新,使得某些机器有时候在网上邻居中找不到。

解决办法:最简单的办法是重启各种网络设备和电脑,或者关闭个别有上述问题的电脑上的网络浏览服务器功能,方法如下:

Windows 2000/XP 下禁用 Computer Browser 服务,如图 21-10 所示。

(8) 先卸载网卡驱动,重启再重装;

(9) 硬件问题,检查网卡、网线、集线器、路由器等,在检查之前,最好先重启一下网络设备(集线器、交换机、路由器)看能否解决;

第 21 章　10 个经典项目案例

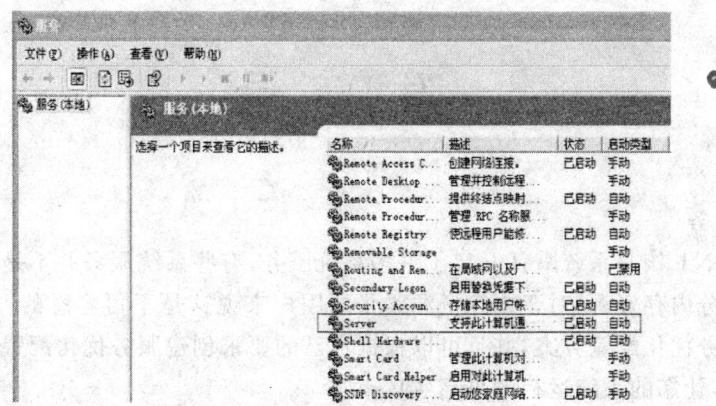

图 21-9　server 服务

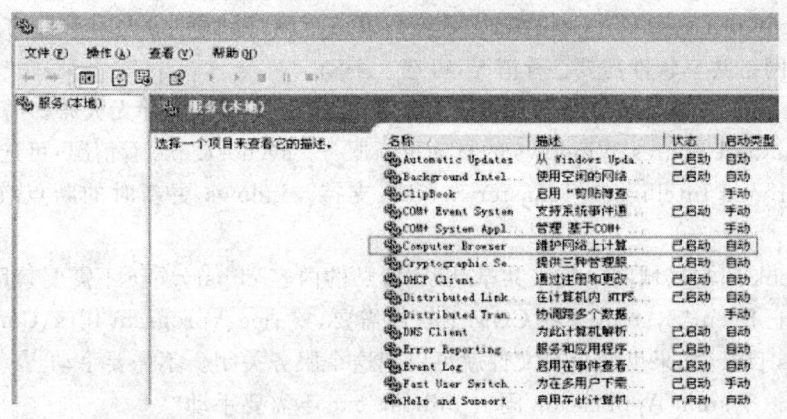

图 21-10　Computer Browser 服务

（10）病毒（木马）原因。升级病毒库安全模式下全盘杀毒。

附 录

1. 系统服务

Windows NT 核心系统默认开启了许多系统服务,有些系统服务并不是必须的,但它却占用了相当一部分内存资源,对于内存资源紧张的用户来说这是不可容忍的。系统服务终结者提供了多种服务优化配置方案,并且可以根据自己的要求创建服务优化配置文件,打造符合自己的优化服务,让您的系统运行的更高效!

以下列举常见的系统服务:

- Alerter 当系统发生故障时向管理员发送错误警报。services.exe 不需要 禁用
- Application Layer Gateway Service 给与第三者网络共享/防火墙支持的服务,有些防火墙/网络共享软件需要。看情况,可选。手动
- Application Management 负责 msi 的安装,但禁止了该服务并无大碍。需要手动
- Automatic Updates Windows 的自动更新服务。svchost.exe 看情况,可选自动
- Background Intelligent Transfer Service 支持 windows 更新时的断点续传。不需要禁用
- ClipBook 用与局域网电脑来共享粘贴/剪贴的内容 clipsrv.exe 不需要禁用
- COM＋ Event System 某些 COM＋软件需要,检查 c:\program files\ComPlus Applications 目录,如果里面没有文件就可以把这个服务关闭。不需要手动
- COM＋ System Application 同上 dllhost.exe 不需要手动
- Computer Browser 用来浏览局域网电脑的服务,但关了也不影响浏览!看情况自动
- Cryptographic Services Windows 更新时用来确认 windows 文件指纹的,用时开启。
- DHCP Client 使用静态 IP 的用户需要,使用 Modem 的用户就关了它吧。
- Distributed Link Tracking Client 用于局域网更新连接信息不需要手动
- Distributed Transaction Coordinator 分步传输协调。msdtc.exe 不需要手动
- DNS Client DNS 解释器,可以把域名解释为 IP 地址 svchost.exe☆不需要自动
- Error Reporting Service 错误报告器☆☆☆永不禁用
- Event Log 系统日志纪录服务,很有用于查找系统毛病。services.exe 需要自动
- Fast User Switching Compatibility 多用户快速切换服务,你喜欢吗?不需要手动
- Fax Service 传真服务。需要的话要单独安装。fxssvc.exe☆☆没有安装
- FTP Publishing Service 发布 FTP 服务,需要单独安装。inetinfo.exe☆☆没有安装
- Help and Support Windows 的帮助。新手还是要靠他来指点的。 ☆不需要禁用

- Human Interface Device Access 支持"人体工学"的电脑配件。禁用
- IIS Admin 本机 IIS 服务管理服务。需要单独安装。inetinfo.exe☆☆没有安装
- IMAPI CD-Burning COM Service XP 的刻录光盘服务，imapi.exe 可选。自动
- Indexing Service 索引服务，超级占用系统资源，建议禁止！cisvc.exe 永不！禁用
- Internet Connection Firewall/Internet Connection Sharing XP 的防火墙/为多台电脑联网共享一个拨号网络访问 Internet 提供服务。svchost.exe 看情况，可选。自动
- IPSEC Services IP 安全策略代理服务。大部分用户根本用不到！lsass.exe 不需要禁用
- Logical Disk Manager 磁盘管理服务。需要时系统会通知你开启。可选。手动
- Logical Disk Manager Administrative Service 同上 dmadmin.exe 看情况，可选。手动
- Message Queuing 消息队列。需要另外安装。mqsvc.exe☆☆没有安装
- Message Queuing Triggers 消息队列开关。需要另外安装。mqtgsvc.exe☆☆没有安装
- Messenger 发送系统管理员或者 Alerter 服务发送的消息。services.exe☆不需要禁用
- MS Software Shadow Copy Provider 备份服务。如 Ghost 使用的时开启。dllhost.exe ☆不需要手动
- Net Login 登录域控制器验证登录信息的服务。lsass.exe☆不需要禁用
- NetMeeting Remote Desktop Sharing 用 NetMeeting 实现远程桌面共享☆永不禁用
- Network Connections 网络连接服务，上网和局域网都需要这个服务。必须！手动
- Network DDE 网络动态数据交换服务，和 ClipBook 一起用。netdde.exe 不需要禁用
- Network DDE DSDM 同上 netdde.exe☆不需要禁用
- Network Location Awareness（NLA）如有网络共享或 ICS/ICF 可能需要。看情况，手动
- NT LM Security Support Provider Telnet 服务用的东西 lsass.exe☆不需要禁用
- Performance Logs and Alerts 记录机器运行状况写入日志，内容过于专业。smlogsvc.exe 永不禁用
- Plug and Play 即插即用服务。services.exe★★★必须自动
- Portable Media Serial Number 微软为保护数字媒体版权而搞的东西。☆☆☆永不！禁用
- Print Spooler 为打印机提供的服务，。spoolsv.exe★看情况自动
- Protected Storage 储存密码的服务，包括填表时的"自动完成"功能。lsass.exe☆不需要自动
- QoS RSVP 服务质量资源预留协议。rsvp.exe☆不需要禁用
- Remote Access Auto Connection Manager 宽带者/网络共享需要的服务。★看情况，手动
- Remote Access Connection Manager 同上 svchost.exe★看情况，可选。手动

- Remote Desktop Help Session Manager 远程帮助服务。sessmgr.exe☆禁用
- Remote Procedure Call（RPC）系统核心服务！★★★必须！自动
- Remote Procedure Call（RPC）Locator 管理 RPC 数据库，占 1 兆内存。locator.exe☆不需要手动
- Remote Registry Service 远程注册表运行/修改。你不感到恐怖吗？☆☆☆永不！禁用
- Removable Storage 可移动存储（如磁带备份等）。svchost.exe☆不需要手动
- RIP Listener 需要单独安装。svchost.exe☆☆没有安装没有安装
- Routing and Remote Access 虚拟个人网络连接使用。没有的东西！☆不需要禁用
- Secondary Logon 给与 administrator 以外的用户分配指定操作权！ ☆不需要禁用
- Security Accounts Manager 配合 Protected Storage、IIS Admin 的服务。lsass.exe☆不需要自动
- Server 局域网文件/打印共享需要。svchost.exe★看情况,可选。自动
- Shell Hardware Detection 给有些配置自动启动,像优盘、DVD 驱动等★看情况,自动
- Simple Mail Transport Protocol（SMTP）为本机建立跨网传输电子邮件服务。inetinfo.exe
- Simple TCP/IP Services 需要单独安装。tcpsvcs.exe☆☆
- Smart Card Smart 卡支持,占 1.4 兆内存 SCardSvr.exe☆☆永不！禁用
- Smart Card Helper Smart 卡帮助。SCardSvr.exe☆☆永不！禁用
- SNMP Service 简单网络管理协议,需要单独安装。snmp.exe☆☆没有安装没有安装
- SNMP Trap Service 同上。snmptrap.exe☆☆没有安装没有安装
- SSDP Discovery Service UPNP 的硬件利用该服务。svchost.exe☆不需要禁用
- System Event Notification 记录用户登录/注销/重起/关机信息。☆不需要自动
- System Restore Service 系统还原服务,占用大量系统资源和内存。禁用
- Task Scheduler 计划任务。svchost.exe★看情况,可选。自动
- TCP/IP NetBIOS Helper Service 如果你的网络不用 Netbios 或 WINS,就可以关闭。
- TCP/IP Printer Server TCP/IP 打印服务。需要单独安装。tcpsvcs.exe☆☆没有安装
- Telephony 拨号服务。svchost.exe★看情况,可选。手动
- Telnet 远程登录,为了安全,关闭。tlntsvr.exe☆禁用
- Terminal Services 实现远程登录本地电脑,远程桌面需要该服务支持。☆不需要手动
- Themes 桌面主题服务。svchost.exe☆不需要自动
- Uninterruptible Power Supply 停电保护设备用的 ups.exe☆不需要禁用
- Universal Plug and Play Device Host 同 SSDP Discovery Service。☆不需要禁用
- Upload Manager 用来实现服务器和客户端输送文件的服务,简单文件传输不需要。☆

不需要禁用
- WebClient 可能和以后的.Net 技术有联系,安全起见,关掉!☆☆☆永不!禁用
- Windows Audio 控制着你听到的声音。关了就没声音了!★★★必须!自动
- Windows Image Acquisition(WIA)支持一些扫描仪、数码相机等。☆不需要手动
- Windows Installer windows 的 MSI 安装服务。msiexec.exe★★需要手动
- Windows Management Instrumentation Windows 管理服务,必备!★★★必须!自动
- Windows Time 网上时间校对。svchost.exe☆不需要禁用
- Wireless Zero Configuration 无线网络设置服务。svchost.exe★看情况,可选。禁用
- WMI Performance Adapter WMI 的性能适配器。wmiapsrv.exe☆禁用
- Workstation 用来管理网络、支持联网和打印/文件共享的。 ★★★必须!自动
- World Wide Web Publishing Service WWW 服务,需要单独安装。inetinfo.exe☆不需要
- Machine Debug Manager mdm.exe 是 Office 组件附带的服务。如不需要调试,可禁止。自动禁止

2. 系统进程

什么是进程呢?系统进程就是你在使用操作系统时按 Ctrl+Alt+Delete 键所看到弹出框中所显示的目前正在系统下运行的程序或者模块。进程是无处不在的,只有有程序运行,就有进程,操作系统本身也占用了很多个进程,病毒也同样有进程。所以,对进程的了解程度也反应了我们对系统的熟悉程度。

熟悉了系统进程后,我们看进程就好像看老朋友了,病毒木马要进来我们也能马上发现这是可疑的进程,这就是高手和菜鸟同时看任务管理器却看出不同东西来的缘故了。

进程是一个具有一定独立功能的程序关于某个数据集合的一次运行活动。它是操作系统动态执行的基本单元,在传统的操作系统中,进程既是基本的分配单元,也是基本的执行单元。

在 Windows NT 等采用微内核结构的现代操作系统中,进程的功能发生了变化:它只是资源分配的单位,而不再是调度运行的单位,其调度运行的基本单位是线程。

以下列举常见的系统进程:
- smss.exe 不可以关掉的。这是一个会话管理子系统,负责启动用户会话。这个进程是通过系统进程初始化的并且对许多活动的,包括已经正在运行的 Winlogon,Win32(Csrss.exe)线程和设定的系统变量作出反映。在它启动这些进程后,它等待 Winlogon 或者 Csrss 结束。如果这些进程是正常的,系统就关掉了。如果发生了什么不可预料的事情,smss.exe 就会让系统停止响应(就是挂起)。
- csrss.exe 子系统服务器进程。csrss.exe 这个是用户模式 Win32 子系统的一部分。csrss 代表客户/服务器运行子系统而且是一个基本的子系统必须一直运行。csrss 负责控制 Windows,创建或者删除线程和一些 16 位的虚拟 MS-DOS 环境。

- winlogon.exe 是管理用户登录和退出的。而且 winlogon 在用户按下"CTRL+ALT+DEL"时就激活了。
- services.exe 包含很多系统服务。
- dllhost.exe 是运行 COM+ 的组件,即 COM 代理,运行 Windows 中的 Web 和 FTP 服务器必须有这个东西。Dllhost.exe 是 COM+ 的主进程。正常下应该位于 system32 目录里面和 system32\dllcache 目录里面。而 system32\win s 目录里面是不会有 dllhost.exe 文件的。
- lsass.exe 管理 IP 安全策略以及启动(IKE)和 IP 安全驱动程序。lsass.exe 是一个本地的安全授权服务,并且它会为使用 winlogon 服务的授权用户生成一个进程。产生会话密钥以及授予用于交互式客户/服务器验证的服务凭据(ticket)。
- svchost.exe 包含很多系统服务。文件对那些从动态连接库中运行的服务来说是一个普通的主机进程名。Svhost.exe 文件定位在系统的%systemroot%\system32 文件夹下。在启动的时候,Svchost.exe 检查注册表中的位置来构建需要加载的服务列表。这就会使多个 Svchost.exe 在同一时间运行。
- SPOOLSV.EXE 将文件加载到内存中以便迟后打印。
- explorer.exe 资源管理器。这是一个用户的 shell,在我们看起来就像任务条,桌面等。这个进程并不是像你想象的那样是作为一个重要的进程运行在 Windows 中,你可以从任务管理器中停掉它,或者重新启动。通常不会对系统产生什么负面影响。
- Mdm.exe 的主要工作是针对应用软件进行排错(Debug),如果用户在系统见到 fff 开头的 0 字节文件,它们就是 mdm.exe 在排错过程中产生一些暂存文件,这些文件在操作系统进行关机时没有自动被清除,所以这些 fff 开头的怪文件里是一些后缀名为 CHK 的文件都是没有用的垃圾文件。只要系统中有 Mdm.exe 存在,就有可能产生以 fff 开头的怪文件。可以按下面的方法让系统停止运行 Mdm.exe 来彻底删除以 fff 开头的怪文件:首先按"Ctrl+Alt+Del"组合键,在弹出的"关闭程序"窗口中选中"Mdm",按"结束任务"按钮来停止 Mdm.exe 在后台的运行,接着把 Mdm.exe(在 C:\Windows\System 目录下)改名为 Mdm.bak。运行 msconfig 程序,在启动页中取消对"Machine Debug Manager"的选择。这样可以不让 Mdm.exe 自启动,然后点击"确定"按钮,结束 msconfig 程序,并重新启动电脑。另外,如果你使用 IE 5.X 以上版本浏览器,建议禁用脚本调用(单击"工具"→"Internet 选项"→"高级"→"禁用脚本调用"),这样就可以避免以 fff 开头的怪文件再次产生。
- internat.exe 托盘区的拼音图标。可以关掉。加载"EN"图标进入系统的图标区,允许使用者可以很容易的转换不同的输入点。
- mmtask.exe 允许程序在指定时间运行。不可以关掉。是一个任务调度服务,负责用户事先决定在某一时间运行任务。

- alg.exe 这是一个应用层网关服务用于网络共享。一个网关通信插件的管理器,为"Internet 连接共享服务"和"Internet 连接防火墙服务"提供第三方协议插件的支持。
- winmgmt.exe 提供系统管理信息。
- inetinfo.exe 通过 Internet 信息服务的管理单元提供 FTP 连接和管理。(系统服务)
- tlntsvr.exe 允许远程用户登录到系统并且使用命令行运行控制台程序。(系统服务)
- locator.exe 管理 RPC 名称服务数据库。(系统服务)
- lserver.exe 注册客户端许可证。(系统服务)
- mnmsrvc.exe 允许有权限的用户使用 NetMeeting 远程访问 Windows 桌面。(系统服务)
- netdde.exe 提供动态数据交换(DDE)的网络传输和安全特性。(系统服务)
- rsvp.exe 为依赖质量服务(QoS)的程序和控制应用程序提供网络信号和本地通信控制安装功能。(系统服务)
- snmp.exe 包含代理程序可以监视网络设备的活动并且向网络控制台工作站汇报。(系统服务)
- msiexec.exe 依据 .MSI 文件中包含的命令来安装、修复以及删除软件。(系统服务)
- spoolsv.exe:不可以关掉。缓冲(spooler)服务是管理缓冲池中的打印和传真作业。
- service.exe:不可以关掉。大多数的系统核心模式进程是作为系统进程在运行。
- System Idle Process:不可以关掉。作为单线程运行在每个处理器上,并在系统不处理其他线程的时候分派处理器的时间。
- taskmagr.exe:这个进程是任务管理器。

3. Windows 死机代码(附表 1)

附表 1 Windows 死机代码

代码	含义	代码	含义
0x0000	操作完成	0x000a	环境不正确
0x0001	不正确的函数	0x000b	尝试载入一个格式错误的程序
0x0002	系统找不到指定的文件	0x000c	存取码错误
0x0003	系统找不到指定的路径	0x000d	资料错误
0x0004	系统无法打开文件	0x000e	内存空间不够,无法完成这项操作
0x0005	拒绝存取	0x000f	系统找不到指定的硬盘
0x0006	无效的代码	0x0010	无法移除目录
0x0007	内存控制模块已损坏	0x0011	系统无法将文件移到其他的硬盘
0x0008	内存空间不足,无法处理这个指令	0x0012	没有任何文件
0x0009	内存控制模块地址无效	0x0019	找不到指定的扇区或磁道

续附表 1

代码	含义	代码	含义
0x001a	指定的磁盘或磁片无法存取	0x0070	硬盘空间不足
0x001b	磁盘找不到要求的扇区	0x007f	找不到指定的程序
0x001c	打印机没有纸	0x045b	系统正在关机
0x001d	系统无法将资料写入制定的磁盘	0x045c	无法种植系统关机,因为没有关机的动作
0x001e	系统无法读取指定的装置	0x046a	可用服务器储存空间不足,无法处理指令
0x001f	连接到系统的某个装置没有作用	0x047e	指定的程序需要新的 Windows 版本
0x0021	文件的一部分被锁定	0x047f	指定的程序不是 Windows 或 MS-DOS 程序
0x0024	开启的分享文件数量太多	0x0480	指定的程序已经启动,无法再启动一次
0x0026	到达文件结尾	0x0481	指定的程序是为旧版的 Windows 所写的
0x0027	磁盘已满	0x0482	执行此应用程序所需的程序库文件毁坏
0x0036	网络繁忙	0x0483	没有应用程序与操作的指定文件建立关联
0x003b	网络发生意外的错误	0x0484	传送指令到应用程序发生错误
0x0043	网络名称找不到	0x04b0	指定的装置名称无效
0x0050	文件已经存在	0x05a2	窗口不是子窗口
0x0052	无法建立目录或文件	0x05aa	系统资源不足,无法完成所要求的服务
0x0053	int24 失败	0x05ab	系统资源不足,无法完成所需要的服务
0x006b	磁盘尚未插入,程序停止	0x05ac	系统资源不足,无法完成所要求的服务
0x006c	磁盘正在使用中或被锁定	0x06b7	资源不足,无法完成操作
0x006f	文件名太长		

4. ADSL 常见错误代码

Error 602 The port is already open

问题:拨号网络由于设备安装错误或正在使用,不能进行连接

原因:RasPPPoE 没有完全和正确的安装

解决:卸载干净任何 PPPoE 软件,重新安装

Error 605 Cannot set port information

问题:拨号网络网络由于设备安装错误不能设定使用端口

原因:RasPPPoE 没有完全和正确的安装

解决:卸载干净任何 PPPoE 软件,重新安装

Error 606 The port is not connected

问题:拨号网络网络不能连接所需的设备端口

原因：RasPPPoE 没有完全和正确的安装，连接线故障，ADSL MODEM 故障
解决：卸载干净任何 PPPoE 软件，重新安装，检查网线和 ADSL MODEM

Error 608 The device does not exist
问题：拨号网络网络连接的设备不存在
原因：RasPPPoE 没有完全和正确的安装
解决：卸载干净任何 PPPoE 软件，重新安装

Error 609 The device type does not exist
问题：拨号网络网络连接的设备其种类不能确定
原因：RasPPPoE 没有完全和正确的安装
解决：卸载干净任何 PPPoE 软件，重新安装

Error 611 The route is not available/612 The route is not allocated
问题：拨号网络网络连接路由不正确
原因：RasPPPoE 没有完全和正确的安装，ISP 服务器故障
解决：卸载干净任何 PPPoE 软件，重新安装，致电 ISP 询问

Error 617 The port or device is already disconnecting
问题：拨号网络网络连接的设备已经断开
原因：RasPPPoE 没有完全和正确的安装，ISP 服务器故障，连接线，ADSL MODEM 故障
解决：卸载干净任何 PPPoE 软件，重新安装，致电 ISP 询问，检查网线和 ADSL MODEM

Error 619
问题：与 ISP 服务器不能建立连接
原因：ADSL ISP 服务器故障，ADSL 电话线故障
解决：检查 ADSL 信号灯是否能正确同步。致电 ISP 询问

Error 621～625
问题：Windows 2000 Server 网络 RAS 网络组件故障
原因：卸载所有 PPPoE 软件，重新安装 RAS 网络组件和 RasPPPoE

Error 630
问题：ADSL MODEM 没有响应
原因：ADSL 电话线故障，ADSL MODEM 故障（电源没打开等）
解决：检查 ADSL 设备

Error 633
问题：拨号网络网络由于设备安装错误或正在使用，不能进行连接

原因：RasPPPoE 没有完全和正确的安装

解决：卸载干净任何 PPPoE 软件，重新安装

Error 638

问题：过了很长时间，无法连接到 ISP 的 ADSL 接入服务器

原因：ISP 服务器故障；在 RasPPPoE 所创建的拨号连接中你错误的输入了一个电话号码

解决：运行其创建拨号的 Raspppoe.exe 检查是否能列出 ISP 服务，以确定 ISP 正常；把所使用的拨号连接中的电话号码清除或者只保留一个 0。

Error 645

问题：网卡没有正确响应

原因：网卡故障，或者网卡驱动程序故障

解决：检查网卡，重新安装网卡驱动程序

Error 650

问题：远程计算机没有响应，断开连接

原因：ADSL ISP 服务器故障，网卡故障，非正常关机造成网络协议出错

解决：检查 ADSL 信号灯是否能正确同步，致电 ISP 询问；检查网卡，删除所有网络组件重新安装网络。

Error 651

问题：ADSL MODEM 报告发生错误

原因：Windows 处于安全模式下，或其他错误

解决：出现该错误时，进行重拨，就可以报告出新的具体错误代码

Error 691

问题：输入的用户名和密码不对，无法建立连接

原因：用户名和密码错误，ISP 服务器故障

解决：使用正确的用户名和密码，并且使用正确的 ISP 账号格式（name@service），致电 ISP 询问。

Error 718

问题：验证用户名时远程计算机超时没有响应，断开连接

原因：ADSL ISP 服务器故障

解决：致电 ISP 询问。

Error 720

问题：拨号网络无法协调网络中服务器的协议设置

原因：ADSL ISP 服务器故障,非正常关机造成网络协议出错

解决:致电 ISP 询问,删除所有网络组件重新安装网络。

Error 734

问题：PPP 连接控制协议中止

原因：ADSL ISP 服务器故障,非正常关机造成网络协议出错

解决:致电 ISP 询问,删除所有网络组件重新安装网络。

Error 738

问题：服务器不能分配 IP 地址

原因：ADSL ISP 服务器故障,ADSL 用户太多超过 ISP 所能提供的 IP 地址

解决:致电 ISP 询问。

Error 797

问题：ADSL MODEM 连接设备没有找到

原因：ADSL MODEM 电源没有打开,网卡和 ADSL MODEM 的连接线出现问题,软件安装以后相应的协议没有正确绑定,在创立拨号连接时,建立了错误的空连接

解决:检查电源,连接线；检查网络属性,RasPPPoE 相关的协议是否正确的安装并正确绑定(相关协议),检查网卡是否出现？号或！号,把它设置为 Enable；检查拨号连接的属性,是否连接的设备使用了一个"ISDN channel-Adapter Name(xx)"的设备,该设备为一个空设备,如果使用了取消它,并选择正确的 PPPoE 设备代替它,或者重新创立拨号连接。

Error678

远程计算机没有反应。一般是网卡被禁用,网线没接好,当局域网中已经有一台电脑拨号上网了另一台再拨号也会产生这个错误。

5. 全国各地 DNS 服务器 IP 总汇(附表 2)

附表 2　DNS 服务器 IP 地址

省市、自治区	DNS-IP1	DNS-IP2	DNS-IP3
北京	10.2.1.38	202.96.0.133	202.96.199.133
上海	10.95.0.3	202.96.199.133	202.96.0.133
天津	10.10.64.68	202.99.96.68	
广东	202.96.128.68	202.96.199.133	
河南	10.68.160.3	10.68.32.3	202.102.227.68
广西	10.137.128.40	202.103.224.68	202.96.128.68
福建	10.110.0.10	202.101.98.55	202.101.98.54

续附表 2

省市、自治区	DNS-IP1	DNS-IP2	DNS-IP3
湖南	10.62.1.17	202.103.96.68	202.103.0.68
江苏	202.102.29.3	10.74.32.30	202.102.15.162
陕西	10.172.18.8	202.100.4.16	202.100.0.68
湖北	10.55.0.33	10.54.2.136	202.103.0.68
山东	10.82.17.68	202.102.152.3	202.102.154.3
浙江	10.103.68.1	202.96.96.68	202.96.104.18
辽宁	10.34.11.2	202.96.75.68	202.98.0.68
安徽	10.89.64.5	202.102.192.68	
重庆	10.150.0.1	61.128.128.68	
黑龙江	10.48.2.4	202.97.224.68	202.97.229.133
河北	10.17.128.90	202.99.160.68	
吉林	10.42.64.65	10.44.223.66	202.98.14.18
江西	10.117.32.40	202.101.224.68	
山西	10.23.32.22	202.99.192.68	
新疆	10.196.1.14	61.128.97.73	61.128.97.74
贵州	10.157.2.15	202.98.192.68	
云南	10.162.10.3	202.98.160.68	202.98.96.68
四川	10.143.0.69	202.98.96.68	
内蒙古	10.29.0.2	202.99.224.68	
青海	10.184.0.1	202.100.128.68	
海南	10.131.16.88	202.100.192.68	202.100.199.8
宁夏	10.190.2.67	202.100.96.68	202.100.0.68
甘肃	10.179.64.1	202.100.72.13	
香港	205.252.144.228	208.151.69.65	
澳门	202.175.3.8	202.175.3.3	

参 考 文 献

[1] Mark Minasi. Windows Server 2003 从入门到精通[M]. 北京:电子工业出版社,2004.
[2] 岳泰. 网管员快速成长实例教程[M]. 北京:人民邮电出版社,2006.
[3] 王春海. Vmware 虚拟机实用宝典[M]. 北京:中国铁道出版社,2007.

参考文献

[1] Mark Minasi. Windows Server 2008 大全. 张杰良 译. 北京: 电子工业出版社, 2009.
[2] 鄂大伟. 计算机网络实用技术. 3 版. 北京: 人民邮电出版社, 2006.
[3] 谢希仁. VB 程序设计教程. 2 版. 北京: 清华大学出版社, 2007.